普通高等教育本科机电类“十二五”规划教材

机械制造技术基础与工艺学课程设计教程

于大国　等编著

国防工业出版社

·北京·

内容简介

本书是机械类或工业工程类专业学生学习“机械制造技术基础”“机械制造工艺学”“机械制造工程学”等课程后，进行课程设计的教程。全书包括五篇。第一篇“机械制造工艺设计指导”，第二篇“简明机械制造工艺设计手册”，第三篇“最新机械制造装备介绍”，第四篇“机械制造录像”，第五篇“课程设计教学课件”。第一篇为纸介图书部分，其余四篇为数字化文件，由网盘下载。

第一篇包括7章：课程设计概述，典型零件工艺指导，典型零件工艺提示，机械制造厂工艺卡内容摘要，各种加工方法的经济精度及表面粗糙度，工艺课程设计示例，课程设计题目选编。前6章，用于指导学生进行课程设计，第7章供教师选题时参考。

第二篇第8章~第11章分别介绍了机床、刀具、夹具、量具检具的技术参数，第12章提供了毛坯尺寸公差与机械加工余量的设计方法，第13章~第16章阐述工序间加工余量、切削用量、工时定额的计算方法与图表。

第三篇介绍目前机电市场最新机械制造装备产品。

第四篇是机械制造的录像，包括加工、检验、找正等多方面。

第五篇提供课程设计的教学课件，方便教师安排课程设计任务。

本书可作为高等院校机械、工业工程等专业课程设计教学用书或机械类课程配套教材，也是学生完成课外作业、毕业设计的重要参考资料。还可供机械制造工程技术人员参考。

图书在版编目(CIP)数据

机械制造技术基础与工艺学课程设计教程/于大国等编著．—北京：国防工业出版社，2022.1 重印
ISBN 978-7-118-08764-2

Ⅰ．①机…　Ⅱ．①于…　Ⅲ．①机械制造工艺-工艺设计-教材　Ⅳ．①TH162

中国版本图书馆 CIP 数据核字(2013)第 121256 号

※

国防工业出版社出版发行
（北京市海淀区紫竹院南路 23 号　邮政编码 100048）
北京凌奇印刷有限责任公司印刷
新华书店经售

*

开本 787×1092　1/16　**印张** 13　**字数** 283 千字
2022 年 1 月第 1 版第 3 次印刷　**印数** 7001—7600 册　**定价** 39.00 元

国防书店：(010)88540777　书店传真：(010)88540776
发行业务：(010)88540717　发行传真：(010)88540762

序

大多数高等工科院校都设有机械设计制造及其自动化专业。该专业在不同学校的课程设置不完全相同。目前,一部分学校开设“金属切削原理与刀具”“金属切削机床”“机械制造工艺学”等几门专业课程,另一部分高校将上述课程综合为“机械制造技术基础”或“机械制造工程学”。前一类学校重视专业基础的教育,后一类学校压缩学时,用于增开新课程,重视新知识的传授。两类学校一般都要开设以机械制造工艺为核心的课程设计,通过课程设计培养学生编制工艺、进行结构设计、查阅工具书、撰写技术文件等各方面能力。

课程设计是机械专业一个重要的实践环节,现有课程设计指导书有的出版较早,有的在内容上难以满足学生的需要,于大国等老师从教学需要出发,编写本书具有较强的实际意义。

本书特点之一是设计实例多。教程第一篇将零件分为轴类零件、盘套类零件、箱体类零件等不同种类,选取大量学生相对熟悉的零件,分别进行工艺指导或给出工艺提示,能激发学生的兴趣,取得良好的教学效果。

本书内容丰富、信息量大而成本低。教程第一篇为纸介图书部分,其余四篇在本书光盘内。编者充分利用光盘储存量大的特点,把属于查读性质的内容放置于光盘内,大大减少了印刷篇幅,降低了书的价格,便于学生购买。光盘内的第二篇“简明机械制造工艺设计手册”不仅为学生进行课程设计提供了大量非常重要的技术参数和设计标准,而且能在一定程度上缓解图书馆在工艺设计资料使用高峰期的供需矛盾,从而提高课程设计教学的整体水平。第三篇“最新机械制造装备介绍”对做课程设计的学生和机械单位工程技术人员都有较高的参考价值。

本书第四篇提供了作者自拍的从毛坯准备到产品检验,从机床整体到机床附件,从夹具到刀具,从普通加工到特种加工等多方面的录像,对于缺乏实践经验的年轻学生,将起到增强感性认识,化解学习困难的良好效果。

本书第五篇提供了课程设计的教学课件,将进一步强化教师对课程设计的指导效果,提高课程设计质量。本书还列举了学生课程设计中的常见错误,介绍了绘图与文档编辑的注意事项供学生参考,相信必能使学生有较大的受益。

与其他作者编写的教材相比,本教程在写作构思、总体布局和内容精选上具有自己的特色。虽然书中有些内容还有待进一步提高,比如,可以提供有关机械加工过程的动画,但就总体而言,是值得向工科院校机械设计制造及其自动化专业学生以及其他相关专业师生推荐的课程设计教程。

博士生导师　王爱玲
国家级教学名师
2013 年 1 月

前　言

高等学校机械类专业一般都开设“机械制造技术基础”课程或“机械制造工艺学”课程，并安排课程设计。本课程设计是重要的实践教学环节，也是目前教学中的薄弱环节。本书根据有关教学要求编著，指导学生综合运用所学知识进行工艺设计和结构设计，使其顺利完成课程设计任务，迎接毕业设计和未来工作。

本书有以下特点：①列举了较多的工艺设计实例，主要体现在第一篇中。学习过书法的人都知道，汉字“永”包括了书法的基本笔画，是学习书法最经典的字。但是学书法只学一个“永”字是不够的，所以书法教程有较多的例子供临摹。因此，作者尝试增加较多设计实例，以便提高学生的设计能力，取得更好的教学效果。②将很多内容放在光盘中，发挥光盘容量大、价格低的优势，借此降低书的价格，减少学生的开支。③光盘中放有录像和课件。这对于缺乏实践经验的年轻学生，具有重要意义。本书写作过程人员分工如下：

	姓名	编著章节	篇幅
第一篇	于大国	第1、2、7章	15.8万字
	张和平	第3、4章	6.4万字
	程雪利	第5、6章	6.1万字
第二篇	于大国	第13章	1.6万字
	马清艳	第8、10、12章	10.4万字
	武文革	第16章	0.8万字
	王彪	第11章	0.9万字
	段能全	第9、14、15章	10.1万字
第三篇	赵丽琴	第17、19、21、28章	18.4万字
	陆春月	第18、20、23、27章	29.5万字
	刘中柱	第22、24、37、38章	34.2万字
	王春花	第25、26、29、36章	30.9万字
	李彩霞	第30、31、33、34章	20.1万字
	李建	第32章	4万字
	张家志	第35章	2.8万字
第四篇	于大国	/	67段录像
	王来任	/	8段录像
第五篇	于大国	/	30页课件

协助编写本书的研究生有蒿风花、宁磊、孟晓华、王继明、王慧荣等。学生韩翔、李少敏、郝永鹏、李明东、方艳丽、吕冬梅、程帅、黄洁、聂帅、冀雁斌、张菁麟、樊斌、王斌、刘浩等也给予了很大帮助。还有不少学生参与了书稿的编辑、校对工作，有关学生名单这里不再一一列出。在拍摄机械制造录像的过程中，多名实习指导老师、师傅们给予了大力支持。向上述人员表示衷心的感谢！

为了让学生了解最新的机械制造装备，我们于 2012 年秋季收集了网上公开的有关产品信息，依据当时的网上内容形成了本书的第三篇。机电产品制造、销售单位的网站为我们提供了丰富的最新产品的信息，在此向相关单位表示诚挚的谢意！需要说明的是我们重在让学生对机电产品有所了解，便于学生完成课程设计任务，对于有关信息的有效性、时效性不负责任。在本书写作过程中还参考了大量同仁著作中的精华，列于参考文献之中。谨向各位作者致以深切的感谢！由于作者水平有限，书中定有不足之处，恳请读者批评指正。联系邮箱：yudaguo12@qq.com。

最后需要说明的是，本书内容庞大，为节约印制成本，让学生买得起。本书除第一篇采用纸质印刷外，第二篇至第五篇的内容、视频与课件全部以电子化的形式呈现。有需要的老师及学生可通过百度网盘下载相关内容，下载地址链接：

https://pan.baidu.com/s/1MYphzh8xEEE0LO8s774NmA；

提取码：d0cj。

下载二维码：

如网盘链接及二维码失效请发邮件至 dyzhang@ndip.cn，索取新的下载地址。

编 者

2013 年 1 月

目　录

第一篇　机械制造工艺设计指导

第二篇 简明机械制造工艺设计手册(网盘)

第三篇 最新机械制造装备介绍(网盘)

第四篇　机械制造录像(网盘)

第五篇　课程设计教学课件(网盘)

第一篇　机械制造工艺设计指导

第1章　绪　论

1.1　课程设计的培养目标及作者指导课程设计的一些做法

在学完机械制造技术基础或机械制造工艺学后的一个重要实践教学环节是以机械制造工艺为核心的课程设计。学生通过该课程设计能获得综合运用所学知识进行工艺设计和结构设计的能力，为以后做好毕业设计、走上工作岗位进行一次综合训练和准备。它要求学生全面、综合运用本课程及有关先修课程的理论和实践知识，进行零件加工工艺规程的设计和机床专用夹具的设计。培养目标如下：

(1) 培养学生解决机械加工工艺问题的能力。通过课程设计，熟练运用机械制造工艺学课程中的基本理论以及在生产实习中学到的知识，正确解决一个零件在加工中定位、夹紧以及工艺路线安排、工艺尺寸确定等问题，保证零件的加工质量，初步具备设计一个中等复杂程度零件的工艺规程的能力。

(2) 提高结构设计能力。学生通过夹具设计的训练，能根据被加工零件的加工要求，运用夹具设计的基本原理和方法，学会拟定夹具设计方案，设计出高效、省力、经济合理而能保证加工质量的夹具，提高结构设计能力。

(3) 培养学生熟悉并运用有关手册、规范、图表等技术资料的能力。

(4) 进一步培养学生识图、制图、运算和编写技术文件等基础技能。

学生在完成课程设计任务后，应在课程设计的全部图样及说明书上签字，指导教师予以审核。教师对照课程设计的培养目标，根据学生所提交工艺文件、图样和说明书质量，答辩时回答问题的情况，以及平时的工作态度、独立工作能力等诸方面表现，来综合评定学生的成绩。设计成绩分优秀、良好、中等、及格和不及格五级。不及格者将另行安排时间补做。

为了更好地达到课程设计培养目标，近年来作者在指导课程设计的过程中，采用了一些新的做法，现简单介绍，供讨论与参考。

(1) 向学生播放关于工艺课程设计的教学视频。

(2) 到学生宿舍检查学生课程设计的电子稿，不再采用在办公室检查打印稿的办法。由于电子稿容易被复制，光凭打印稿，难以看出学生是独立完成课程设计还是复制了别人的课程设计。作者到学生宿舍，让学生在自己的电脑上演示与课程设计有关的操作，易于发现抄袭现象。另外，检查前已通知所有学生在自己宿舍提前打开电脑，节约了开机时间。这种方法促进了师生之间的交流，加深了师生感情，还避免了作者计算机感染病毒。

(3) 除指导老师检查课程设计外,发动 8 名左右优秀学生协助检查全班其他学生的课程设计并做好记录,让两名学生结成对子,相互检查课程设计,做好记录。实践表明,这个做法能发现较多课程设计中的错误,提高了包括优秀学生在内的全班学生的课程设计质量。

(4) 作者在给出课程设计成绩前,让学生自己先评定自己的成绩,并在该班级公布。然后作者结合学生自己所给的成绩,综合学生各方面表现合理给定成绩。过去曾经有一次,一位学生对课程设计成绩表示不满。由于课程设计不同于卷面考试,做出很准确的成绩评定确实很难,采用这种方法可在一定程度上避免误判,还学生公平公正。由于学生自评成绩在全班公布,自评成绩大都较合理,基本服从正态分布。

1.2 课程设计任务及要求

题目:设计××××零件的机械加工工艺规程及工艺装备。

根据所提供的零件图样、年产量、每日班次(生产纲领)和生产条件等原始资料,完成以下任务:

(1) 绘制被加工零件的零件图 1 张
(2) 绘制被加工零件的毛坯图 1 张
(3) 编制机械加工工艺规程卡片(工艺过程卡、工序卡或工艺过程综合卡) 1 套
(4) 设计并绘制夹具装配图 1~2 套
(5) 设计并绘制夹具主要零件图(通常为夹具体) 1 张
(6) 编写课程设计说明书 1 份

课程设计时间 2~3 周,其进度及时间大致分配如下:

(1) 分析研究被加工零件,画零件图 约占 7%
(2) 工艺设计,画毛坯图,填写工艺文件 约占 25%
(3) 夹具设计,画夹具装配图及夹具零件图 约占 45%
(4) 编写课程设计说明书 约占 15%
(5) 答辩 约占 8%

课程设计要求:学生应像在工厂接受实际设计任务一样,认真对待课程设计,在老师的指导下,根据设计任务,合理安排时间和进度,认真地、有计划地按时完成设计任务,培养良好的工作作风。必须以负责的态度对待自己所做的技术决定、数据和计算结果。注意理论与实践的结合,以期使整个设计在技术上是先进的,在经济上是合理的,在生产上是可行的。

教师在选题时,宜选择中等复杂程度、中批或大批生产的零件。题目由指导教师选定,经系(教研室)主任审查签字后发给学生。

1.3 课程设计常用手册与网上参考资料

工艺设计离不开工艺手册、夹具手册、切削用量手册等资料,需经常查阅。本书光盘中第二

篇“机械制造工艺设计常用资料”集中了这些手册中常用的内容，为方便读者查阅更全面的资料，这里列出工艺设计常用手册目录和网上参考资料。

1. 课程设计常用手册目录

[1] 李益民.机械制造工艺设计简明手册[M].北京:机械工业出版社,2011.

[2] 陈家芳.实用金属切削加工工艺手册[M].3 版.上海:上海科学技术出版社,2011.

[3] 艾兴,肖诗纲.切削用量简明手册[M].3 版.北京:机械工业出版社,2004.

[4] 王光斗,王春福.机床夹具设计手册[M].3 版.上海:上海科学技术出版社,2000.

[5] 杨叔子.机械加工工艺师手册[M].北京:机械工业出版社,2002.

[6] 王凡.实用机械制造工艺设计手册[M]. 北京:机械工业出版社,2008.

[7] 陈宏钧. 简明机械加工工艺手册[M]. 北京:机械工业出版社,2008.

2. 网上可下载的工艺设计参考资料

以下是 2013 年 1 月 1 日前网上可下载的部分工艺设计资料。

[1] 国家机械工业局.JB/T 9165.2—1998 工艺规程格式[S/OL].http://www.docin.com/p-43560804.html.

[2] 国家机械工业局.GB/T 6414—1999 铸件尺寸公差与机械加工余量[S/OL].http://wenku.baidu.com/view/9d8964c1b64cf7ec4afed025.html.

[3] 国家机械工业局.GB/T 12362—2003 钢质模锻件公差及机械加工余量[S/OL].http://wenku.baidu.com/view/d08e594be518964bcf847c77.html.

[4] 李益民.机械制造工艺设计简明手册[M/OL]. http://www.conft.cn/down/53519.html.

[5] 杨叔子.机械加工工艺师手册[M/OL]. http://www.verycd.com/topics/216107/.

[6] 陈家芳.实用机械工人切削手册[M/OL]. http://ishare.iask.sina.com.cn/f/8074028.html.

[7] 孙本绪,熊万武.机械加工余量手册[M/OL]. http://www. verycd. com/topics/2816833/.

[8] 徐鸿本.机床夹具设计手册[M/OL]. http://www.verycd.com/topics/216517/.

[9] 朱耀祥,浦林祥.现代夹具设计手册[M/OL]. http://www. bzfxw. com/soft/sort011/sort040/40139138.html.

[10] 李洪.实用机床设计手册[M/OL]. http://www.verycd.com/topics/2818424/.

[11] 李洪.机械加工工艺手册[M/OL]. http://ishare.iask.sina.com.cn/f/8544966.html.

深切感谢各资料的原作者,感谢上传资料的所有人员!

1.4 课程设计的步骤及内容

1.4.1 分析研究被加工零件及画零件图

学生接受设计任务后,应首先对被加工零件进行结构分析和工艺分析。其主要内容包括:

(1) 弄清零件的结构形状,明白哪些表面需要加工,哪些是主要加工表面,分析各加工表面的形状、尺寸、精度、表面粗糙度以及设计基准等；

(2) 在有条件的情况下，了解零件在整个机器上的作用及工作条件；

(3) 明确零件的材质、热处理方法及零件图上的技术要求；

(4) 分析零件的工艺性，对各个加工表面制造的难易程度做到心中有数。

所谓结构工艺性好，是指在一定的工艺条件下，既能方便制造，又有较低的成本。王先逵编《机械制造工艺学》在机械加工工艺规程设计一章的开始部分列举了机械零件工艺性好与不好的实例。一般情况下，指导教师所给课程设计零件具有较好的工艺性，但学生如发现零件的结构工艺性差，或尺寸不全可向教师提出。

零件各尺寸精度等级一般不同，各表面形状位置精度不同，设计开始前应找出精度要求高的参数及其所涉及的表面。

画被加工零件图的目的是加深对零件的理解，并非机械地抄图。绘图时应进一步认识、分析零件。学生就原始零件图上遗漏、错误、工艺性差或不符合标准处所提出的修改意见，经指导教师认可后，在绘图时加以改正。应按机械制图国家标准仔细绘图，除特殊情况经指导教师同意外，均按 1:1 比例画出。

1.4.2 明确生产类型和工艺特征

在计划期内应当生产的产品产量和进度计划称为生产纲领。计划期为一年的生产纲领称为年生产纲领。

根据产品大小和年生产纲领，可按表 1-1 所列明确零件的生产类型。

表 1-1 各种生产类型的规范

生产类型		零件的年生产纲领(件/年)		
		重型 (零件质量大于 2000kg)	中型 (零件质量 100~2000kg)	小型 (零件质量小于 100kg)
单件生产		≤5	≤20	≤100
成批生产	小批生产	5~100	20~200	100~500
	中批生产	100~300	200~500	500~5000
	大批生产	300~1000	500~5000	5000~50000
大量生产		>1000	>5000	>50000

各种生产类型工艺特征如表 1-2 所列。

表 1-2 各种生产类型工艺特征

工艺过程特点	生产类型		
	单件生产	成批生产	大批量生产
工件的互换性	一般是配对制造，没有互换性，广泛用钳工修配	大部分有互换性，少数用钳工修配	全部有互换性，某些精度较高的配合件用分组选择装配法
毛坯的制造方法及加工余量	铸件用木模手工造型，锻件用自由锻。毛坯精度低，加工余量大	部分铸件用金属模，部分锻件用模锻。毛坯精度中等，加工余量中等	铸件广泛采用金属模机器造型，锻件广泛采用模锻以及其他高生产率的毛坯制造方法。毛坯精度高，加工余量小

（续）

工艺过程特点	生产类型		
	单件生产	成批生产	大批量生产
机床设备	通用机床，或数控机床、加工中心	数控机床、加工中心或柔性制造单元。设备条件不够时，也采用部分通用机床、专用机床	专用生产线、自动生产线、柔性制造生产线或数控机床
夹具	多用标准附件，极少采用夹具，靠划线及试切法达到精度要求	广泛采用夹具或组合夹具，部分靠加工中心一次安装	广泛采用高生产率夹具，靠夹具及调整法达到精度要求
刀具与量具	采用通用刀具和万能量具	可以采用专用刀具及专用量具或三坐标测量机	广泛采用高生产率刀具和量具，或采用统计分析法保证质量
对工人的要求	需要技术熟练的工人	需要一定熟练程度的工人和编程技术人员	对操作工人的技术要求较低，对生产线维护人员要求高
工艺规程	有简单的工艺卡	有工艺规程，对关键零件有详细的工艺规程	有详细的工艺规程

1.4.3 选择毛坯，确定毛坯的尺寸，绘制毛坯图

1. 选择毛坯

毛坯分为铸件、锻件、型材、焊接件等。各类毛坯的特点与适用范围如表 1-3 所列。

表 1-3 各类毛坯的特点及适用范围

毛坯种类	制造精度（IT）	加工余量	原材料	工件尺寸	工件形状	机械性能	适用生产类型
型材		大	各种材料	小型	简单	较好	各种类型
型材焊接件		一般	钢材	大、中型	较复杂	有内应力	单件
砂型铸造	13 级以下	大	铸铁、铸钢、青铜	各种尺寸	复杂	差	单件小批
自由锻造	13 级以下	大	钢材为主	各种尺寸	较简单	好	单件小批
普通模锻	11～15	一般	钢、锻铝、铜等	中、小型	一般	好	中、大批量
钢模铸造	10～12	较小	铸铝为主	中、小型	较复杂	较好	中、大批量
精密锻造	8～11	较小	钢材、锻铝等	小型	较复杂	较好	大批量
压力铸造	8～11	小	铸铁、铸钢、青铜	中、小型	复杂	较好	中、大批量
熔模铸造	7～10	很小	铸铁、铸钢、青铜	小型为主	复杂	较好	中、大批量
冲压件	8～10	小	钢	各种尺寸	复杂	好	大批量
粉末冶金件	7～9	很小	铁、铜、铝基材料	中、小尺寸	较复杂	一般	中、大批量
工程塑料件	9～11	较小	工程塑料	中、小尺寸	复杂	一般	中、大批量

选择毛坯需考虑以下因素：

（1）生产批量的大小。当零件生产批量较大时，应采用精度与生产率都比较高的毛坯制造方法，以便减少材料消耗和机械加工费用，当零件产量较少时，应选用精度和生产率较低的毛坯制造方法，如自由锻造锻件和手工造型铸件等。

（2）零件材料及对材料组织和性能的要求。铸铁、青铜、铝等材料具有较好的可铸性，可用于铸件，但可塑性较差，不宜做锻件。重要的钢制零件，为保证良好的力学性能，无论结构形状简单还是复杂，均不宜直接选取轧制型材，而应选用锻件毛坯。锻件机械性能较好，有较高的强度和冲击韧性，但毛坯的形状不宜复杂，如轴类和齿轮类零件的毛坯常用锻件。

（3）零件的结构形状及外形尺寸。铸件毛坯的形状可以相当复杂，尺寸可以相当大，且吸振性能较好，但铸件的机械性能较低，一般壳体零件的毛坯多用铸件。台阶直径相差不大的阶梯轴，可直接选取圆棒料（力学性能无特殊要求时），直径相差较大时，为减少材料消耗和机械加工劳动量，则宜选择锻件毛坯。一些非旋转体的板条形钢制零件，多为锻件。尺寸大的零件，目前只能选取毛坯精度和生产率都比较低的自由锻造和砂型铸造，而中小型零件，则可选用模锻、精锻、熔模铸造及压力铸造等先进的毛坯制造方法。

型材包括圆形、方形、六角形及其他断面形状的棒料、管料及板料。棒料常用在普通车床、六角车床及自动和半自动车床上加工轴类、盘类及套类等中小型零件。冷拉棒料比热轧棒料精度高且机械性能好，但直径较小。板料常用冷冲压的方法制成零件，但毛坯的厚度不宜过大。

（4）现有生产条件。选择毛坯时，要考虑毛坯制造的实际水平、生产能力、设备情况及外协的可能性和经济性。

2. 确定毛坯的尺寸与公差

由零件的最终加工尺寸和加工余量可确定毛坯的尺寸，对于铸件可依据国家标准“GB/T 6414—1999 铸件尺寸公差与机械加工余量”，对于锻件可依据国家标准“GB/T 12362—2003 钢质模锻件公差及机械加工余量”。在“百度搜索”中输入两个标准的代号或名称可在多个网站见到两个标准。

锻件机械加工余量与形状复杂系数，和零件的表面粗糙度要求有关。形状复杂加工余量应大些，形状简单加工余量可小些。零件加工后表面粗糙度有大有小，因此所需的锻件余量是不同的。根据形状复杂系数和粗糙度容易查得锻件机械加工余量。还可根据国家标准 GB/T 12362—2003 确定锻件模锻斜度和圆角半径。

1.4.4 选择加工方法，拟订工艺路线

对于比较复杂的零件，可以先考虑几个加工方案，分析比较后，从中选出比较合理的加工方案，需完成以下工作。

1. 选择定位基准

定位是让工件占有正确位置的过程，夹紧是指在工件定位后将其固定。掌握教材中“六点定位原理”，懂得“过定位”“欠定位”“完全定位”“不完全定位”是选择定位基准的基础。

定位基准分为粗基准和精基准。未经机械加工的毛坯表面作定位基准，称为粗基准，粗基准往往在第一道工序第一次装夹中使用。如果定位基准是经过机械加工的，称为精基准。精基

准和粗基准的选择原则是不同的。

1）粗基准的选择

粗基准的选择，主要考虑如何保证加工表面与不加工表面之间的位置和尺寸要求，保证加工表面的加工余量均匀和足够，以及减少装夹次数等。具体原则有以下几方面：

（1）粗基准要选择平整、面积大的表面；

（2）如果零件上有一个不需加工的表面，在该表面能够被利用的情况下，应尽量选择该表面作粗基准；

（3）如果零件上有几个不需要加工的表面，应选择其中与加工表面有较高位置精度要求的不加工表面作第一次装夹的粗基准；

（4）如果零件上所有表面都需机械加工，则应选择加工余量最小的毛坯表面作粗基准；

（5）粗基准一般只能用一次。

2）精基准的选择

选择精基准时，主要应考虑如何保证加工表面之间的位置精度、尺寸精度和装夹方便，其主要原则如下。

（1）基准重合原则。即选设计基准作本道加工工序的定位基准，也就是说应尽量使定位基准与设计基准相重合。这样可避免因基准不重合而引起的定位误差。有关内容参见教材。

（2）基准统一原则。在零件加工的整个工艺过程中或者有关的某几道工序中尽可能采用同一个（或一组）定位基准来定位，称为基准统一原则。

（3）互为基准原则。若两表面间的相互位置精度要求很高，而表面自身的尺寸和形状精度又很高时，可以采用互为基准、反复加工的方法。

（4）自为基准原则。如果只要求从加工表面上均匀地去掉一层很薄的余量时，可采用已加工表面本身作定位基准。

2. 选择表面加工方法

选择表面加工方法的原则是既要保证精度要求，又要成本低，经济合算。例如，与外圆磨床相比，车床加工精度低，所获得的表面质量差，如要获得相同的加工精度，需要采取特别的措施，这样会大大增加成本，不够经济，因而不可取。各种加工方法在正常加工条件下（不采取特别的措施）所能保证的加工精度和表面粗糙度称为加工经济精度。很多工艺手册和工艺学教材都有介绍“加工方法”或“经济精度”的章节，查阅这些资料，掌握各种加工方法及其所对应的经济精度可帮助正确选择加工方法。

3. 安排加工顺序，划分加工阶段，制订工艺路线

这部分内容工艺学教材都有介绍。工艺过程一般分为粗加工阶段和精加工阶段，有时分得更细。精加工阶段倾向于采用先进、精密的设备，粗加工阶段使用普通设备和一般技术水平的工人，这种分开是必要的，不仅可合理利用设备和人员，还有其他作用。

机械加工顺序的安排一般应为：先粗加工后精加工；先加工面后加工孔；先加工主要表面后加工次要表面；先加工用于定位的基准，再以基准定位加工其他表面；热处理按段穿插，检验按需安排。还需考虑工序集中与分散等问题。

工艺学教材对外圆、内孔、平面（即所谓的典型表面）的加工路线有详细介绍。学生可阅读相关内容。

1.4.5 进行工序设计和工艺计算

1. 选择机床及工艺装备

机床是加工装备,其他装备包括刀具、夹具、量具等。中批生产条件下,通常采用通用机床加专用工具、夹具;大批大量生产条件下,多采用高效专用机床、组合机床流水线、自动线与随行夹具。产品变换多,宜选数控机床;零件有难以加工或无法加工的复杂曲线、曲面也宜选数控机床。大型零件选择大型机床加工,小型零件选择小型机床加工。

多数工艺手册都有专门章节分别介绍常用机床、刀具、磨具、量具、量仪。本书光盘相关章节介绍了车、铣、刨、磨等各种机床的技术参数、转速、进给量,根据所提供的机床技术参数可知其加工零件的尺寸范围,防止出现"大马拉小车"或"小马拉大车"的错误选择。本书光盘相关章节还介绍了游标卡尺、千分尺等各种量具。刀具材料的种类、牌号、用途可查阅其他教材。

刀具一般有国家标准,如"GB/T 6117.1—1996 直柄立铣刀的型式和尺寸""GB/T 6135.3—1996 直柄麻花钻的型式和尺寸""GB/T 17985.2—2000 硬质合金车刀第 2 部分:外表面车刀"。

在"百度搜索"中输入"刀具国家标准目录",即可查到刀具各标准的名称,然后按标准名称便可查到标准的具体内容。例如,在"百度搜索"中输入"GB 直柄立铣刀"便可直接查到该刀具的国家标准。

应将选定的机床或工装的有关参数如机床型号、规格、工作台宽、T 形槽尺寸、刀具形式、规格记录下来,为后面填写工艺卡片和夹具设计做好必要准备。

2. 确定加工余量和工序尺寸

与机械制造工艺相关的教材一般都有"加工余量、工序尺寸及公差确定"的实例。这里仅作简要说明。各工序加工余量的大小与上工序的尺寸公差、表面粗糙度、表面缺陷层深度等因素有关。从多数工艺手册可直接查得所需的加工余量数值。例如,依据本书光盘相关章节:①可查得"平面加工余量",即根据加工平面长度和宽度,直接查得铣、刨、磨粗、精加工余量。②可查得"外圆的加工余量",即根据轴径和加工长度,直接查得车、磨粗、精加工余量。③可查得"内孔加工余量",即根据孔的直径直接查得钻、镗、磨、研磨的加工余量。④还可查得加工 M10 的粗牙普通螺纹孔,应该选用直径为 8.5 的麻花钻钻底孔。有些工艺手册还附有"加工余量、工序尺寸及公差确定"的例题。

将最终加工工序的尺寸即设计尺寸,加上由表查得的最终工序的加工余量,可得到倒数第二道工序的基本尺寸。其他各工序的基本尺寸依次类推。

除最终工序外,其他各工序按其所用加工方法的经济精度确定工序尺寸公差(最终工序的公差按设计要求确定)。按"入体原则"标注工序公差。例如,轴的上偏差为 0,孔的下偏差为 0。

3. 选择各工序切削用量

切削速度、切削深度和进给量称为切削用量三要素。

在单件小批生产中,常不具体规定切削用量,而是由操作工人根据具体情况自己确定,以简化工艺文件。在成批大量生产中,则应科学地、严格地选择切削用量,以充分发挥高效率设备的潜力和作用。

对于本课程设计，在机床、刀具、加工余量等已确定的基础上，学生可用公式计算1道~2道工序的切削用量，其余各工序的切削用量可由相关工艺手册、《切削用量简明手册》或《切削用量手册》中查得。

下面着重介绍一种确定车削用量的方法，铣削、钻削、刨削等切削用量的选择可依此类推。所述方法参见本书光盘内相关内容或艾兴、肖诗纲编《切削用量手册》的例题一。

1）选择刀具

（1）在切削用量相关内容中查表“车刀刀杆及刀片尺寸的选择”，依据该表可根据所选车床的中心高确定刀杆与刀片的总尺寸。

（2）在切削用量相关内容中查表“车刀切削部分的几何形状”，依据该表根据所加工材料的不同，初步选择车刀的前角、后角、主偏角、副偏角、刀尖圆弧半径、卷屑槽尺寸。

（3）依据教材所介绍的刀具知识选择刀具材料。

2）选择切削用量

（1）确定切削深度 a_p。

粗、精加工各工序尽可能一次切除工序余量，在机床、刀具刚度较弱时也可以多次进给完成，由此即确定了 a_p。

（2）确定进给量 f。

在切削用量相关内容中或杨叔子主编《机械加工工艺师手册》中查表“硬质合金及高速钢车刀粗车外圆和端面的进给量”、查表“硬质合金外圆车刀半精车时的进给量”等，依据该表根据 a_p 选择走刀量 f。

在车床技术资料所提供的走刀量数值系列中，选择与 f 最接近的数作为实际走刀量。

（3）选择车刀磨钝标准及耐用度。

在切削用量相关内容中或杨叔子主编《机械加工工艺师手册》中查表“刀具磨钝标准及耐用度”，根据刀具材料、加工材料、加工性质（指粗车、半精车、精车）选择磨钝标准及耐用度。磨钝标准指后刀面允许的最大磨损值，耐用度指车刀达到磨钝标准为止的净切削时间。

（4）确定切削速度 v。

切削速度可根据公式计算，也可直接由表中查出。

在切削用量相关内容中或杨叔子主编《机械加工工艺师手册》中查“车削速度的计算公式”，根据加工材料、刀具材料、进给量 f、切削深度 a_p、刀具耐用度可计算车削速度。如实际加工条件有变化，应乘以修正系数。

以上是利用公式计算车削速度，也可在工艺手册或切削手册中查“车削速度”有关表格直接得到车削速度，必要时也可乘以修正系数。

将上述线速度换算为车床转速。在车床技术资料所提供的各级转速中，选择与上述结果最接近的值，作为车床实际转速。

（5）强度与功率校核。

在单件、小批量生产中，常不具体规定切削用量，而由操作工人确定。与此相比，步骤（1）~步骤（4）使得切削用量的选择有依据，比较合理。而进行强度与功率的校核则使切削用量的选择更具科学性、先进性。

由工艺手册或切削手册的公式或数据表,根据前面选择的切削深度 a_p、进给量 f、切削速度 v 可计算出或直接查到切削力和切削功率。由切削用量算出或查出的切削力不能超过车床及刀片的强度许可范围,切削功率应小于车床电动机的功率与机械效率的乘积。

车削力包括主车削力 F_z、径向车削力 F_y、走刀力(轴向力)F_x。有些手册中能查到机床允许的最大走刀力,根据切削用量算出或查出的走刀力(轴向力)F_x 应该小于该值。

有的手册查到的是切削功率 P_m,而有的手册查到的是单位切削功率 P_s,将 P_s 乘以切削速度 v、切削深度 a_p、进给量 f 可得到切削功率 P_m。切削功率由主切削力得到,忽略其他切削力。

如由选择的切削用量得到的切削力和切削功率过大,则应减少切削用量。

4. 计算时间定额

时间定额规定生产一件产品或一道工序所需的时间。根据时间定额和加工工件的数量可计算工人的劳动时间,核算工人工资。时间定额包括:①直接用于改变生产对象尺寸、形状等所需的基本时间 $t_{基}$;②装夹工件、开停车等所需辅助时间 $t_{辅}$;③布置工作地(如清理铁屑等)的时间 $t_{布置}$;④休息及生理需要时间 $t_{休}$;⑤加工前熟悉工艺文件、加工后归还工艺装备等准备终结时间 $t_{准终}$。

各种工艺手册都有基本时间 $t_{基}$ 的计算公式,其基本原理是位移、速度、时间的关系,这种计算是容易的。工艺手册中还有"装夹工件时间""卸下工件时间",依据这些数据表,由所用的机床、加力方法可查得装夹时间,从而确定 $t_{辅}$。将 $t_{基}$、$t_{辅}$ 的总和称为操作时间。$t_{布置}$ 取操作时间的 2%~7%来计算,$t_{休}$ 取操作时间的 2%来计算。设一批加工的零件数量为 n,则单件工时定额为:$T_{定额}=t_{基}+t_{辅}+t_{布置}+t_{休}+\frac{t_{准终}}{n}$。

本次设计作为一种对时间定额确定方法的了解,可只确定 1 道~2 道工序的单件时间定额,可采用查表法或计算法确定。

1.4.6 画工序简图及填写工艺文件

工艺文件有多种,比较常用的有机械加工工艺过程卡片、机械加工工序卡片,格式详见机械行业标准"JB/B 9165.2—1998 工艺规程格式"。在网上很容易搜索到该标准。

阅读本书第 6 章"课程设计示例"中的 6.7 节可看到工艺规程的主要格式,还可从中领会工艺文件,如工序卡中工序简图的画法:

(1) 根据到本工序结束为止的工件的实体形状,按投影关系画视图。显然,尚未加工的结构不应在工序简图中反映出来。简图也可以只画出与加工部位有关的局部视图,除加工面、定位面、夹紧面、主要轮廓面外,其余线条可省略。对于一条线是否该画,以必须、明了为尺度。

(2) 一般只标注由本工序所形成的尺寸、本工序所加工表面的形状位置公差、表面粗糙度等。与本工序无关的尺寸、参数和技术要求不予标注。

(3) 加工部位用粗实线,其他部位用细实线。

(4) 工序图上标明定位、夹紧符号。

定位、夹紧符号已有标准。在"百度"中输入"机械加工定位、夹紧符号"可查到。这里摘录部分内容(表 1-4)。可在定位符号旁注明所限制的自由度数目。

表 1-4　部分定位、夹紧符号

分类		独立定位：标注在视图轮廓上	独立定位：标注在视图正面上	联合定位：标注在视图轮廓上	联合定位：标注在视图正面上
定位支承符号	固定式	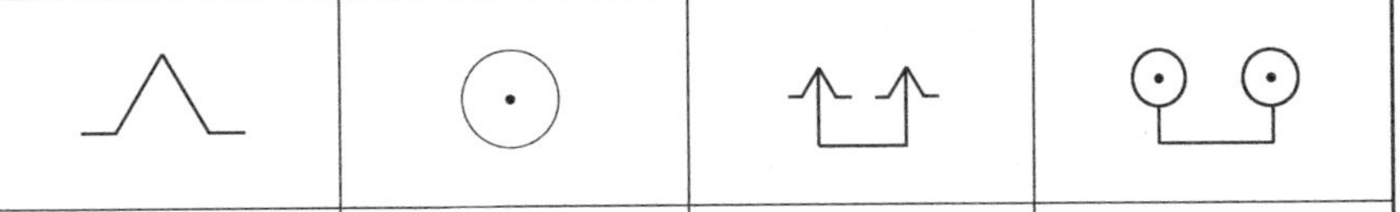			
定位支承符号	活动式	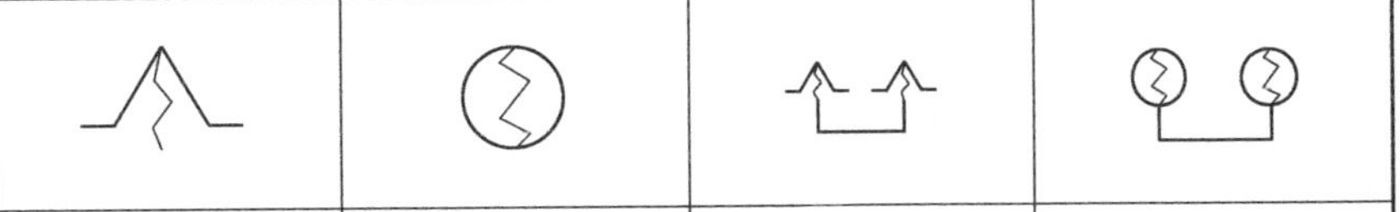			
辅助支承符号		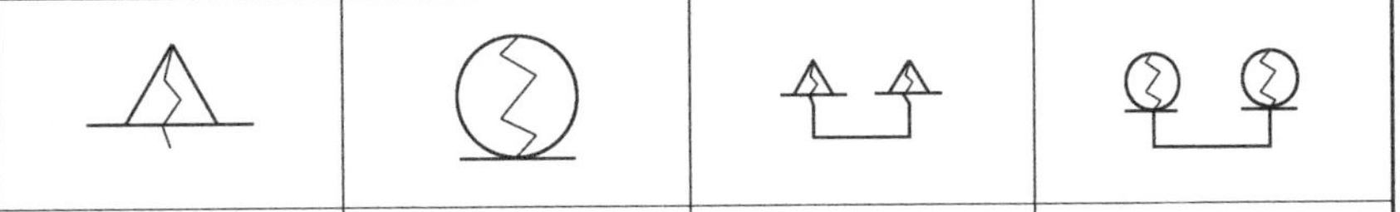			
夹紧符号	机械夹紧	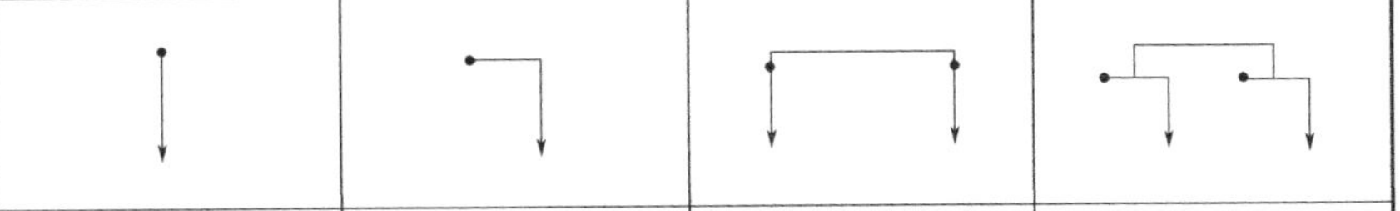			
夹紧符号	液压夹紧	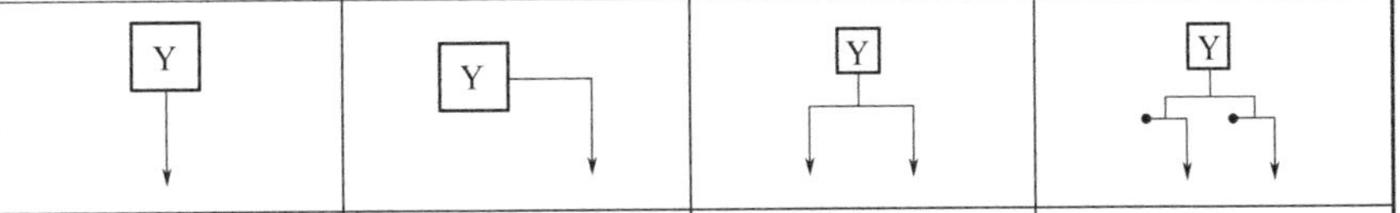			
夹紧符号	气动夹紧	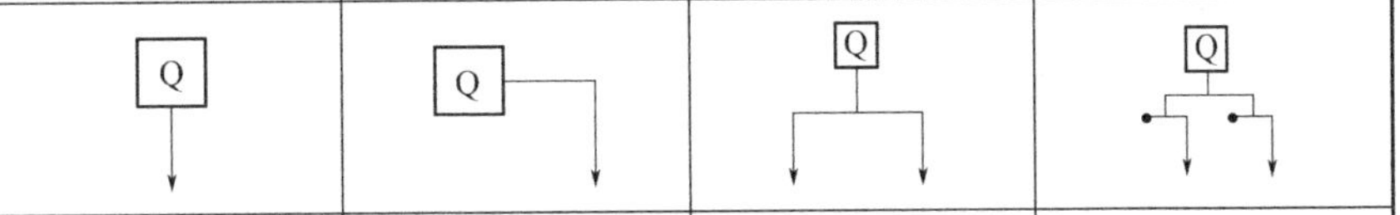			
夹紧符号	电磁夹紧	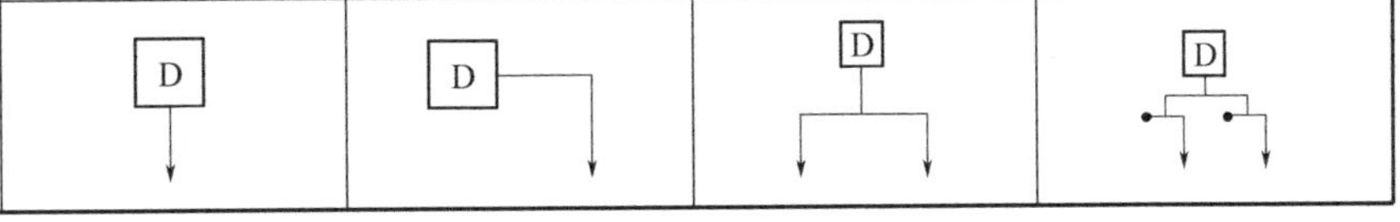			

1.4.7　设计专用夹具

设计夹具要查阅夹具设计手册。

学生应设计专用夹具 1~2 套。所设计的夹具其零件数以 20~40 件为宜，即应具有中等以上的复杂程度。

夹具设计是工艺装备设计的一项重要工作，是工艺系统中最活跃的因素，是机械工程师必备的知识和技能，也是学生学习的薄弱环节，希望学生充分重视、认真训练。

首先应做好设计准备工作，收集原始资料，分析研究工序图，明确设计任务。专用夹具设计应根据零件工艺设计中相应工序所规定的内容和要求进行，与加工技术要求、机床型号、前后工序关系、定位基准、夹紧部位、同时加工零件数相适应。

夹具设计可分为拟订方案、绘制装配图、绘制专用零件图三个阶段。绘制装配图的具体步骤如下。

1. 布置图面

选择适当比例（尽可能 1:1），在图纸上用双点画线绘出被加工工件各个视图的轮廓线及其主要表面(如定位基面、夹紧表面、本工序的加工表面等),各视图之间要留有足够空间,以便绘制夹具元件、标注尺寸、引出件号。

2. 设计定位元件

根据选好的定位基准确定出定位元件的类型、尺寸、空间位置及其详细结构,并将其绘制在相应的视图上(按接触或配合的状态)。圆柱销、菱形销、支撑钉、支撑板、V 形块这些常用定位元件已有标准,应查阅《夹具设计手册》,按标准的要求确定定位元件的形状、尺寸、公差配合及其他技术要求。部分大型工艺手册中也有这类标准。

可以考虑进行定位误差的分析计算。

3. 设计导向、对刀元件

在分析加工方法及工件被加工表面的基础上,确定出用于保证刀具和夹具相应位置的对刀元件类型(钻床夹具用导套、铣床夹具用对刀块)、结构、空间位置,并将其绘制在相应的位置上。固定钻套、快换钻套、对刀板这些导向、对刀元件应依据《夹具设计手册》已有标准设计。部分大型工艺手册中也有这类标准。

4. 设计夹紧元件

夹紧装置的结构与空间位置的选择取决于工件形状、工件在加工中的受力情况以及对夹具的生产率和经济性等要求,其复杂程度应与生产类型相适应。注意使用快卸结构。工艺教材、夹具设计手册或大型工艺手册均介绍斜楔夹紧机构、螺旋夹紧机构、偏心夹紧机构、铰链夹紧机构、定心夹紧机构。参考《机床夹具设计图册》可以开阔思路。可以考虑进行夹紧力的计算。

5. 设计其他元件和装置

如定位夹紧元件的配套装置、辅助支撑、分度转位装置等。

6. 设计夹具体

通过夹具体将定位元件、对刀元件、夹紧元件、其他元件等所有装置连接成一个整体。夹具体还用于保证夹具相对于机床的正确位置。铣夹具要有定位键,车夹具注意与主轴连接,钻夹具注意钻模板的结构设计。

7. 画工序图

在装配图适当的位置上画上缩小比例的工序图,以便于审核、制造、检验者在阅读时对照。

8. 标注

在装配图上标注夹具轮廓尺寸,引出件号,确定技术条件,编制零件明细表。夹具装配图绘制完成后,还需绘制相应的专用零件图(通常为夹具体)。

1.4.8 编写课程设计说明书

学生在完成上述全部工作之后,应编写设计说明书一份。说明书用 A4 纸打印,并装订成册。

说明书是课程设计的总结性文件。通过编写说明书,进一步培养学生分析、总结和表达的能力,巩固、深化在设计过程中所获得的知识,是本次设计工作的一个重要组成部分。

说明书应概括地介绍设计全貌,对设计中的各部分内容应作重点说明、分析论证,进行必要的计算。要求系统性好,条理清楚,图文并茂,充分表达自己的见解,力求避免抄书。文中应注明参考文献的序号。

说明书要求字迹工整、语言简练、文字通顺、图例清晰。

说明书包括的内容如下。

(1) 目录。

(2) 设计任务书。

(3) 序言。

(4) 对零件的工艺分析,包括零件的作用、结构特点、结构工艺性、主要表面的技术要求分析等。

(5) 工艺设计与计算:

① 毛坯选择与毛坯图说明;

② 工艺路线的确定(粗、精基准的选择,各表面加工方法的确定,工序集中与分散的考虑,工序顺序安排的原则,加工设备与工艺装备的选择,不同方案的分析比较等);

③ 加工余量、切削用量、工时定额的确定;

④ 工序尺寸与公差的确定。

(6) 夹具设计:

① 设计思想与不同方案对比;

② 定位分析与定位误差计算;

③ 对刀及导引装置设计;

④ 夹紧机构设计与夹紧力计算;

⑤ 夹具操作说明。

(7) 设计心得体会。

(8) 参考文献(应该有序号)。

1.5 课程设计常见错误和对学生的建议

1.5.1 学生课程设计中的常见错误

学生画零件图的常见错误有:没有标注零件的材料;仅标注尺寸公差,没有标注形状、位置公差;粗糙度符号方向错误;数字、文字大小不统一;缺少应有的技术要求。

学生画装配图,常忘记标注配合要求。还有学生零件图、装配图的标题栏格式不正确。学生课程设计零件图可采用比较简单的标题栏格式,如图 1-1 所示。

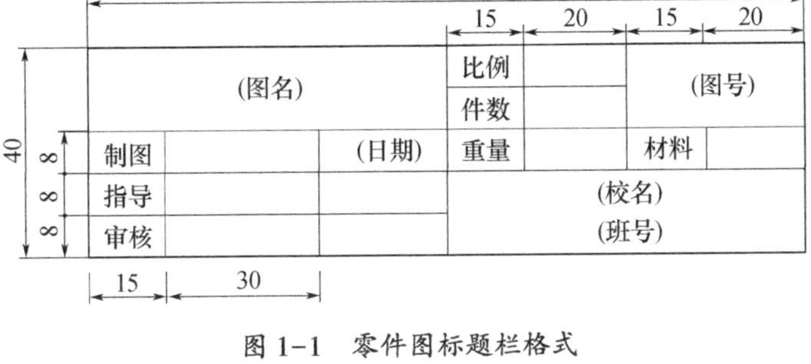

图 1-1　零件图标题栏格式

装配图标题栏及零件明细表也可采用比较简单的格式,如图 1-2 所示。

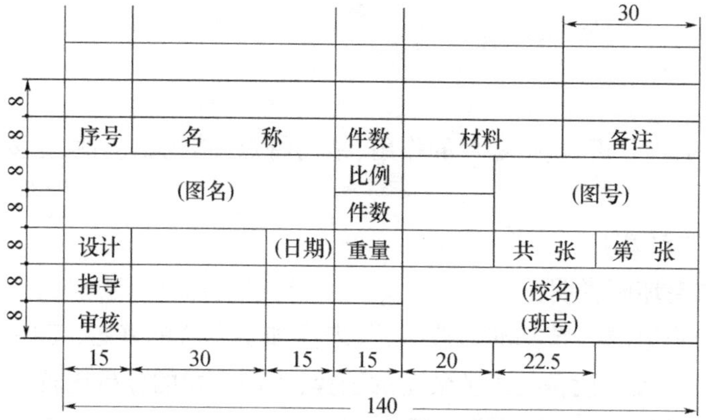

图 1-2　装配图标题栏及零件明细表格式

学生所做工序卡的常见错误有:插入的工序图变形,例如圆变成了椭圆;工序图上的数字太小,看不清楚。

学生课程设计说明书常见错误有:公式、图表采用截图等方式从其他资料中复制、粘贴到说明书中;插图模糊不清;不会使用文档结构图,说明书各级标题层次不清晰。

1.5.2　对学生的建议

对学生提出如下建议:

1. 将手工绘图与计算机绘图相结合

采用手工绘图可在一定程度上减少相互抄袭现象,有利于提高实际绘图能力。也要安排适量的计算机绘图。采用计算机绘图速度快,质量高,修改容易。学生在工艺课程设计阶段配备计算机是非常必要、非常重要的。不熟悉计算机绘图的学生,可首先学会 CAD 软件中画直线、圆、线条延伸、线条修剪、线条偏置、尺寸标注、公差标注等基本操作,这些是不难的,用较短的时间便可掌握,有了这个基础可完成多数图样的绘制。

2. 注意技术文档编写规范

说明书各级标题应有所不同,便于区分。所有表格应按前后顺序编号,并给予名称,将序号和名称布置于表格上一行,居中。所有附图应按前后顺序编号,并给予名称,将序号和名称布置于图的下一行,居中。各图、表序号与名称的字体应小于正文。表内数字、文字的字号小于正文。具体格式可参考各学校毕业设计(论文)格式要求。

公式要采用公式编辑器编辑。学生还要学会图文混排,能修剪图片;会使用文档结构图,使得各级标题一目了然。

第 2 章　典型零件工艺指导

2.1　轴类零件工艺指导

2.1.1　齿轮传动轴

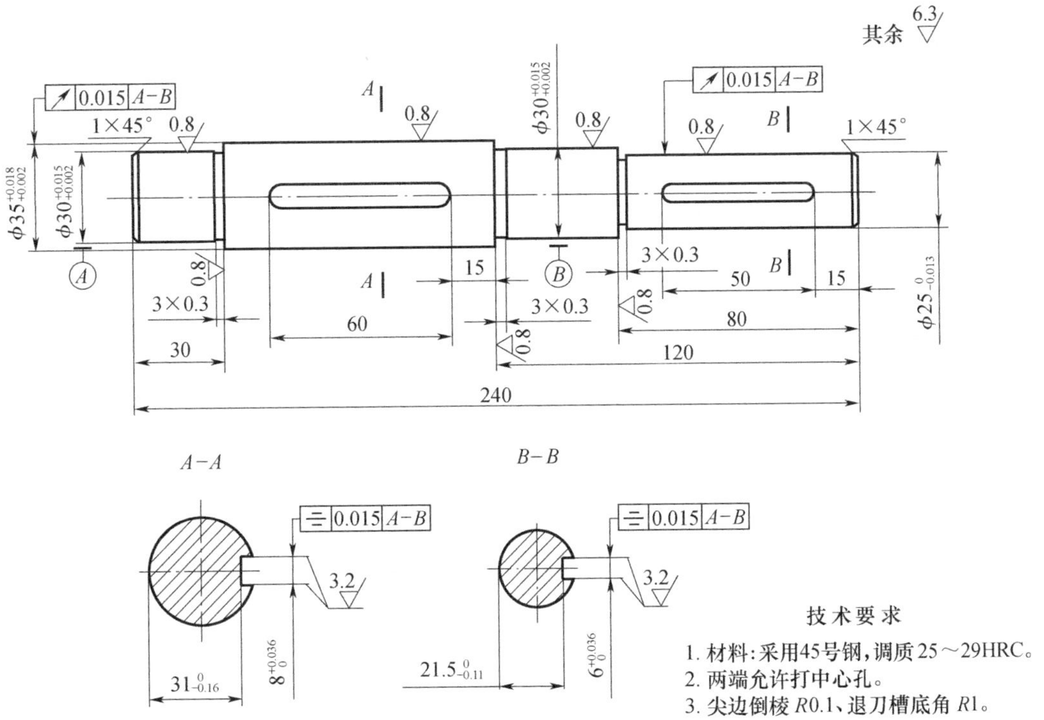

图 2−1　齿轮传动轴

表 2−1　齿轮传动轴成批生产参考工艺

工序号	工序名称	工序内容	工 序 图	机床	夹具	备注
0	锻造		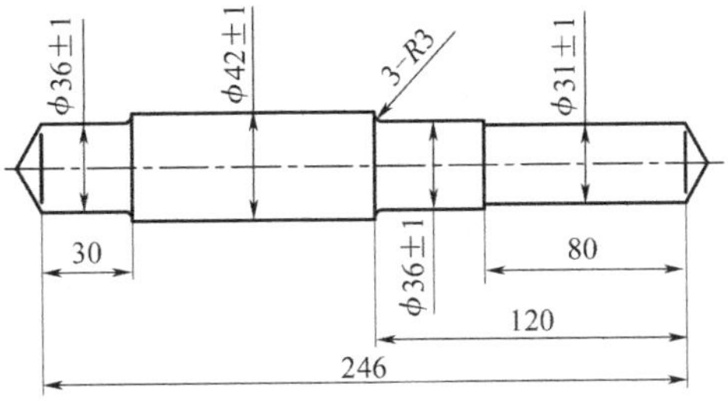			未注锻造圆角 R2,退火

（续）

工序号	工序名称	工序内容	工序图	机床	夹具	备注
5	车	1. 以左端外圆面定位，加工中部、右端、光右端面（保持有效总长 243）打中心孔； 2. 以 $\phi40\times50$ 外圆面定位，加工左端、光左端面、打中心孔	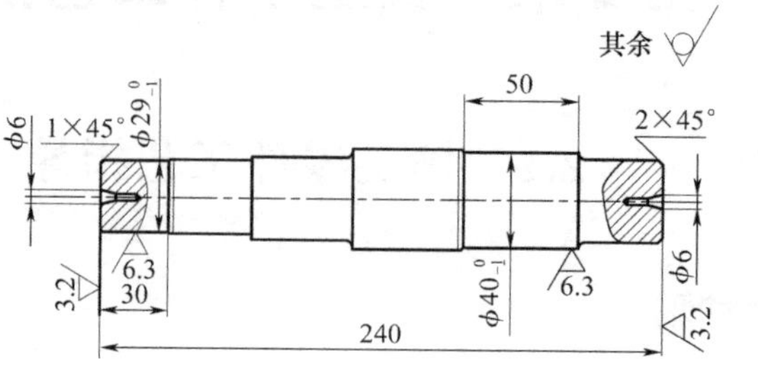	CA6140	三爪卡盘	
10	粗车	见图	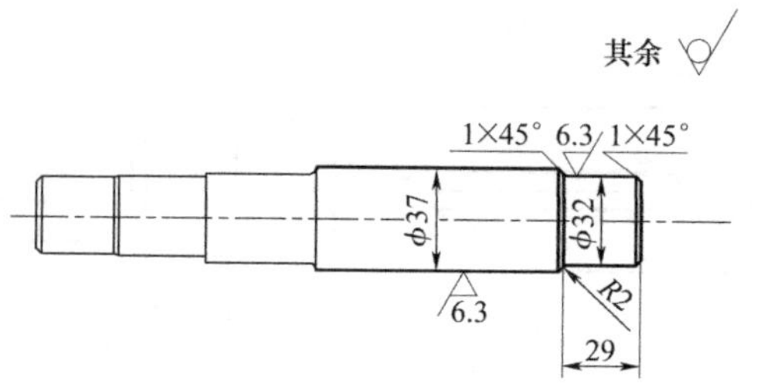	CA6140	三爪卡盘，尾顶尖	
15	精车（调头）	见图	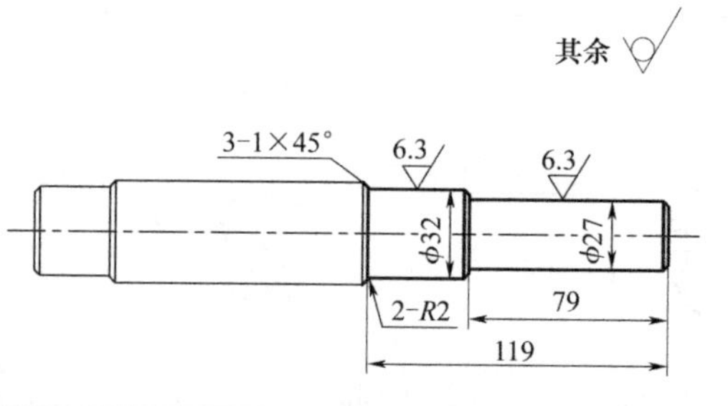	CA6140	三爪卡盘，尾顶尖	
20	检验		图略			
25	热处理	调质 25~29HRC	图略			
30	研磨顶尖孔	研去两端 60°锥面的氧化皮	图略	C618	三爪卡盘	60°锥面铸铁研具
35	精车		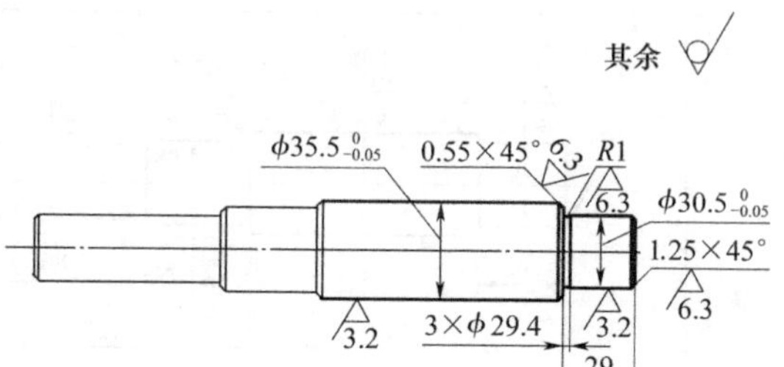	CA6140	桃形夹头，双顶尖	

（续）

工序号	工序名称	工序内容	工 序 图	机床	夹具	备注
40	精车（调头）		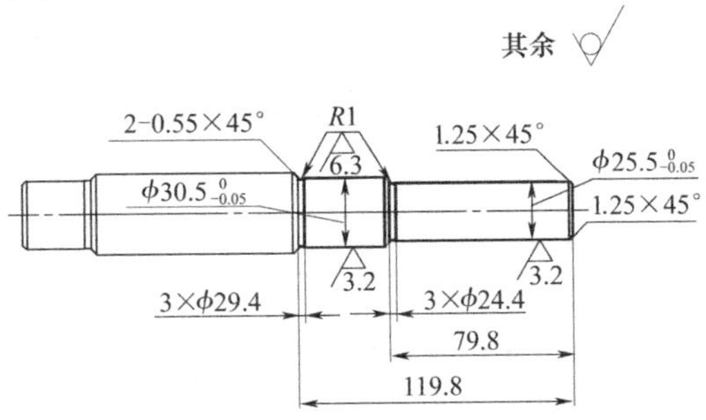	CA6140	桃形夹头，双顶尖	
45	铣	铣两处键槽	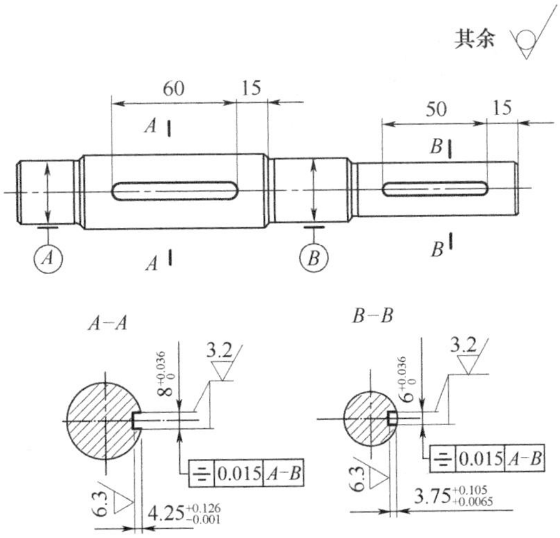	X52K	铣床，轴用虎钳（或V形铁）	
50	检验	检验 35、40、45 道工序尺寸	（图略）			
55	磨	磨四处外圆柱面，同时靠平三处台阶面（分两次定位安装）	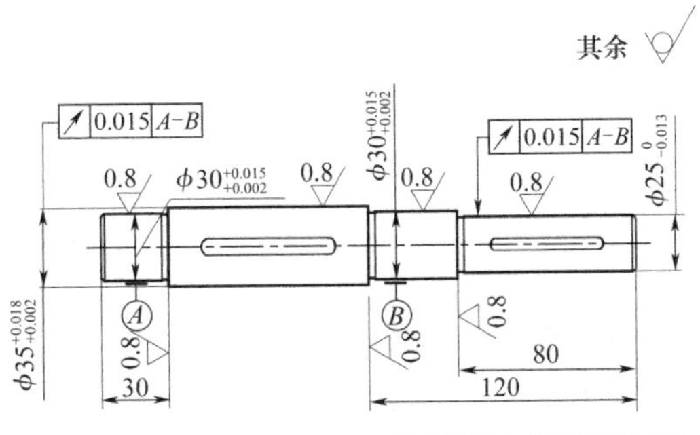	M1432A 或（M1332）	桃形夹头，死顶尖	
60	钳	去两键槽周边毛刺 *R*0.1	（图略）			
65	洗涤	1. 用汽油清洗整个零件表面 2. 压缩空气吹干	（图略）			
70	总检	（按零件图）	（图略）			
75	油封入库	1. 黄油涂抹整个零件表面 2. 油蜡纸包装 3. 入库	（图略）			

2.1.2 车床主轴

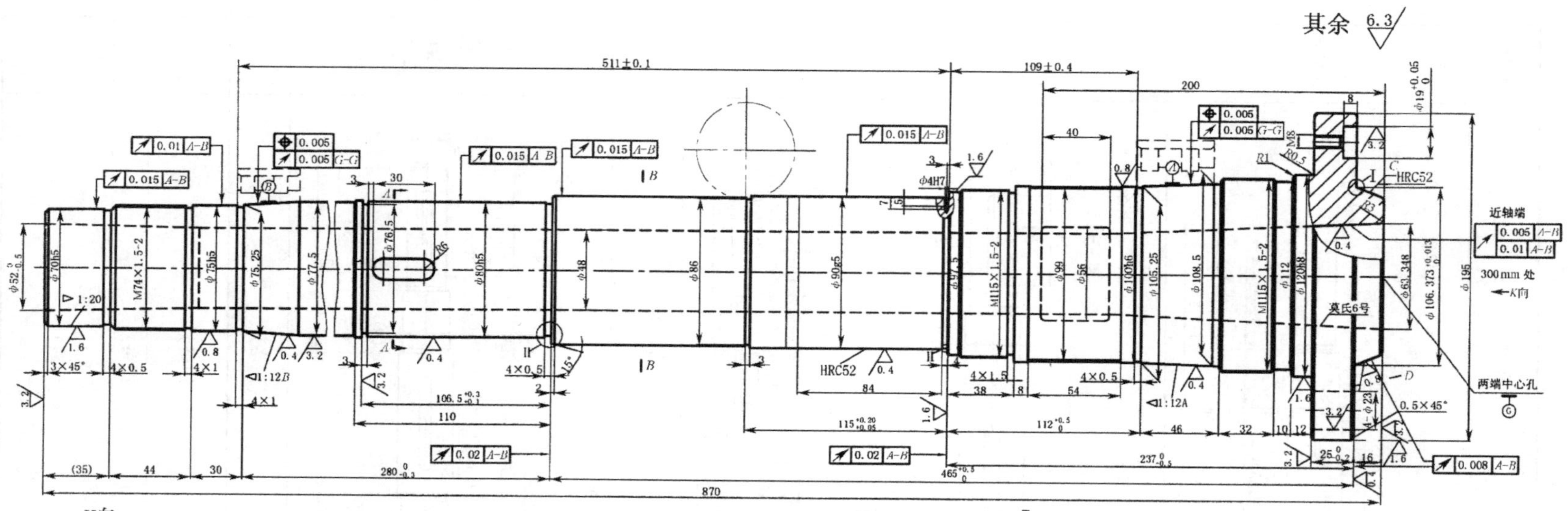

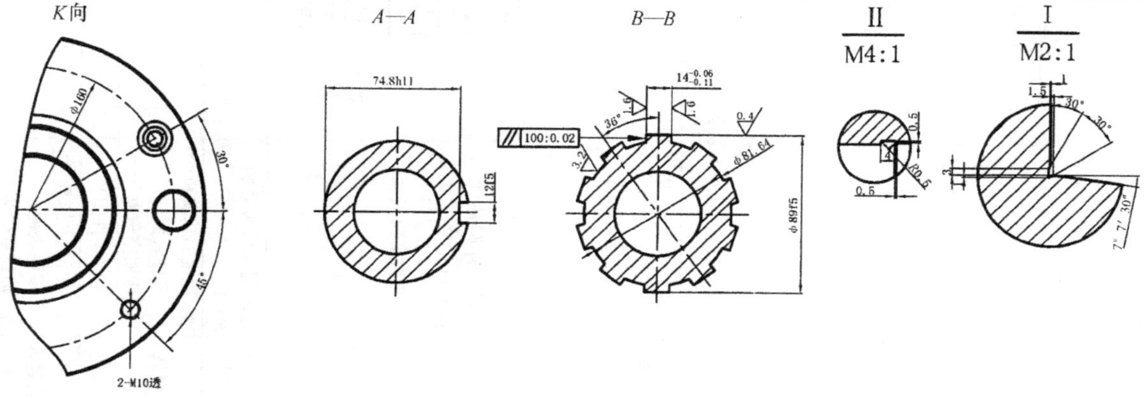

技术要求

1. 莫氏锥度及1:12锥面用涂色法检查，接触率不小于70%。
2. 莫氏6号锥孔对主轴端面的位移±2。
3. 用环规紧贴C面，环规端面与D面的间隙0.05～0.1。
4. 花键不等分累积误差和键对定心直径中心的偏移0.02。
5. 采用45号钢，调质220～250HBS，局部高频淬硬至图纸要求。

图 2-2 车床主轴

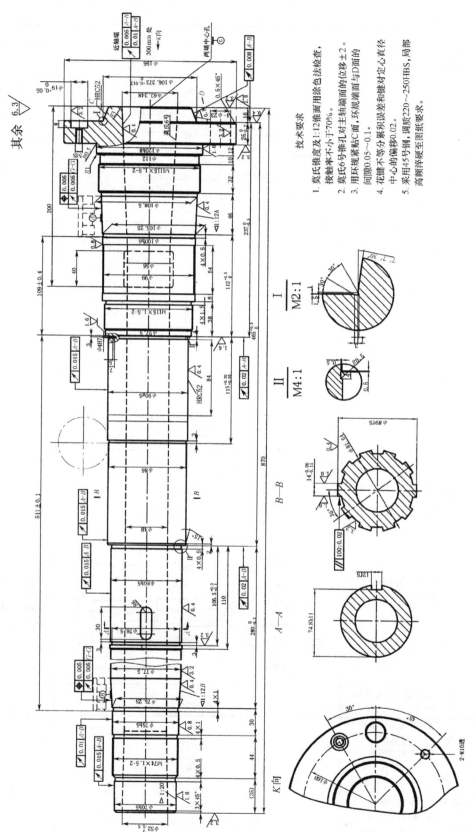

表 2-2 车床主轴成批生产参考工艺

序号	工序名称	工序简图	设备
1	备料		
2	精锻		
3	热处理	正火	
4	锯头		
5	铣端面打中心孔		中心孔机床
6	粗车外圆		普通车床
7	热处理	调质	
8	车大端各部	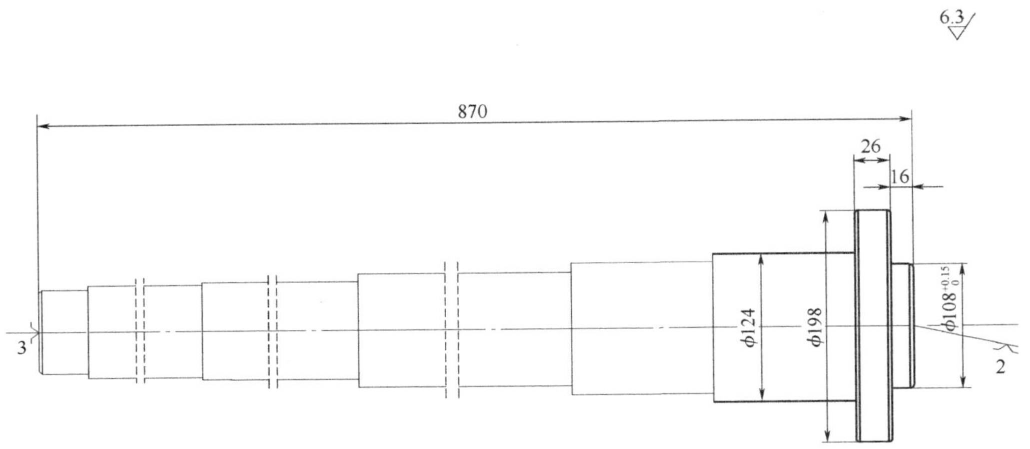	普通车床

（续）

<table>
<tr><th>序号</th><th>工序名称</th><th>工 序 简 图</th><th>设 备</th></tr>
<tr><td>9</td><td>仿形车小端各部</td><td>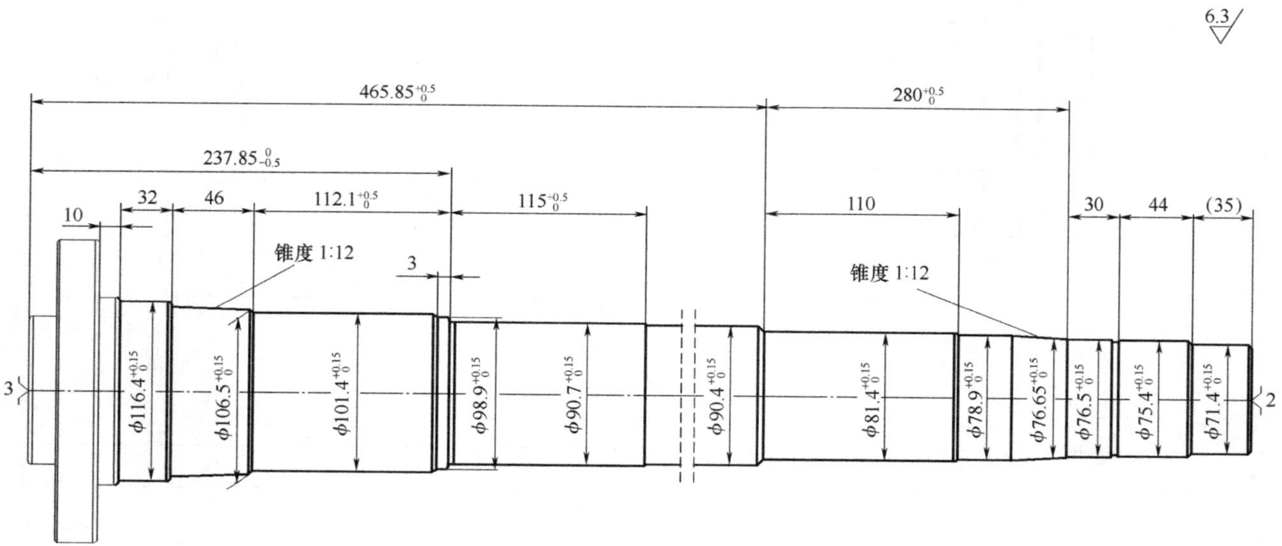
</td><td>仿形多刀半自动车床</td></tr>
<tr><td>10</td><td>钻 ϕ48 深孔</td><td>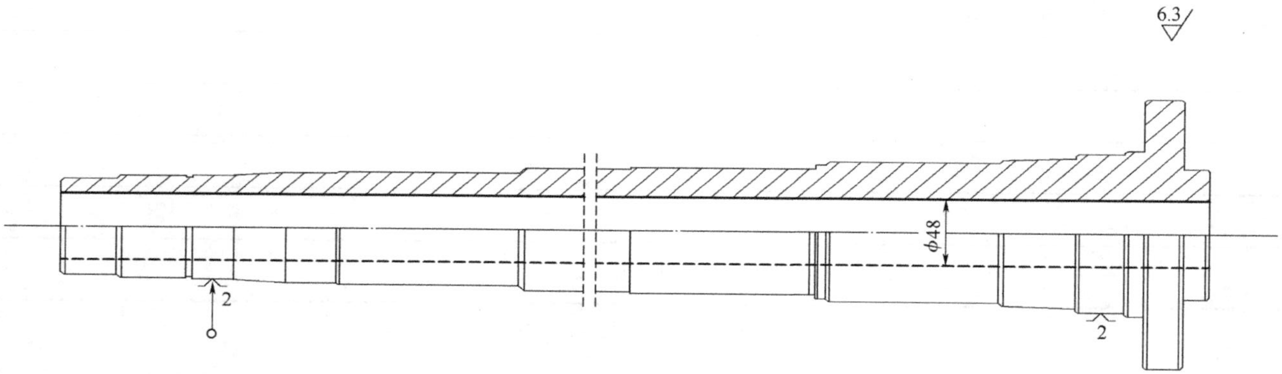
</td><td>深孔钻床</td></tr>
</table>

（续）

序号	工序名称	工序简图	设备
11	车小端内锥孔（配 1∶20 锥堵）	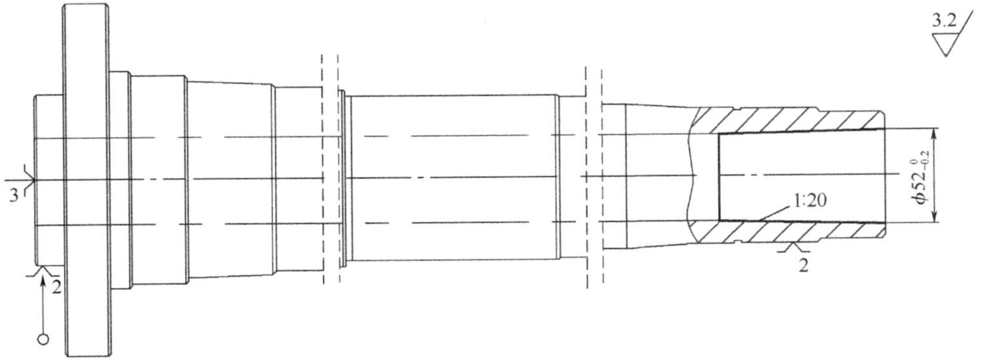 用涂色法检查 1:20 锥孔，接触率≥50%	普通车床
12	车大端锥孔（配莫氏 6 号锥堵），车环槽，车外短锥及端面	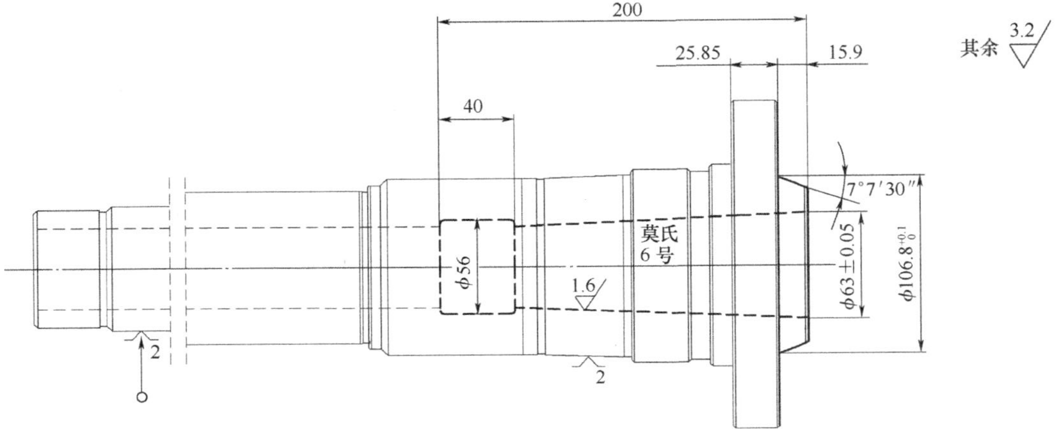 用涂色法检查莫氏 6 号锥孔，接触率≥30%	普通车床

（续）

序号	工序名称	工 序 简 图	设 备
13	钻大端端面各孔	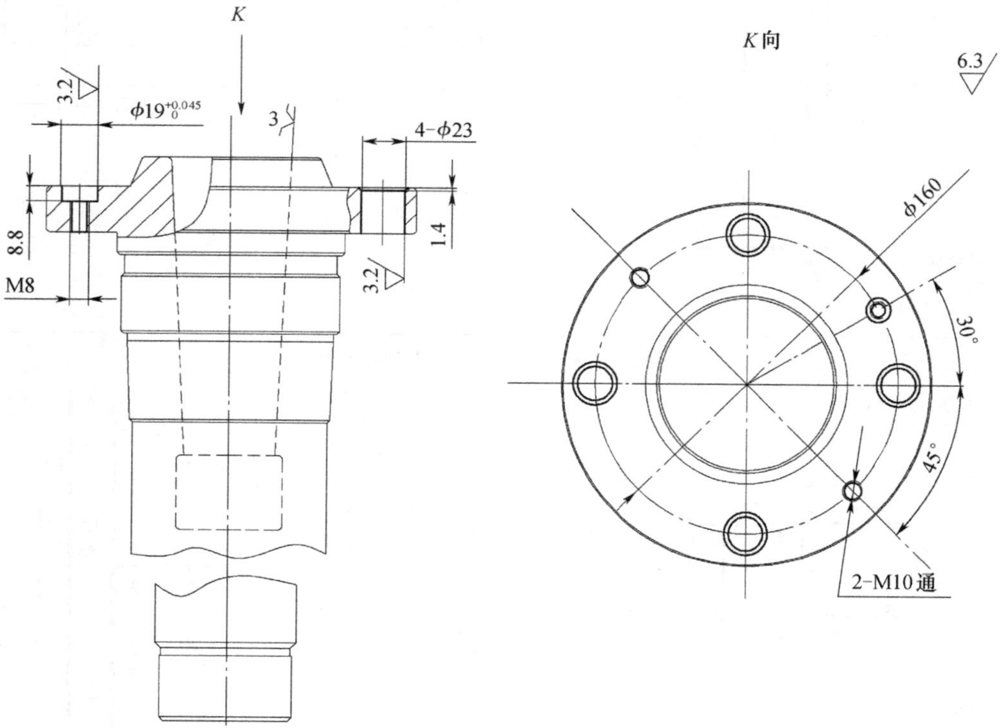	钻床及钻模

（续）

序号	工序名称	工序简图	设备
14	钻 $\phi 4H7$ 小孔	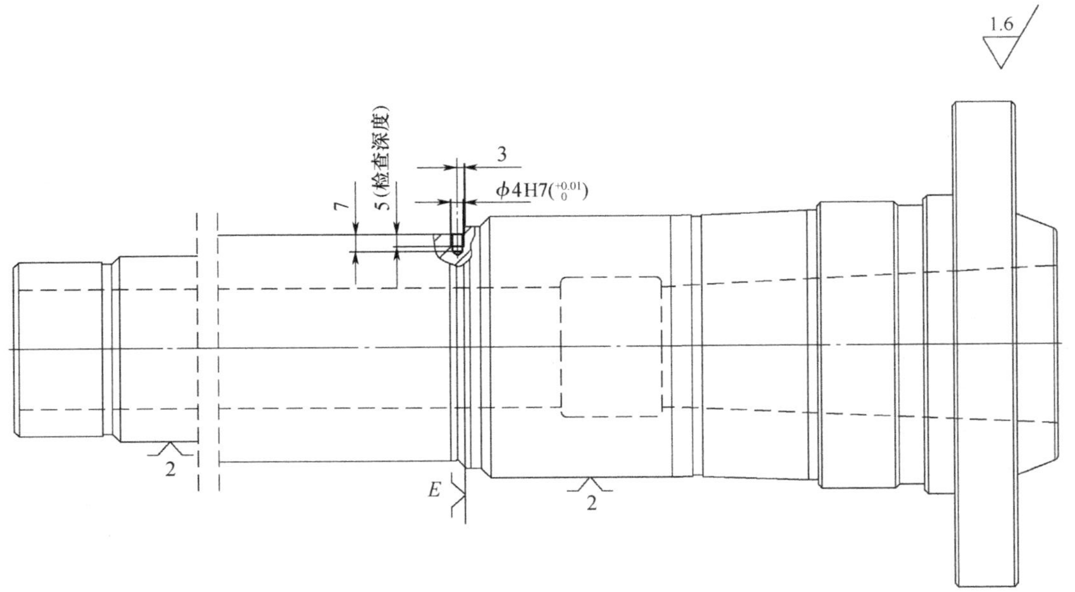	钻床及钻模
15	热处理	局部（短锥 C 和 $\phi 90$ 轴颈）高频淬火	

（续）

序号	工序名称	工序简图	设备
16	精车各外圆并切槽	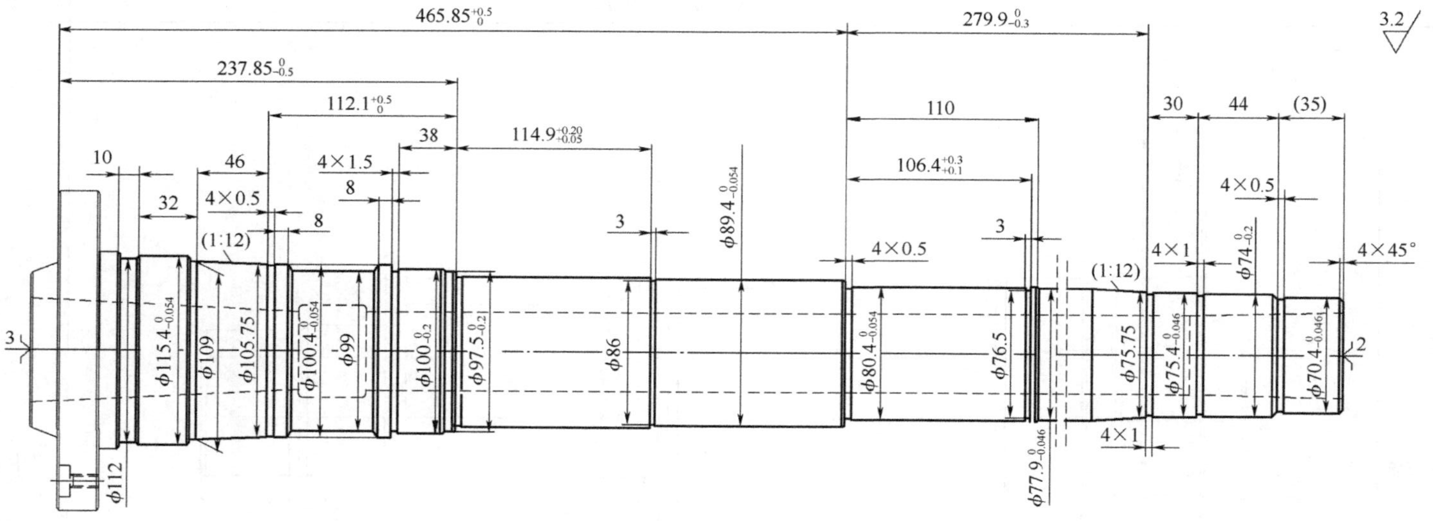	数控车床
17	粗磨外圆	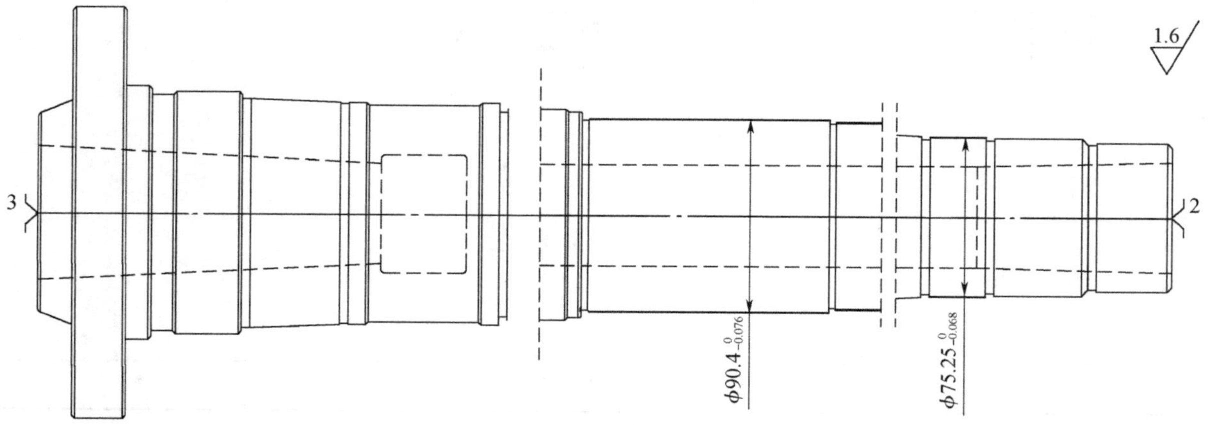	外圆磨床

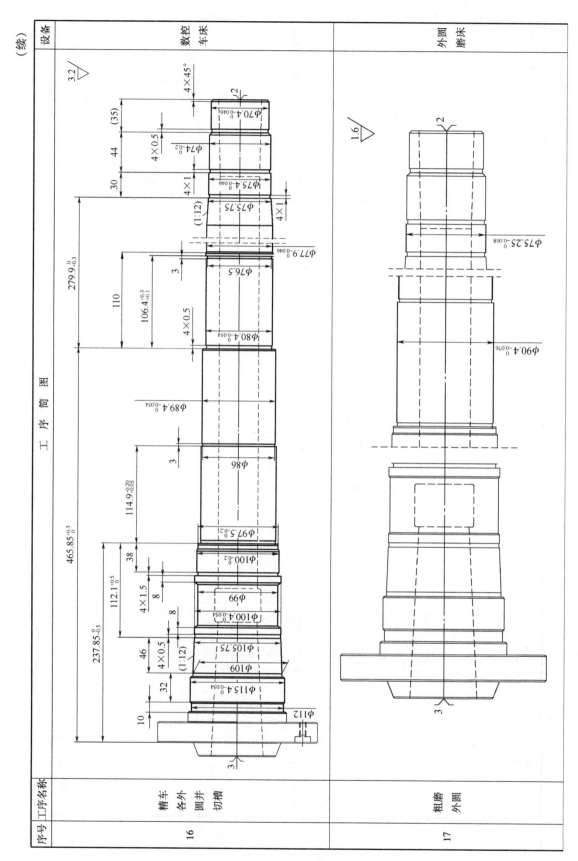

（续）

序号	工序名称	工序简图	设　备
18	粗磨莫氏 6 号内锥孔（重配莫氏 6 号锥堵）	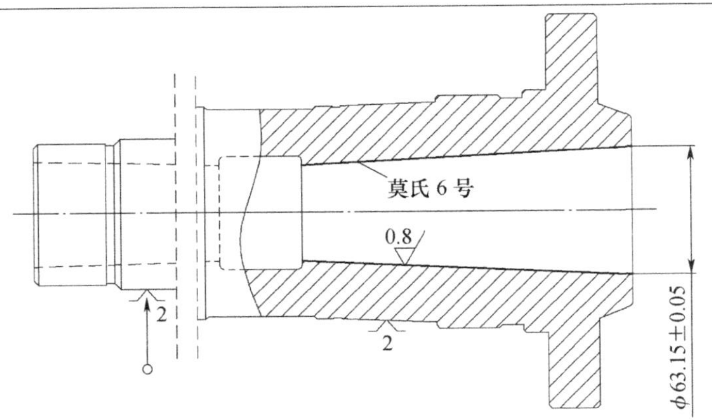 用涂色法检查莫氏 6 号锥孔，接触率≥40%	内圆磨床
19	粗铣和精铣花键	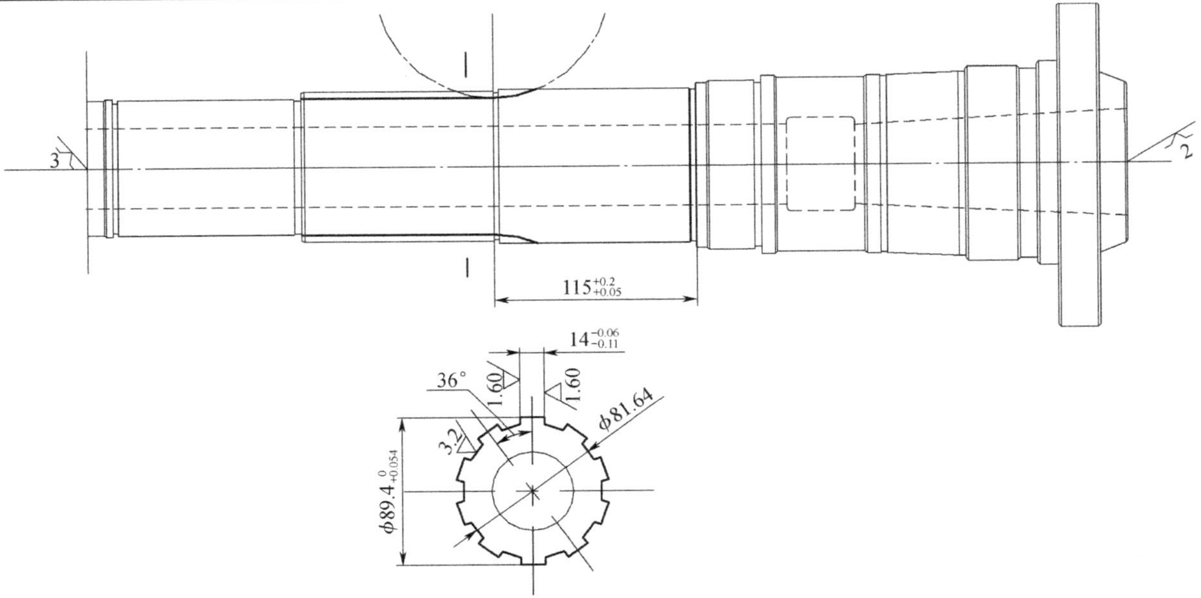	半自动花键轴铣床

（续）

序号	工序名称	工序简图	设备
20	铣键槽	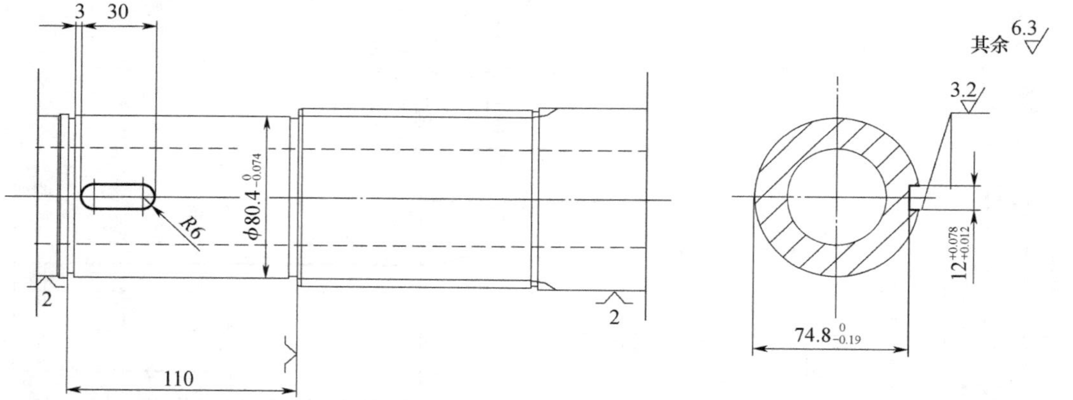	万能铣床
21	车大端及内侧面，车三处螺纹（配螺母）	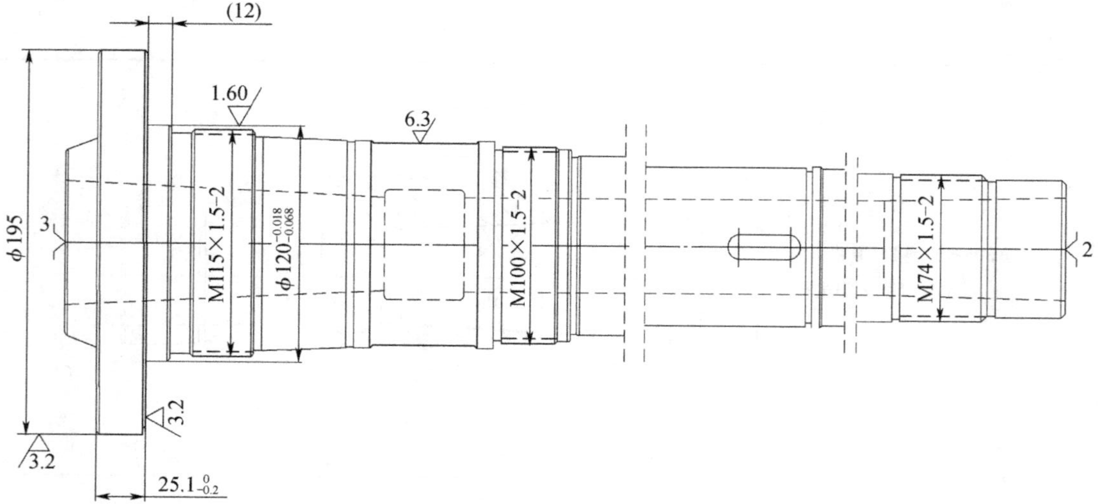 配车螺母后，在主轴上检查螺母端面跳动≤0. 05mm	普通车床

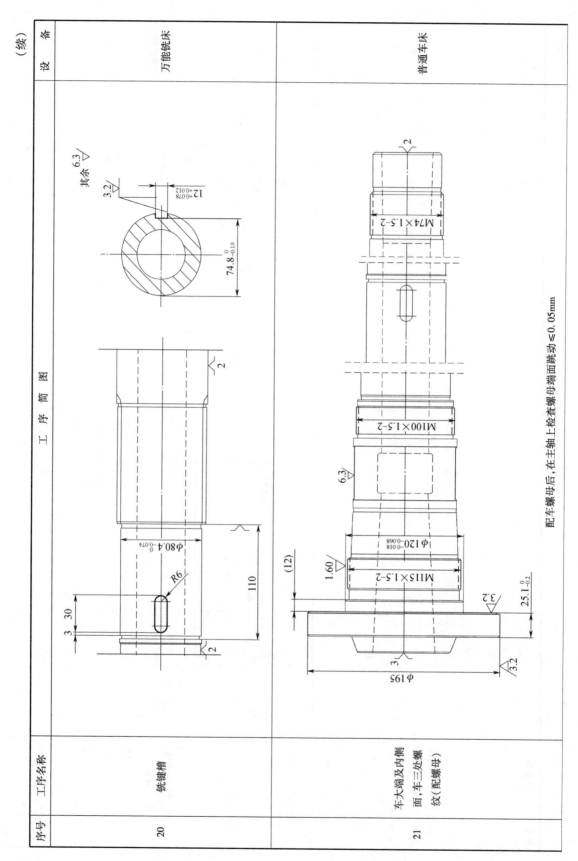

（续）

序号	工序名称	工序简图	设备
22	精磨各外圆及 E、F 两端面	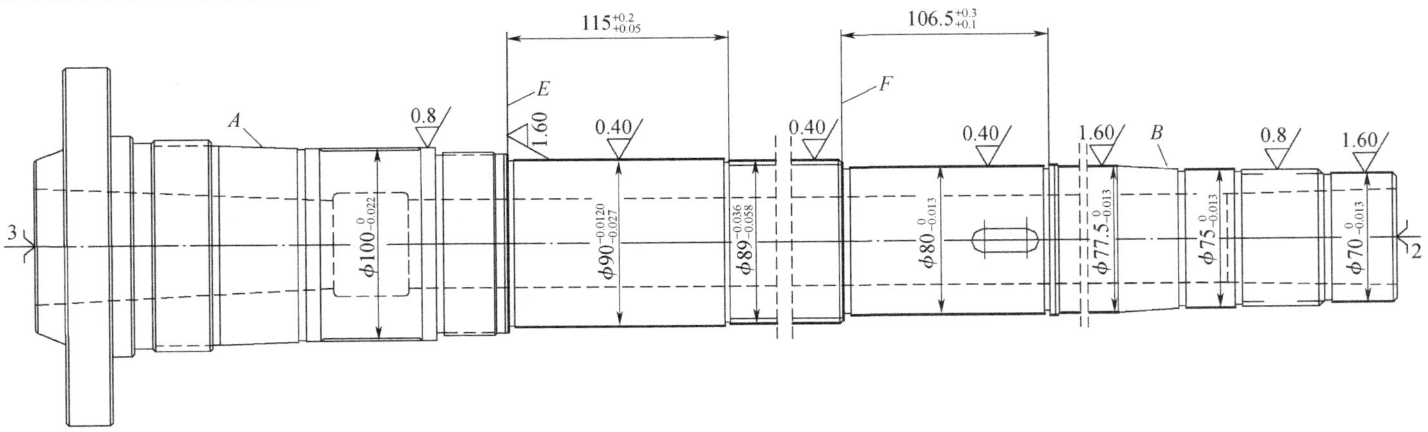 技术要求 1. 轴颈 $\phi75$、$\phi80$ 对轴颈 A、B 径向跳动允差 0.01mm。 2. 轴颈 $\phi70$、$\phi89$、$\phi90$ 对轴颈 A、B 径向跳动允差 0.015mm。 3. E、F 面对中心线的端面跳动允差 0.02mm。	外圆磨床
23	粗磨两处 1:12 外锥面	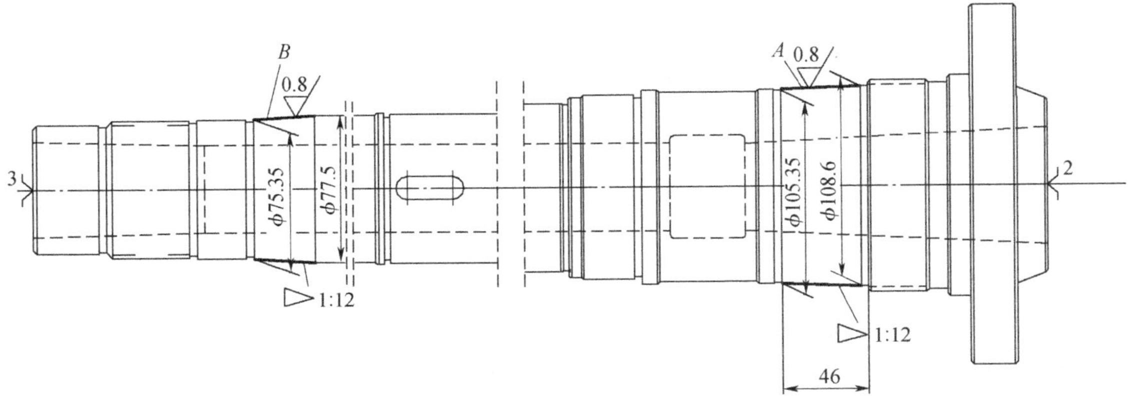	专用组合磨床

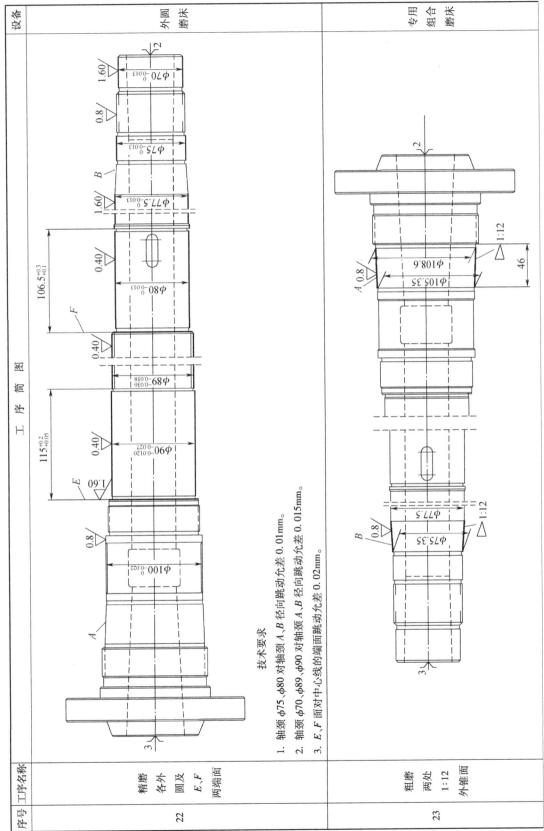

（续）

序号	工序名称	工序简图	设备
24	精磨两处 1:12 外锥面和 *D* 端面以及短锥面等	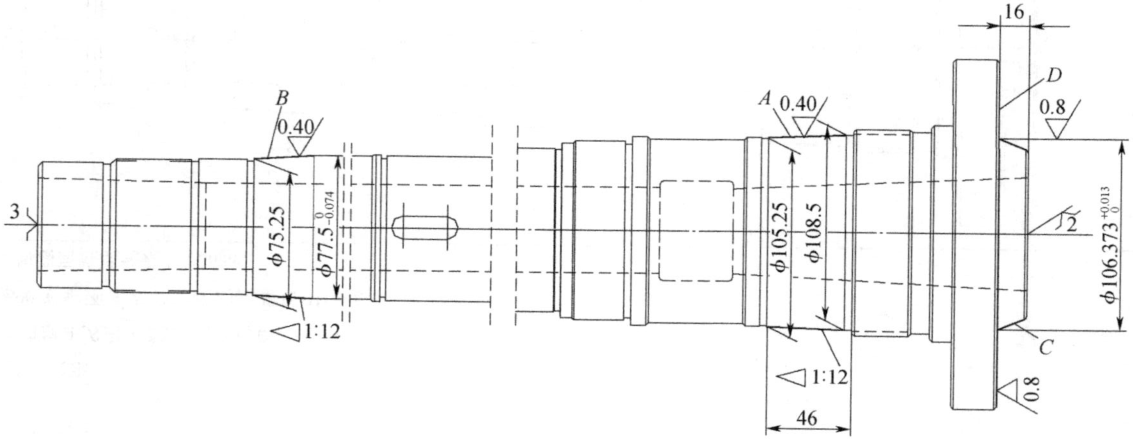 技术要求 1. 用环规紧贴 *C* 面，环规端面与 *D* 面的间隙 0.05~0.1mm。 2. 轴颈 *A*、*B* 的不圆度允差 0.005mm。 3. 轴颈 *A*、*B* 径向跳动（在顶尖上检查）允差 0.005mm。 4. *D* 面对轴颈 *A*、*B* 的跳动公差 0.008mm。 5. 短锥 *C* 对 *A*、*B* 的跳动允差 0.008mm。 6. 两处 1:12 锥面接触率≥70%。	专用组合磨床

（续）

序号	工序名称	工 序 简 图	设 备
25	精磨莫氏 6 号内锥孔（锥堵）	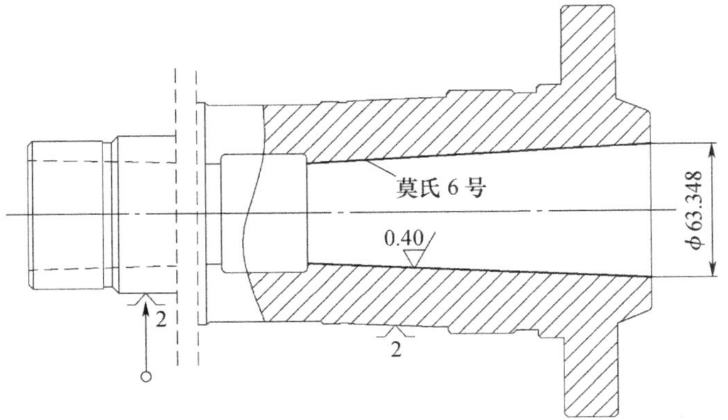 技术要求 1. 莫氏 6 号锥孔表面用涂色法检查，接触率≥70%。 2. 莫氏 6 号对轴颈 A、B 跳动允差： （1）近轴端处为 0.005mm。 （2）离轴端 300mm 处为 0.01mm。 3. 莫氏 6 号锥孔对端面的位移允差±2mm。	专用主轴锥孔磨床
26	钳工	4 个 ϕ23 钻孔处锐边倒角	
23	检查	按图纸技术要求全部检查	

2.2 盘套类零件工艺指导

2.2.1 水泵叶轮

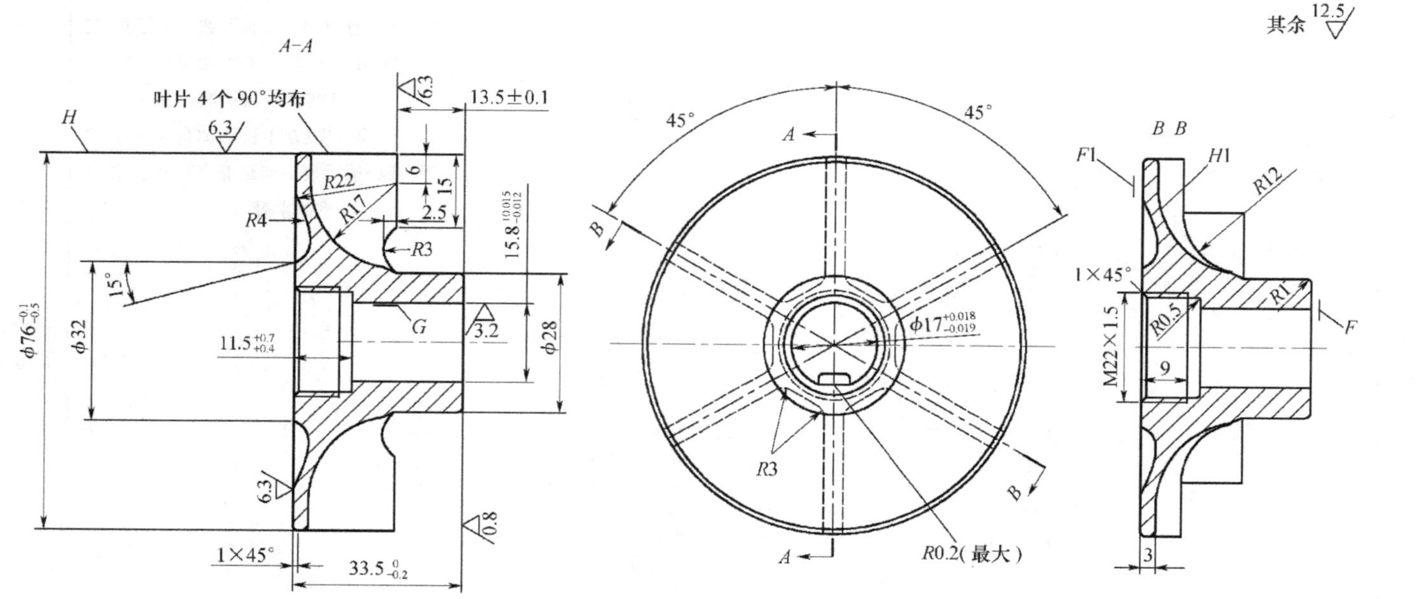

技术要求

1. 铸件不得有气孔、砂眼。
2. F面对G孔轴心线端面跳动0.03mm。

零件名称	材料	HT200
水泵叶轮	生产类型	中批

图 2–3 水泵叶轮简图

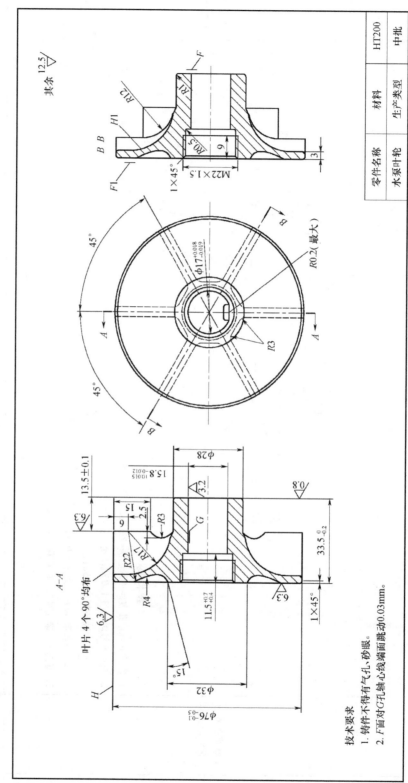

表 2-3　水泵叶轮成批生产参考工艺

工序号	工序名称	设备		工序简图	工艺设备
		型号	名称		
10	钻内孔、车大端面	CA6140	普通车床	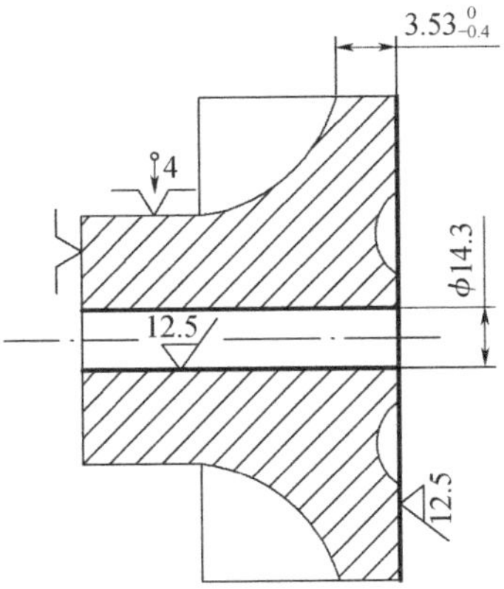	气动三爪卡盘
20	拉孔	L6110	拉床	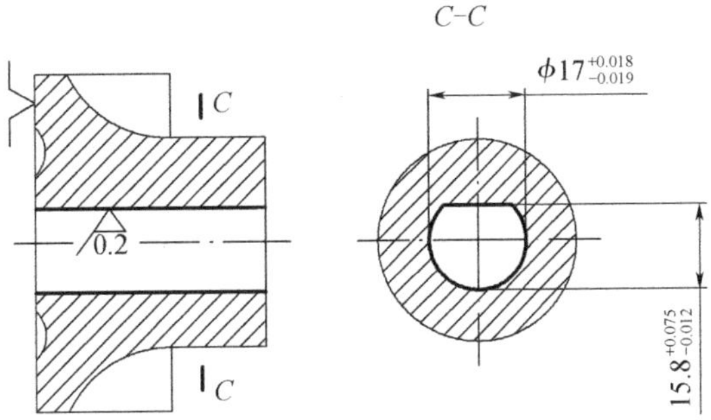	浮动支承
30	车外圆、切小端面、切叶片端面	CA6140	普通车床	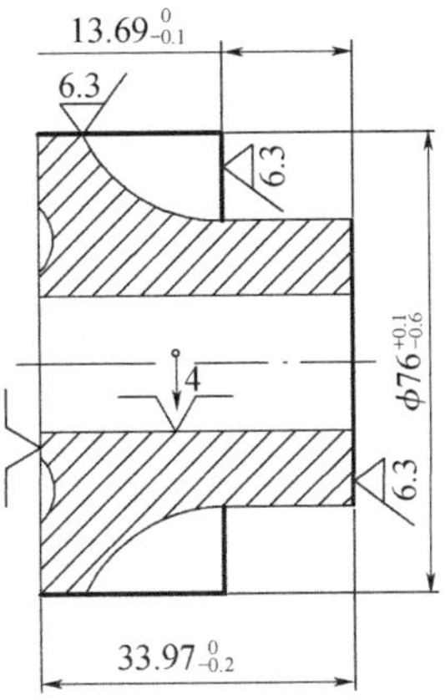	心轴

(续)

工序号	工序名称	设备		工序简图	工艺设备
		型号	名称		
40	精车大端面	CA6140	普通车床	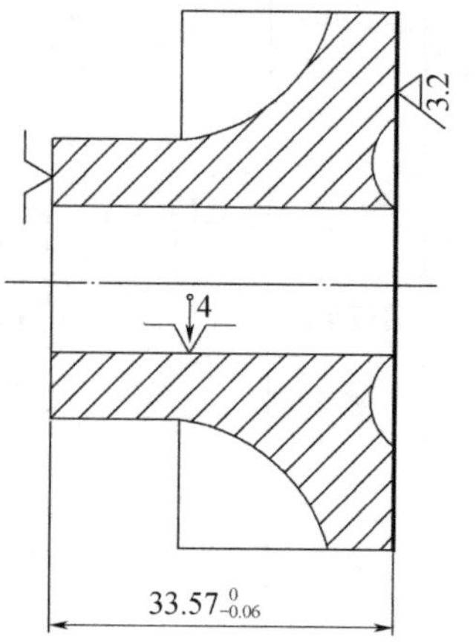	心轴
50	磨小端面			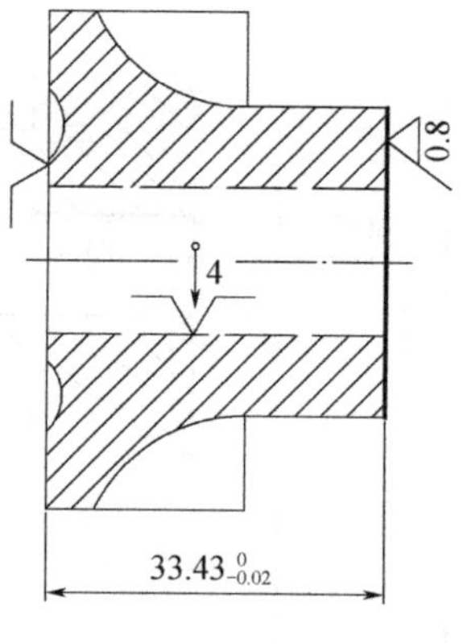	心轴
60	扩孔倒角	Z535	立钻	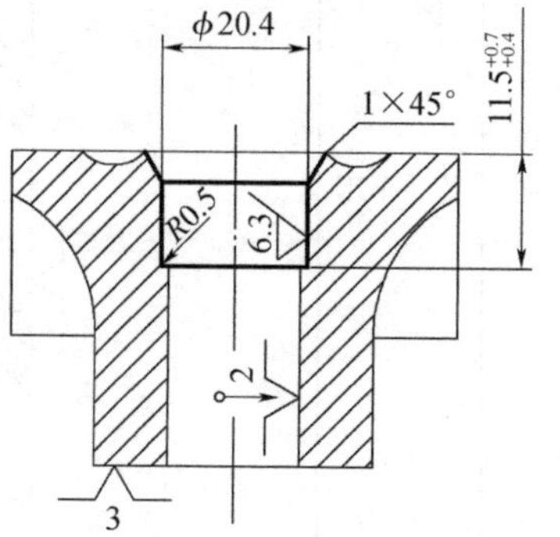	心轴

（续）

工序号	工序名称	设备		工序简图	工艺设备
		型号	名称		
70	攻螺纹			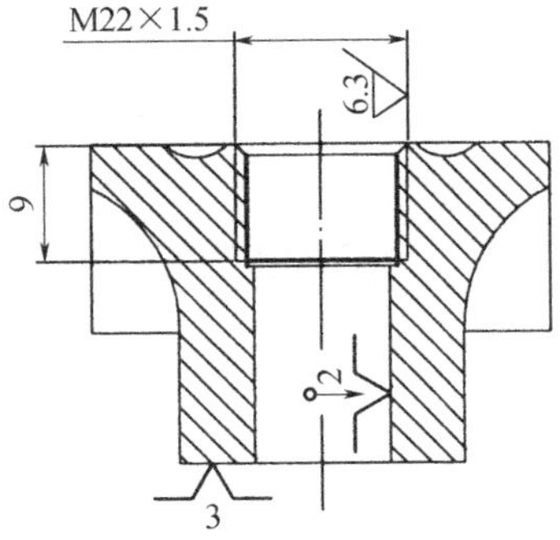	
80	去毛刺				
90	研磨小端面			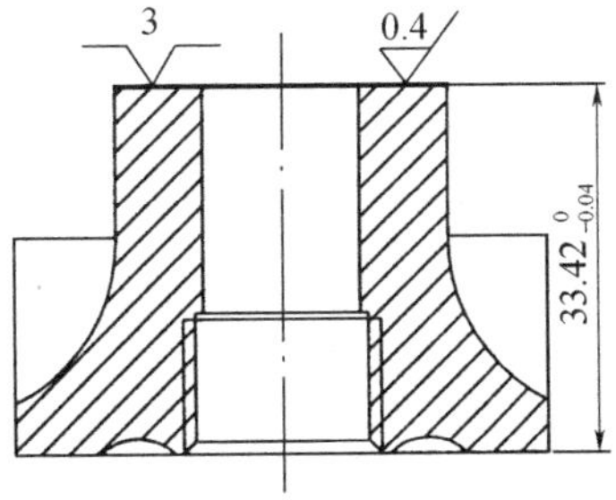	
100	成品检验				
110	清洗				

2.2.2 涡轮轴承座

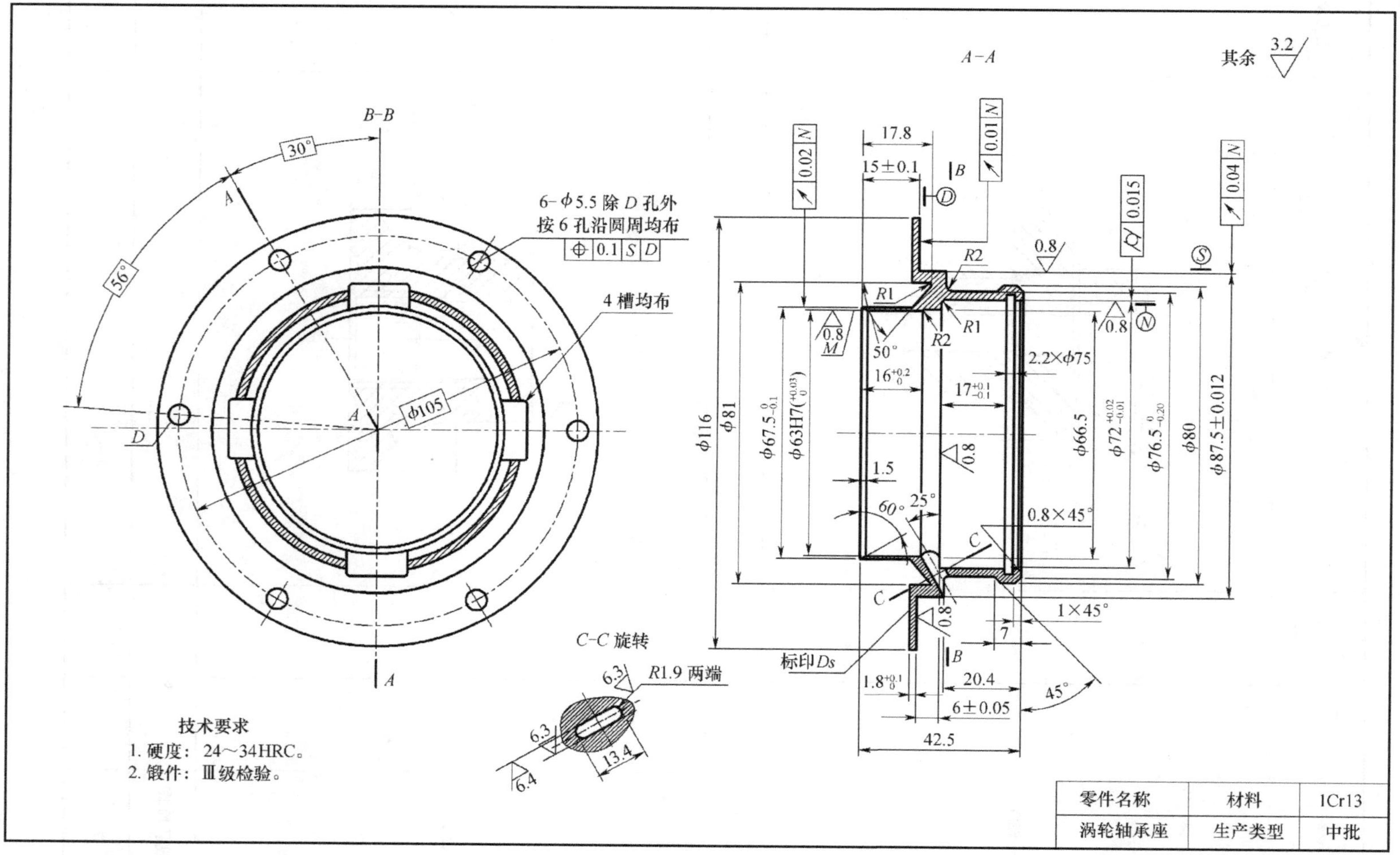

图 2−4　涡轮轴承座简图

表 2-4　涡轮轴承座成批生产参考工艺

<table>
<tr><th>工序号</th><th>加工方法</th><th>加工简图</th><th>定位基准</th><th>加工阶段</th><th>加工说明</th></tr>
<tr><td>0</td><td>模锻</td><td>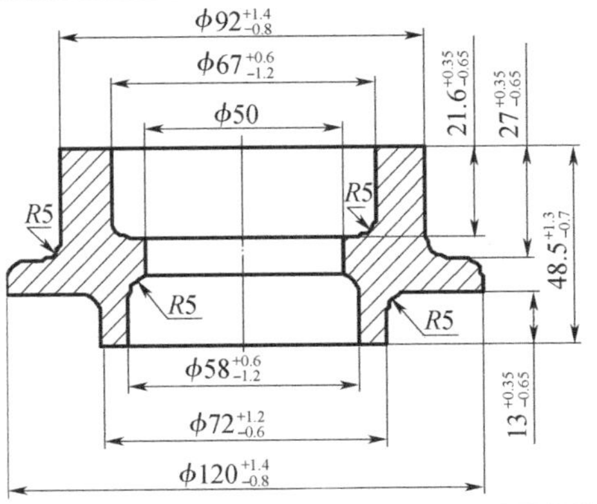
</td><td></td><td>毛坯</td><td>1. 图中未注明模壁斜度一律为 7°
2. 图中未注明的圆角半径为 $R2$
3. 上下模在分模线上错移不超过 1mm
4. 毛边残留量不得超过 1mm
5. 表面吹砂、清理和防锈
6. 热处理退火</td></tr>
<tr><td>5</td><td>车</td><td>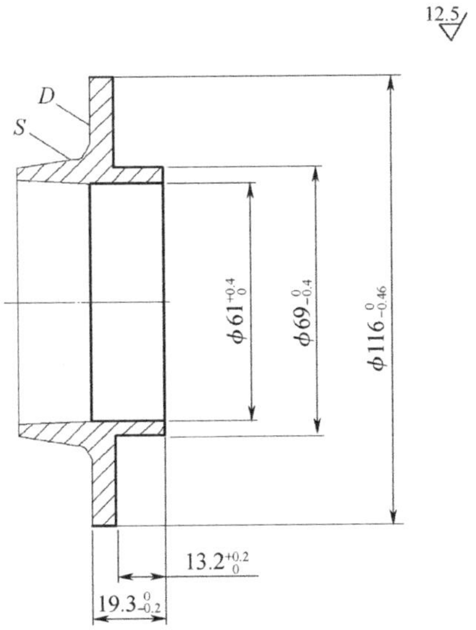
</td><td>S、D</td><td rowspan="2">粗加工阶段</td><td>为工序 10 加工出 ϕA 及 B 基准面</td></tr>
<tr><td>10</td><td>车</td><td>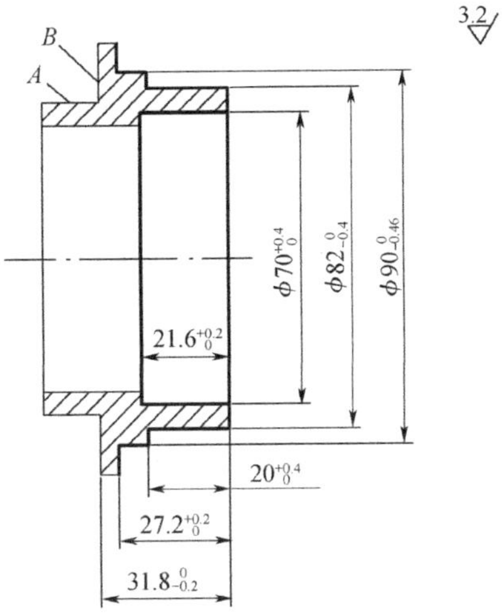
</td><td>ϕA、B</td><td>在三爪卡盘上，以 ϕA 及 B 面定位，以 ϕA 夹紧，粗车右端各面</td></tr>
</table>

(续)

<table>
<tr><th>工序号</th><th>加工方法</th><th>加工简图</th><th>定位基准</th><th>加工阶段</th><th>加工说明</th></tr>
<tr><td>15</td><td>热处理</td><td></td><td></td><td rowspan="3">细加工阶段</td><td>24~34HRC</td></tr>
<tr><td>20</td><td>车</td><td>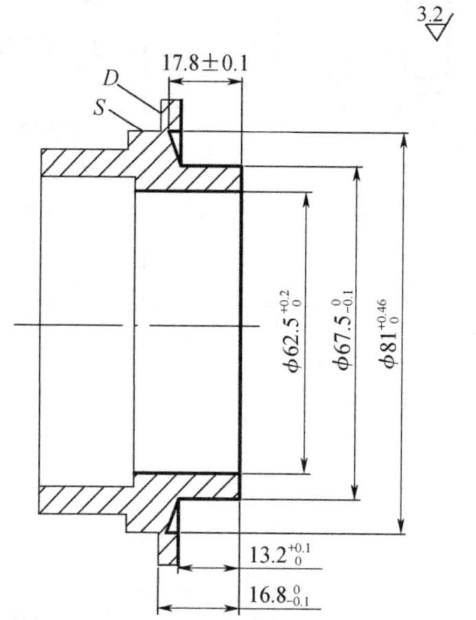
</td><td>φS、D</td><td>在软爪卡盘上(为了提高定心精度)以φS、D面定位,φS夹紧,按图加工</td></tr>
<tr><td>25</td><td>车</td><td>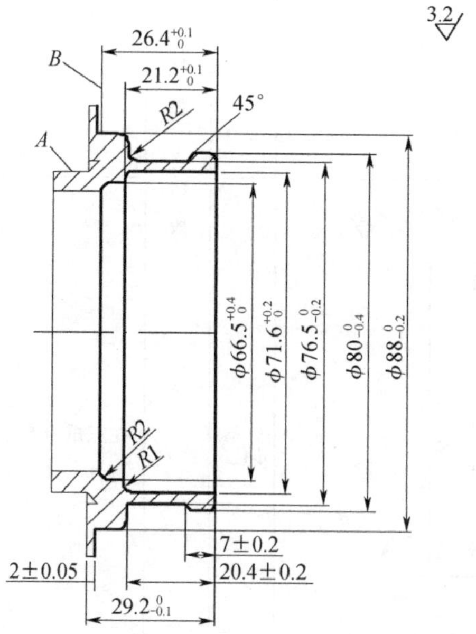
</td><td>φA、B</td><td>在软爪卡盘上,以φA、B面定位,φA夹紧,按图加工</td></tr>
</table>

(续)

工序号	加工方法	加工简图	定位基准	加工阶段	加工说明
30	钻孔	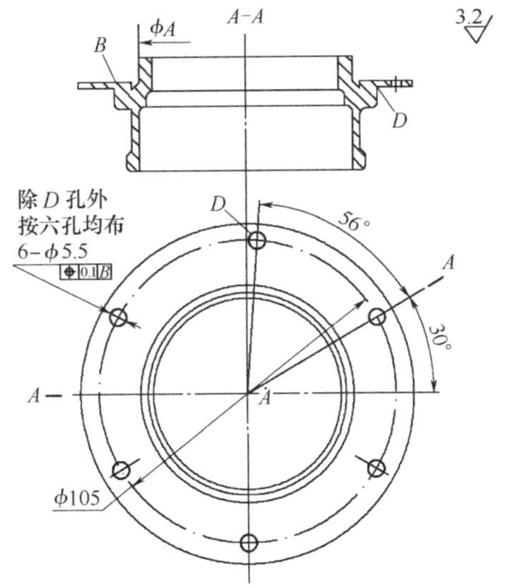	ϕA、B	细加工阶段	在专用钻模上以 ϕA、B 定位，D 面夹紧钻 6 孔
35	钻孔	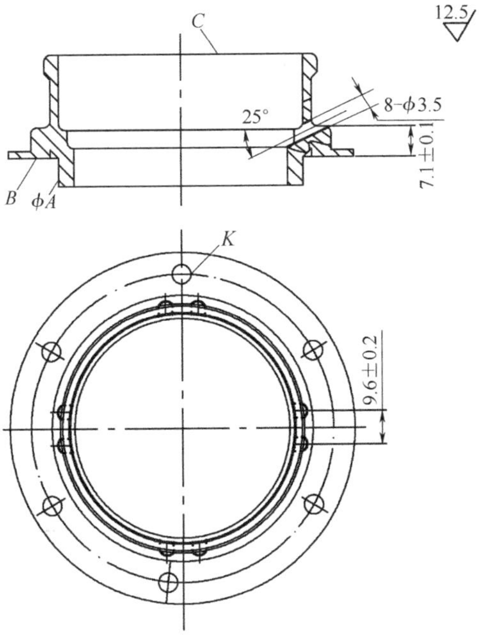	ϕA、B		在专用钻模上以 ϕA、B 定位，以 K 孔作角向定位，以 C 面夹紧钻八孔(槽端)

(续)

工序号	加工方法	加工简图	定位基准	加工阶段	加工说明
40	铣槽	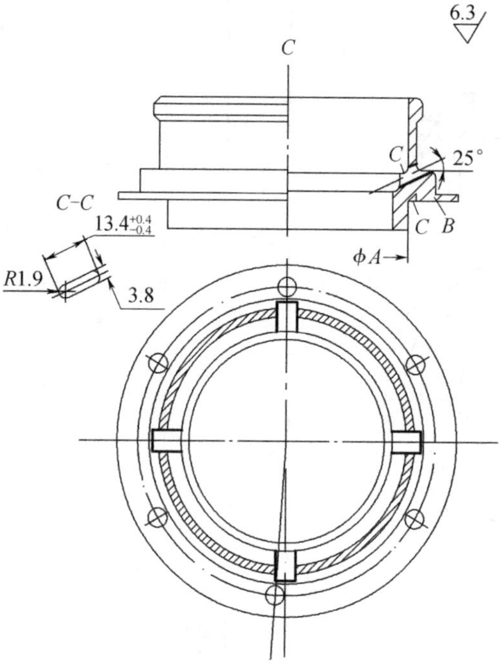	ϕA、B		在专用夹具上，以 ϕA、B 定位，以 K 孔角向定位，以 C 面夹紧，铣槽
45	钳			细加工阶段	去毛刺
50	车	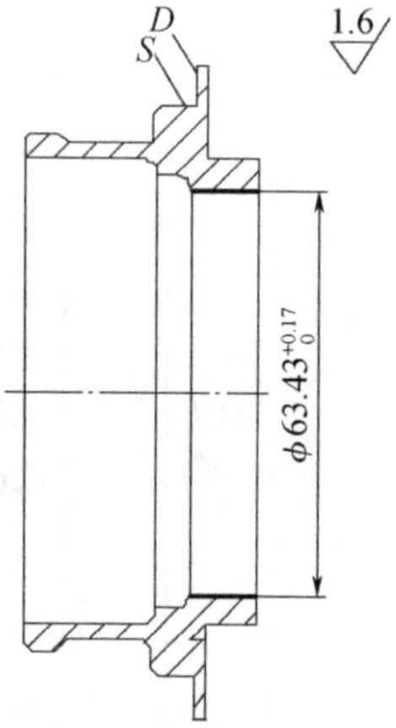	ϕS、D		在软爪卡盘上，以 ϕS、D 面定位，ϕS 夹紧，镗内孔 $\phi 63.43^{+0.17}_{0}$mm
55	中检				检查内孔 $\phi 63.43^{+0.17}_{0}$mm
60	镀银				镀银后保证原 $\phi 63.43^{+0.17}_{0}$ mm 尺寸不大于 $\phi 62.8$mm

(续)

工序号	加工方法	加工简图	定位基准	加工阶段	加工说明
65	内磨	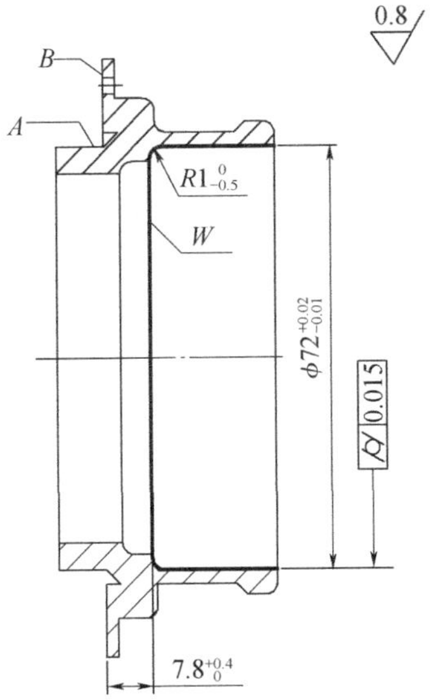	ϕA、B	精加工阶段	在自动定心夹具上，以 ϕA、B 定位，ϕA 夹紧，磨 ϕN、W、$R1_{-0.5}^{0}$（$\phi N=\phi72_{-0.01}^{+0.02}$ mm）
70	车	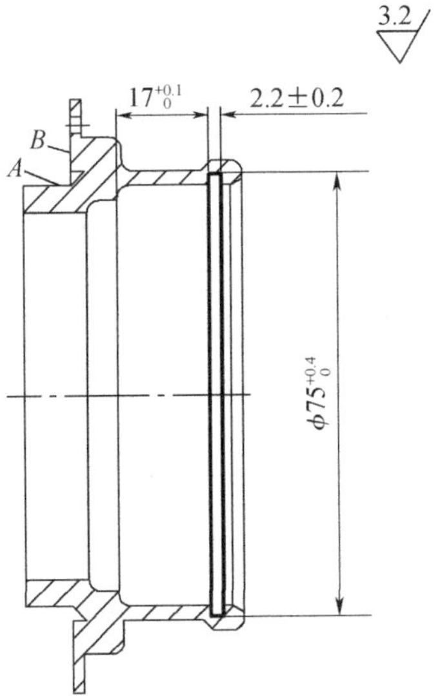	ϕA、B		在软爪卡盘上以 ϕA、B 定位，车卡圈槽 $2.2\times\phi75$mm 保证尺寸 $17_{0}^{+0.1}$ mm

(续)

工序号	加工方法	加工简图	定位基准	加工阶段	加工说明
75	外磨	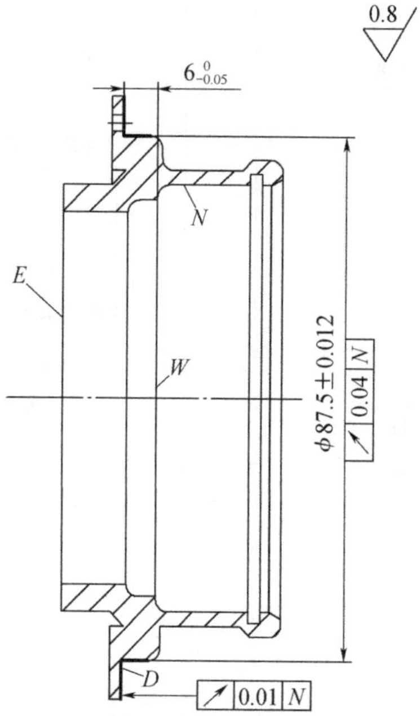	ϕN、W	精加工阶段	在定心心轴上，以 ϕN、W 定位，以 E 面夹紧，磨 ϕS 及 D 面，保证尺寸 $6^{\ 0}_{-0.05}$mm（$\phi S=\phi87.5\pm0.012$mm）
80	车	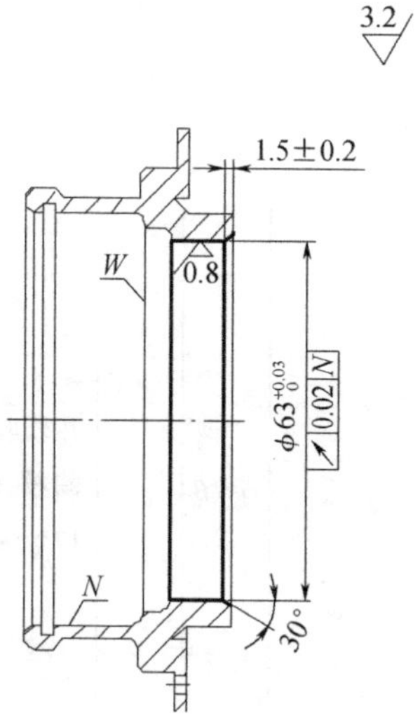	ϕN、W		在自动定心夹具上以 ϕN 及端面 W 定位夹紧，精镗孔 ϕM 及倒角（$\phi M=\phi63^{+0.03}_{\ 0}$mm）
85	钳				去所有毛刺
90	洗涤				
95	总检	按零件图			
100	油封				

2.3 箱体类零件工艺指导

2.3.1 尾座体

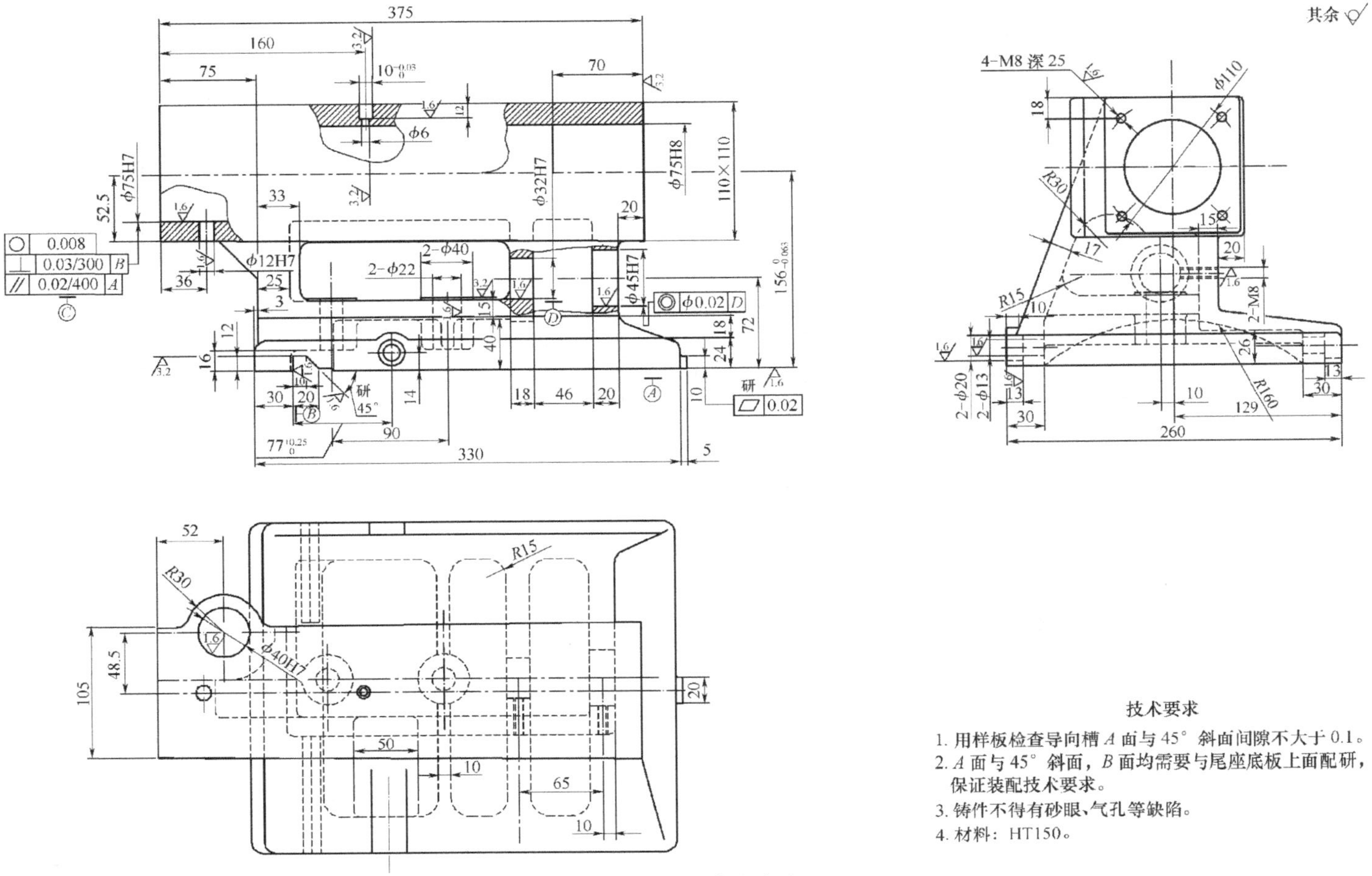

技术要求

1. 用样板检查导向槽 A 面与 45° 斜面间隙不大于 0.1。
2. A 面与 45° 斜面，B 面均需要与尾座底板上面配研，保证装配技术要求。
3. 铸件不得有砂眼、气孔等缺陷。
4. 材料：HT150。

图 2-5　尾座体简图

表 2-5 尾座体成批生产参考工艺

工序号	工序名称	工序内容	工 序 图	工艺装备
Ⅰ	铸造			
Ⅱ	人工时效			
Ⅲ	涂底漆			
10	刨	1. 粗刨 *A* 面保证尺寸 156mm 至 158.3 ± 0.32mm 2. 粗刨 *A* 面保证尺寸 156mm 至 156.3 ± 0.125mm 3. 加工槽	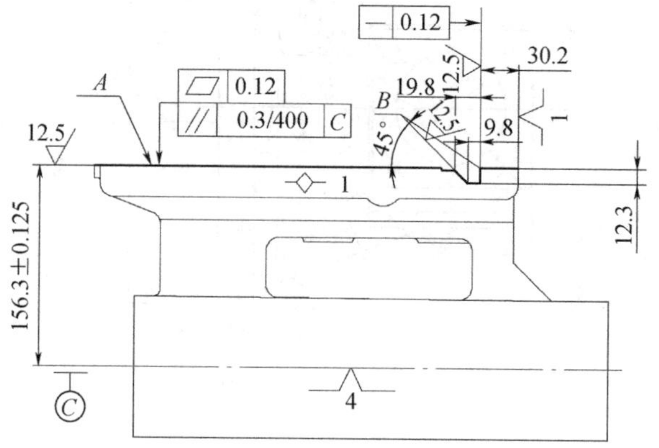	B2010A 龙门刨床、专用夹具（一次装卡 6 件）
20	粗镗	1. 粗镗 ϕ75H7 孔及镗前后端面，粗镗保持 ϕ75H7 尺寸至 $\phi73.5^{+0.12}_{0}$mm 2. 锪前端面保持尺寸 75mm 至 $75^{0}_{-0.12}$mm 3. 锪后端面保持尺寸 375mm 至 $376^{0}_{-0.19}$mm	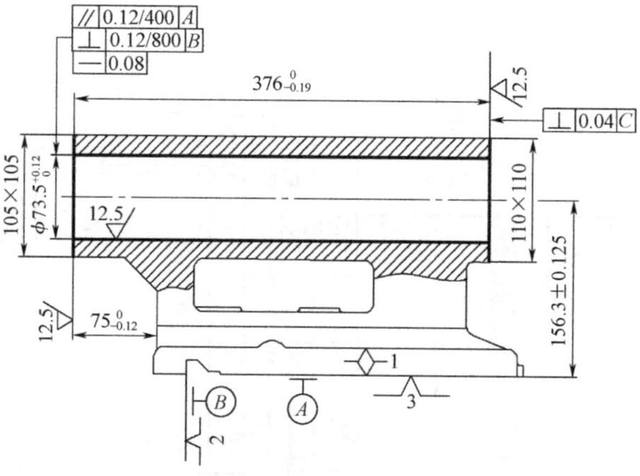	C630 型车床、专用夹具、镗杆
30	半精镗 精镗	1. 半精镗孔保持 ϕ75mm 至 $\phi74.3^{+0.074}_{0}$mm 2. 精镗孔保持尺寸 ϕ75mm 至 $\phi74.9^{+0.03}_{0}$mm 3. 精镗后端面保持尺寸 375mm 至 $375^{0}_{-0.10}$mm	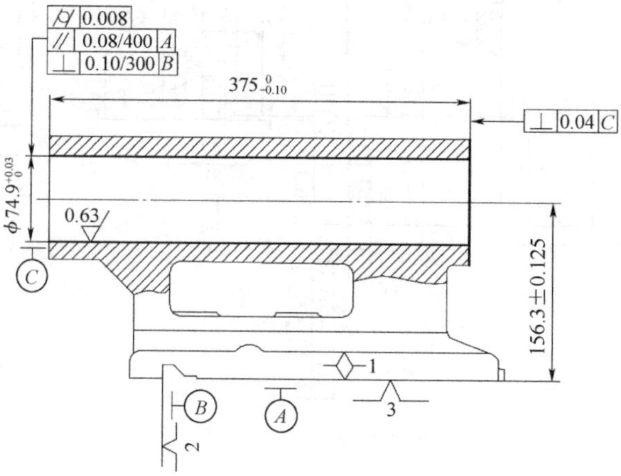	T68 卧式镗床、专用夹具、镗杆

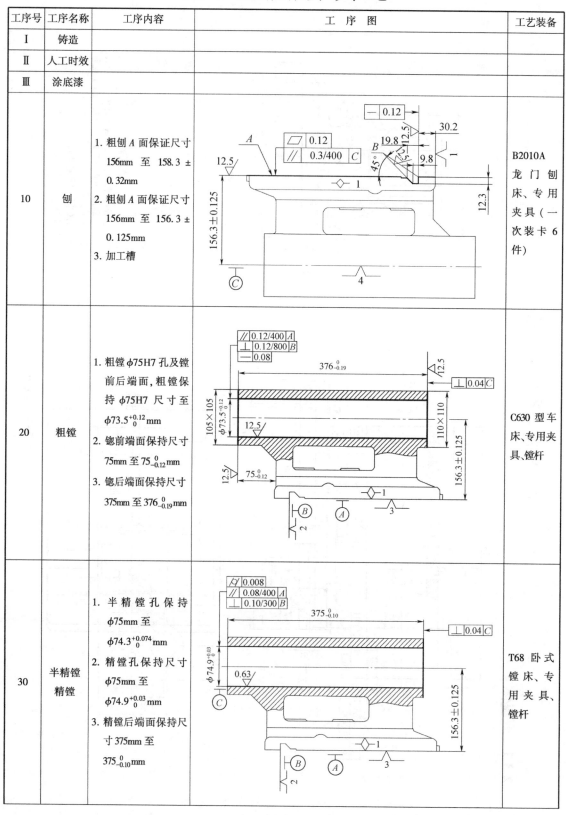

（续）

工序号	工序名称	工序内容	工　序　图	工艺装备
40	钻 扩 铰	1. 复合刀具加工 ϕ32H7，ϕ45H7，钻至 $\phi30^{+0.25}_{0}$mm，$\phi43^{+0.25}_{0}$mm 2. 扩至 $\phi31.75^{+0.10}_{0}$mm 和 $44.75^{+0.10}_{0}$mm 3. 铰至 ϕ32H7，ϕ45H7 4. 加工 4-M8×25 螺纹底孔（钻 4-ϕ6.7×30） 5. 攻螺纹 4-M8×25 6. 钻 2-$\phi22^{+0.21}_{0}$mm 7. 锪平面 2-ϕ40mm 深 2±0.15mm	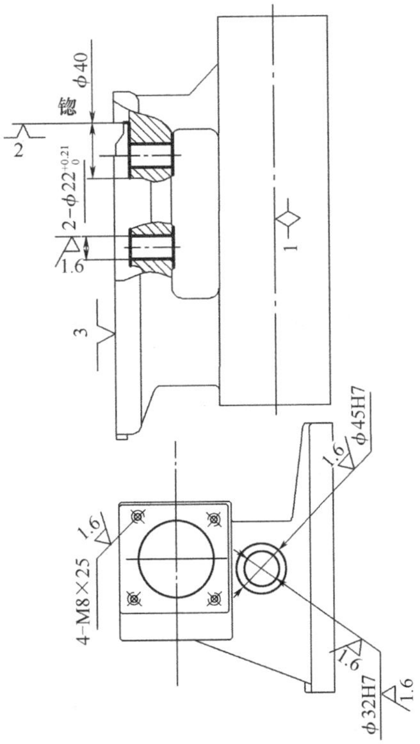	Z35 摇臂钻床、回转工作台式钻夹具
50	粗珩	粗珩磨孔 ϕ75H7：粗珩孔保持该尺寸至 $\phi74.96^{+0.02}_{0}$mm 粗糙度 $Ra0.8\mu m$	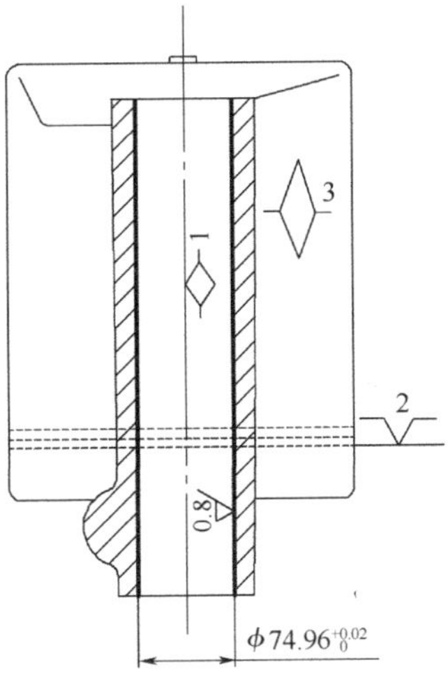	MB4215B 半自动立式珩磨机、专用夹具

（续）

工序号	工序名称	工序内容	工 序 图	工艺装备
60	钻扩铰	1. 加工 $\phi40H7$ 孔：钻至 $\phi38^{+0.25}_{0}$ mm，扩至 $\phi39.75^{+0.1}_{0}$ mm，铰至 $\phi40H7$ 2. 钻 $\phi6$mm 3. 加工 $\phi10^{+0.03}_{0}$mm 孔：钻 $\phi9.8^{+0.09}_{0}$ mm 深 12mm，铰至 $\phi10^{+0.03}_{0}$mm 深 12mm 4. 加工 2-M8：钻至 $\phi6.7\times35$，攻至 M8×32mm 5. 钻孔 2-$\phi13$mm 6. 钻孔 2-$\phi20$mm	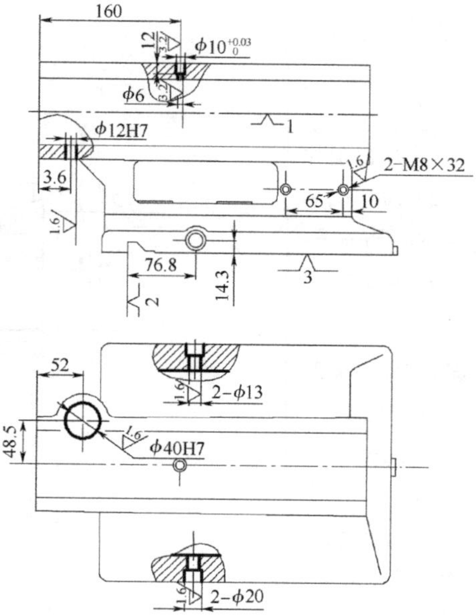	Z35 摇臂钻床专用回转夹具
70	珩磨	精珩磨孔 $\phi75H7$，70mm 长度范围内可到 $\phi75H8$	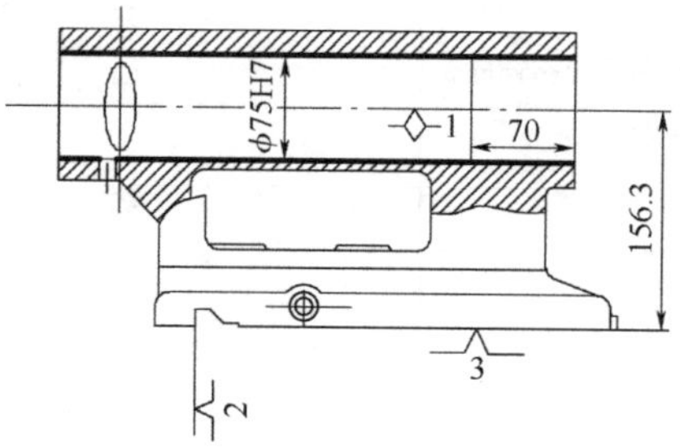	MB4215B 半自动立式珩磨机、专用夹具
80		检查抽检 5%		
90		修毛刺、锐边		
100		喷漆		
110	配磨	以 $\phi75H7$ 为基准配磨 *A* 面 $156^{0}_{-0.063}$ mm（以尾座底板配合，保证中心高尺寸）	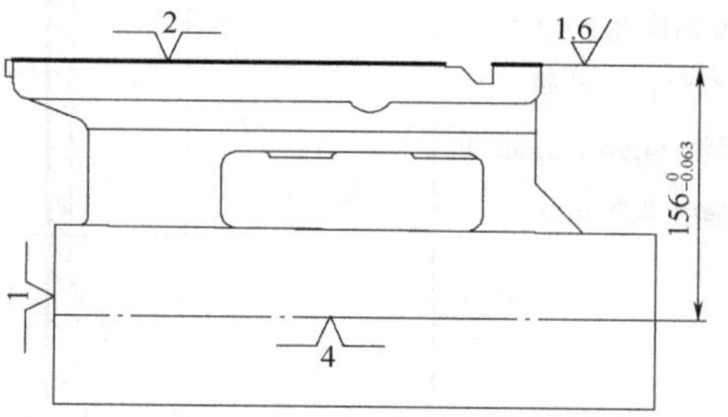	M7130 平面磨床、专用夹具

2.3.2 犁刀变速齿轮箱体

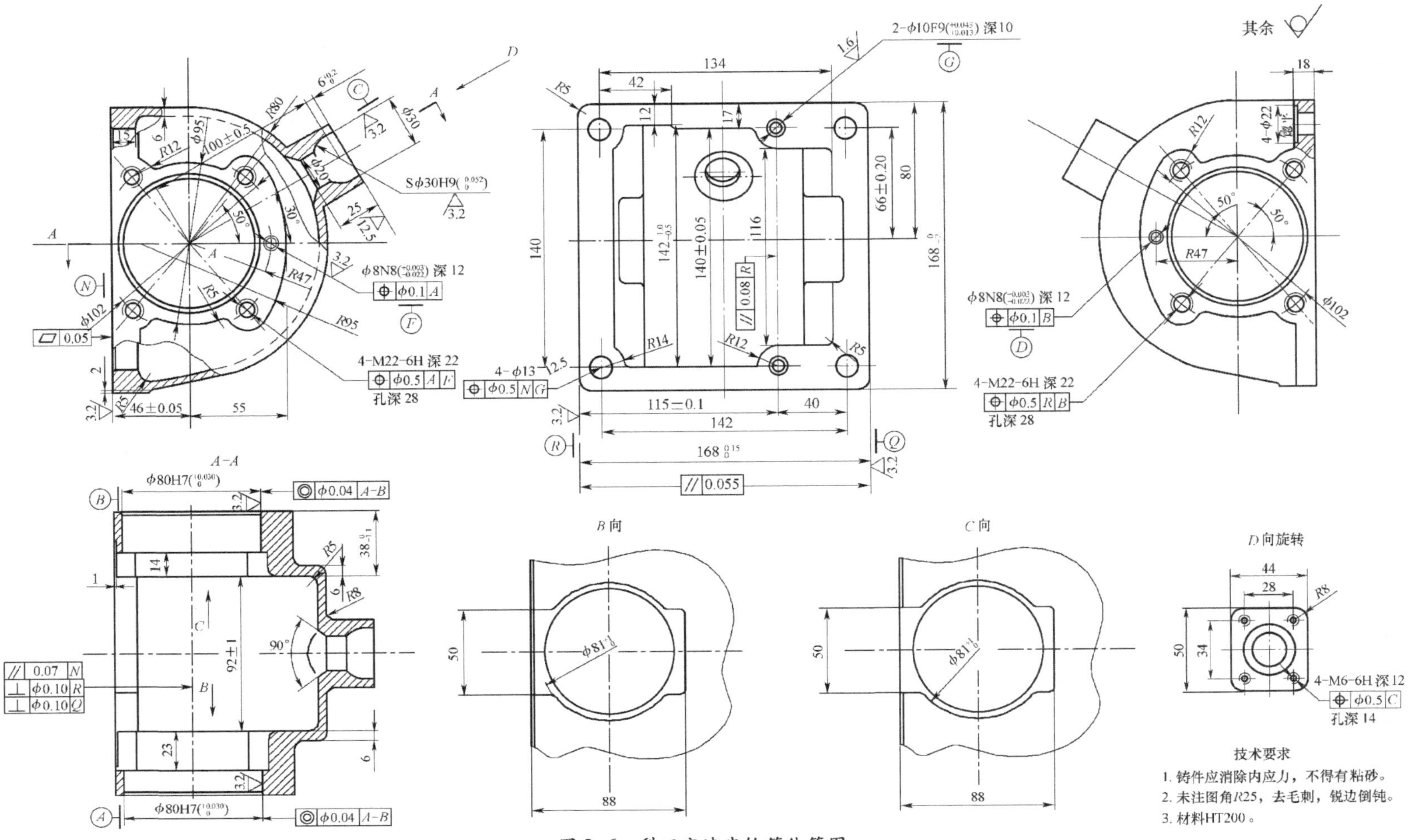

图 2-6 犁刀变速齿轮箱体简图

表 2-6　犁刀变速齿轮箱体成批生产参考工艺

工序号	工序名称	工序内容	工 序 图	工艺装备
Ⅰ	铸造			
Ⅱ	人工时效			
Ⅲ	涂底漆			
10	铣	粗铣 N 面	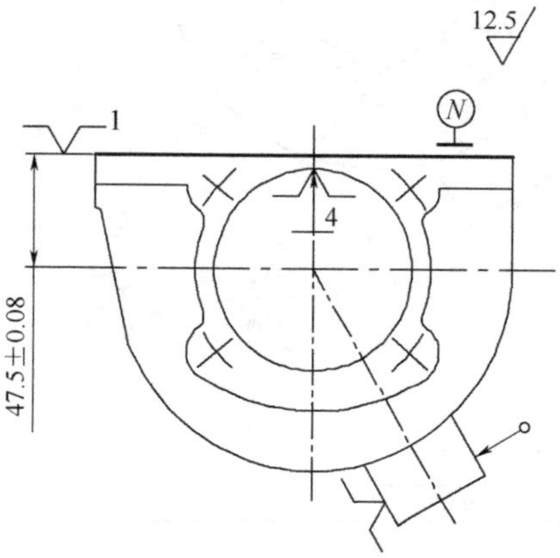	立式铣床 X52、专用铣夹具
20	钻 铰	1. 钻孔 4-ϕ13mm 2. 钻孔 2-ϕ7mm，扩孔2-ϕ8.8mm，孔口倒角 1×45° 3. 铰孔 2-ϕ9mm	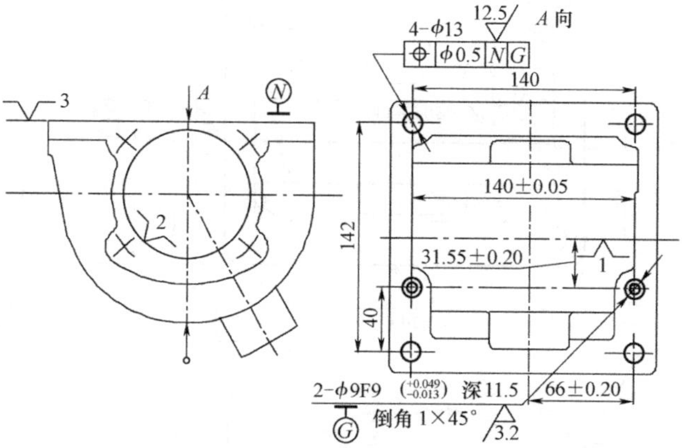	摇臂式钻床 Z3025、专用钻夹具
30	铣	粗铣 R 面及 Q 面	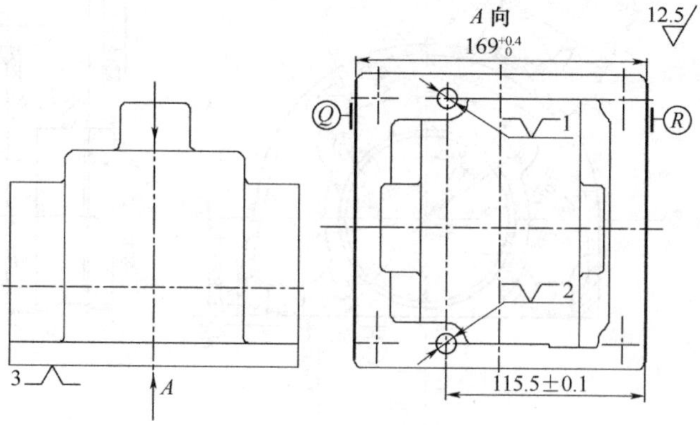	组合机床、专用铣夹具

（续）

工序号	工序名称	工序内容	工　序　图	工艺装备
40	铣	铣凸台面	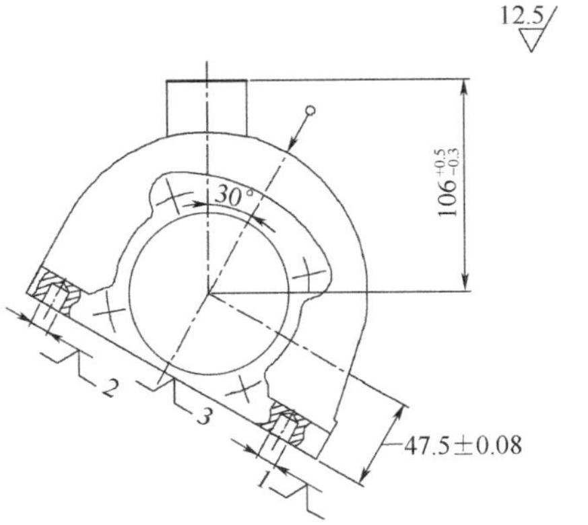	立式铣床X52K、专用铣夹具
50	镗	粗镗孔 2-ϕ80mm 孔至尺寸ϕ79.5H10，并倒角	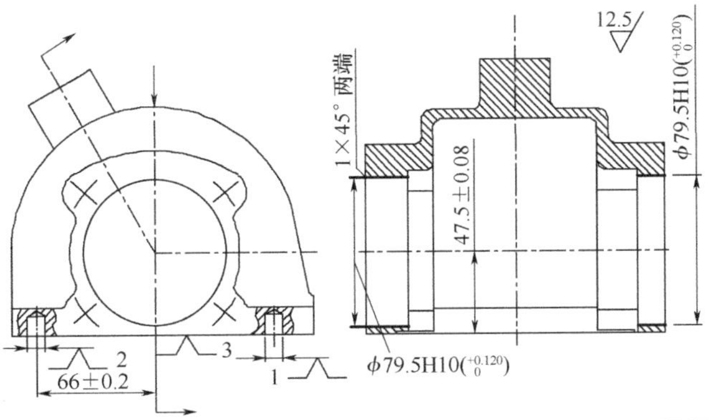	组合机床、专用镗夹具
60	铣	精铣 N 面	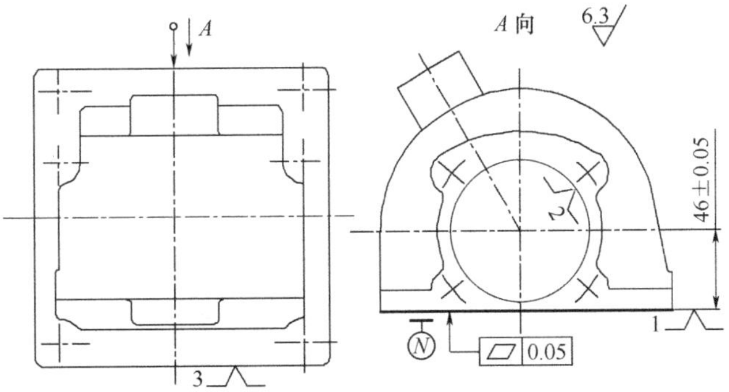	卧式铣床、专用铣夹具
70	铰	扩孔至 2-ϕ9.9mm，再精铰2-ϕ10F7	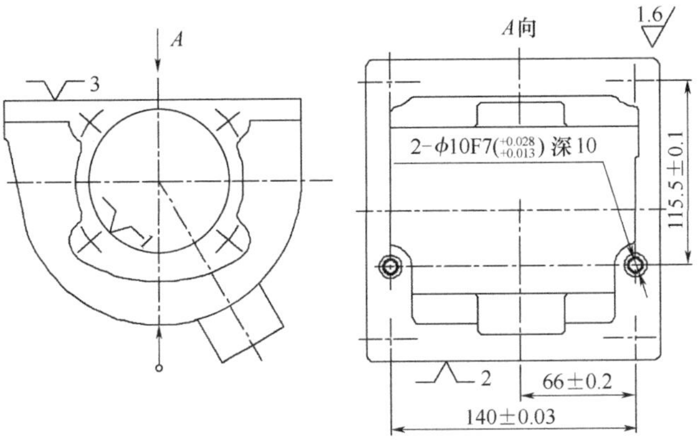	摇臂钻床Z3025、专用钻夹具

（续）

工序号	工序名称	工序内容	工 序 图	工艺装备
80	铣	精铣 R 面及 Q 面	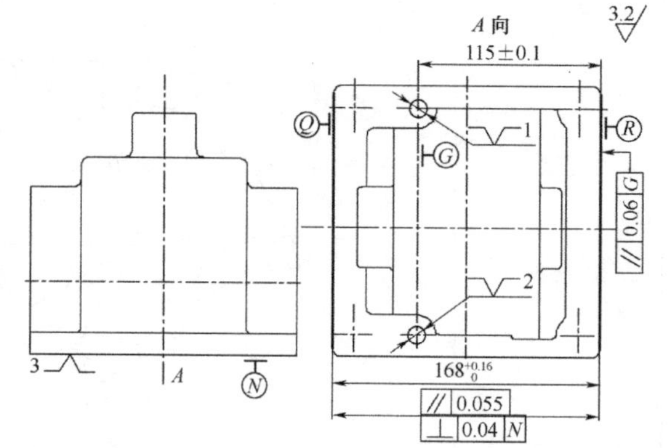	组合机床、专用铣夹具
90	镗	精镗孔 2-ϕ80H7	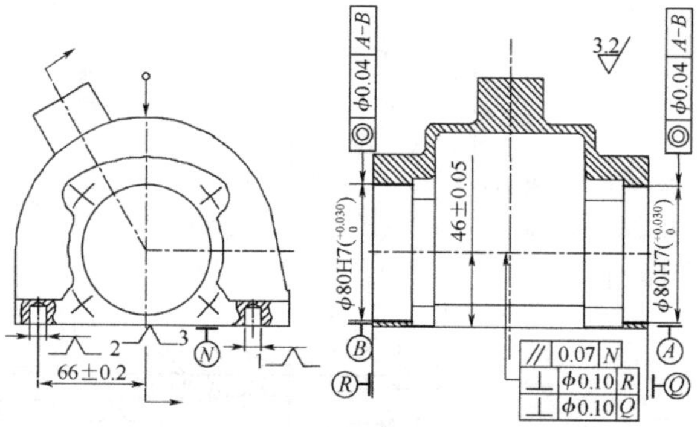	组合机床、专用镗夹具
100	钻	1. 钻孔 ϕ20mm 2. 扩 Sϕ30H9 球形孔至 S ϕ29.8H10 3. 铰球形孔 Sϕ30H9 至要求尺寸 4. 钻 4-M6 螺纹底孔 4-ϕ5mm，孔口倒角 1×45° 5. 攻螺纹 4-M6-6H	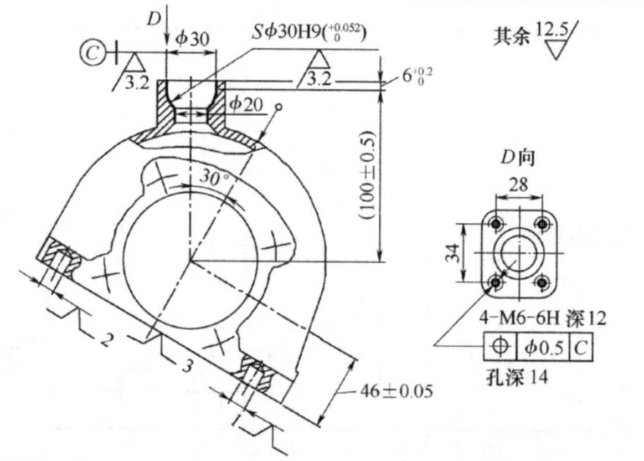	摇臂钻床 Z3025、专用钻夹具
110	锪	锪平面 4-ϕ22mm，深 2mm	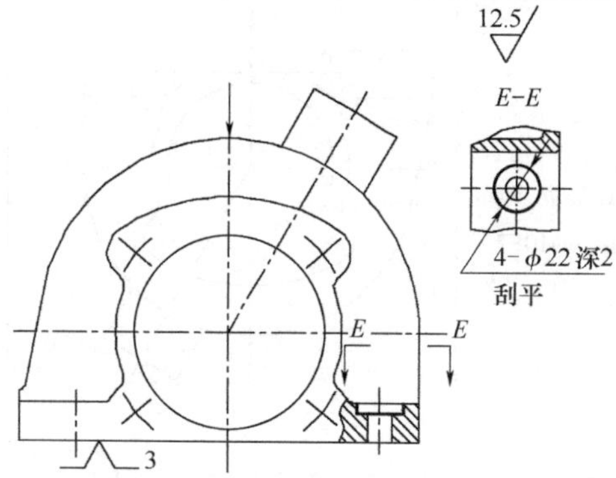	摇臂钻床 Z3025、专用夹具

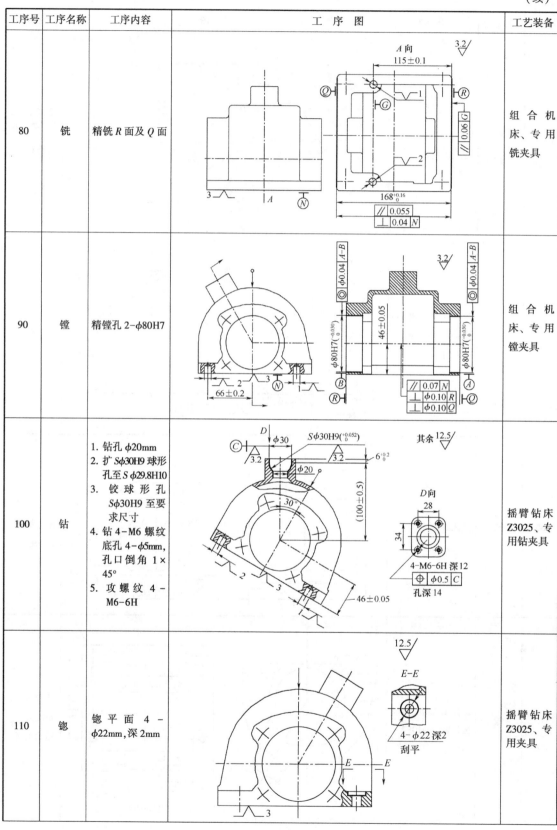

（续）

工序号	工序名称	工序内容	工　序　图	工艺设备
120	钻	1. 钻 *R* 面 4-M12 的螺纹底孔为 4-ϕ10.2mm，孔口倒角1×45° 2. 钻 *R* 面 ϕ8N8 至 ϕ7H10 3. 扩 *R* 面 ϕ8N8 至 ϕ7.9N9 4. 精铰 *R* 面孔至尺寸 ϕ8N8 5. 钻 *Q* 面 4-M12 螺纹底孔 ϕ10.2mm，孔口倒角 1×45° 6. 钻 *Q* 面 ϕ8N8 至 ϕ7H10 7. 扩 *Q* 面 ϕ8N8 至 ϕ7.9N9 8. 精铰 *Q* 面孔至尺寸 ϕ8N8	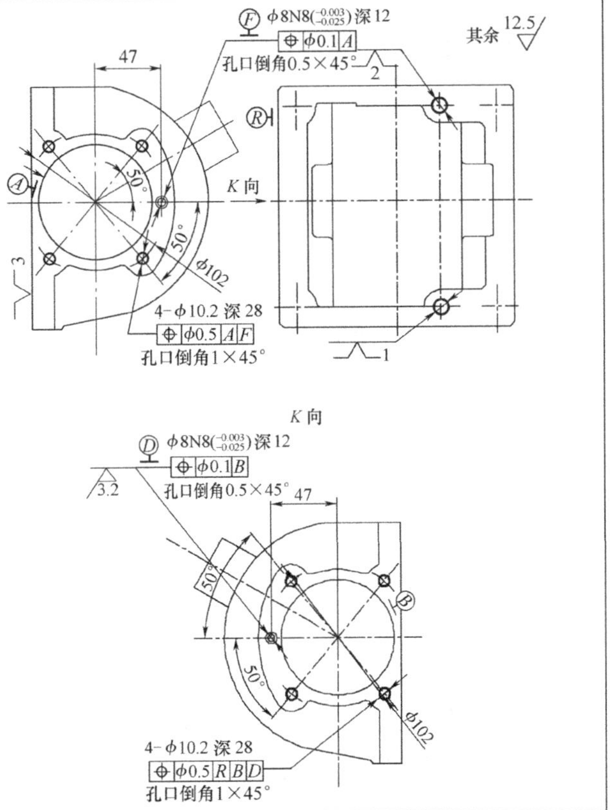	摇臂钻床 Z3025、专用钻夹具
130	攻	1.攻 *R* 面螺纹4-M12-6H 2. 攻 *Q* 面螺纹 4-M12-6H	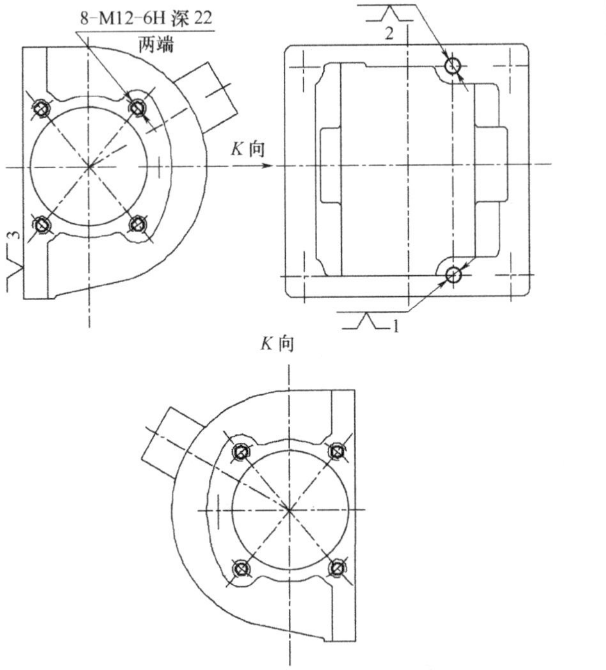	摇臂钻床 Z3025、攻螺纹夹具
85		检验		
90		入库		

2.4 拨叉工艺指导

2.4.1 车床拨叉

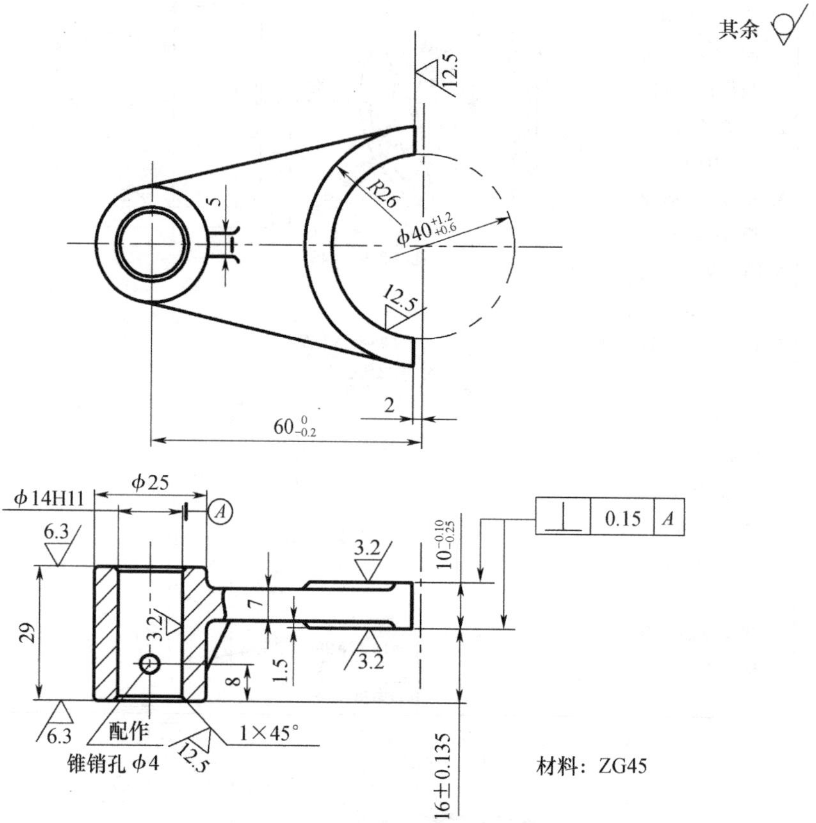

图 2-7　车床拨叉零件简图

表 2-7　拨叉成批生产参考工艺

工序号	工序名称	工序内容	工　序　图	工艺装备
1	车 $\phi 40^{+1.2}_{+0.6}$mm 孔及叉爪两端面	1. 粗车端面 2. 半精车端面，保证 $8.5^{-0.05}_{-0.30}$mm 3. 镗 $\phi 40^{+1.2}_{+0.6}$ mm 孔，$Ra\leqslant12.5\mu m$ 4. 粗车后端面半精车后端面，保证尺寸 $10^{-0.10}_{-0.25}$ mm，$Ra\leqslant3.2\mu m$	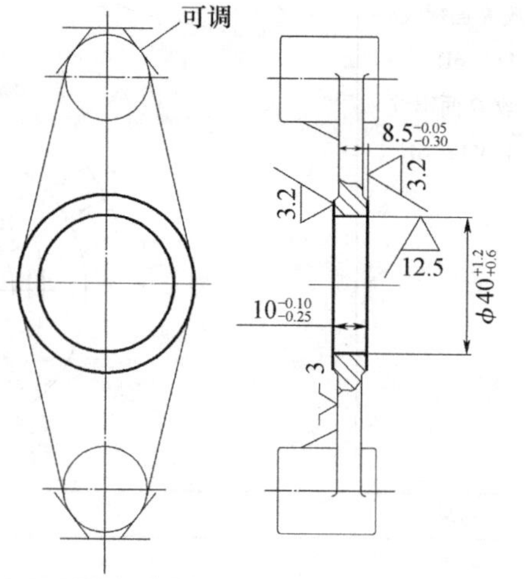	普通车床 C616 专用车夹具

（续）

工序号	工序名称	工序内容	工 序 图	工艺装备
2	铣 $\phi25$ 下端面	1. 粗铣端面 2. 半精铣端面，控制尺寸 $25.885_{-0.12}^{0}$mm，$Ra\leqslant6.3\mu m$	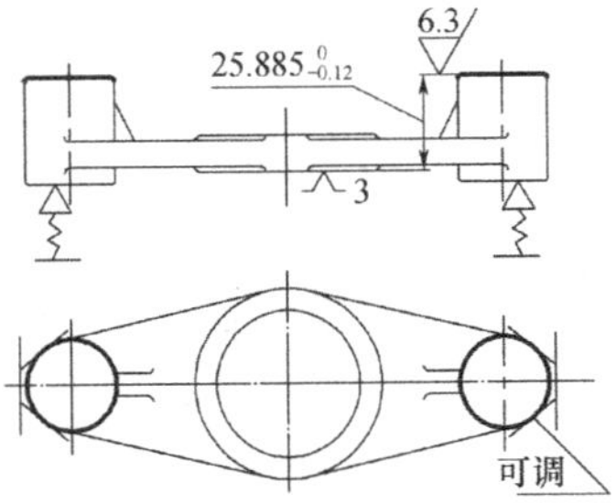	立式铣床 X51、专用铣夹具
3	铣 $\phi25$ 上端面	1. 粗铣端面 2. 半精铣端面保证尺寸 28mm，$Ra\leqslant6.3\mu m$	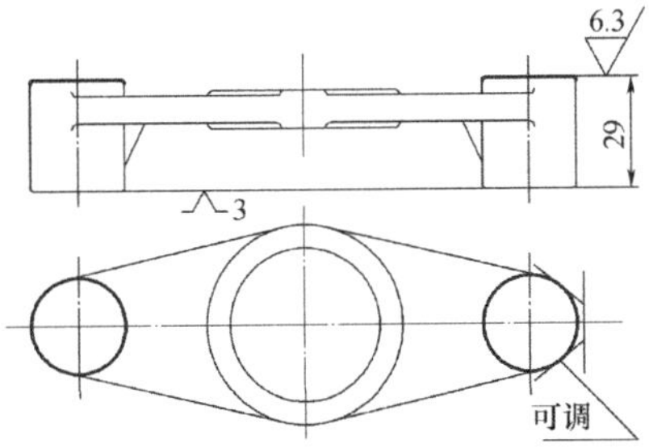	立式铣床 X51、专用铣夹具
4	钻铰 $\phi14$H11 孔	1. 钻孔至 $\phi13.8$mm 2. 铰成 $\phi14$H11 孔，$Ra\leqslant3.2\mu m$	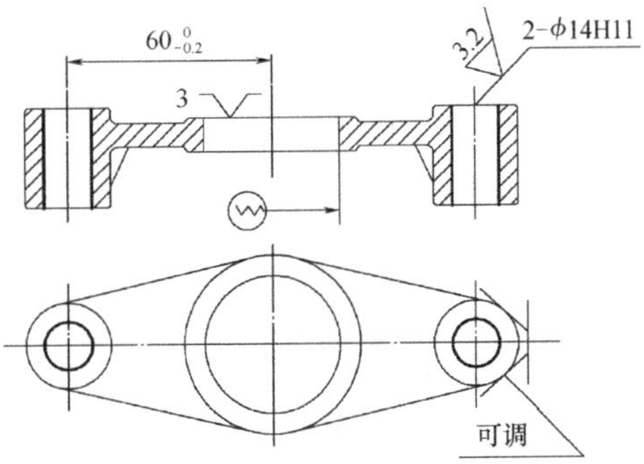	立式钻床 Z525、钻模
5	两端孔口倒角	锪孔口倒角 1×45° 4 处	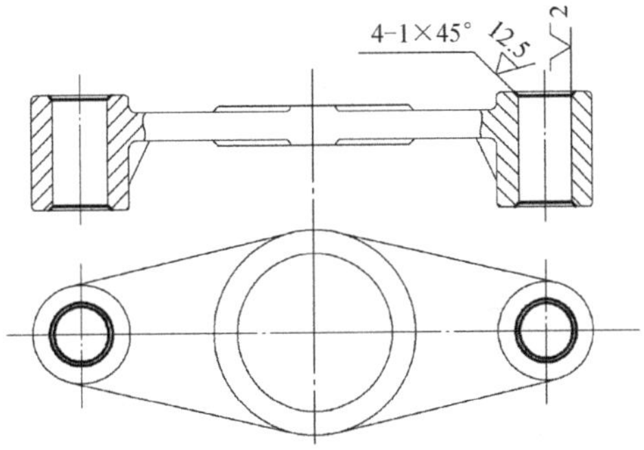	台钻 Z515
6	切成单件	锯成两件	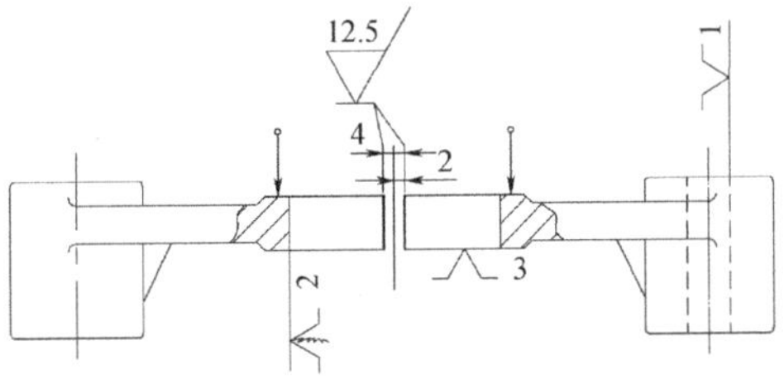	卧式铣床、专用铣夹具

2.4.2 万向节滑动叉

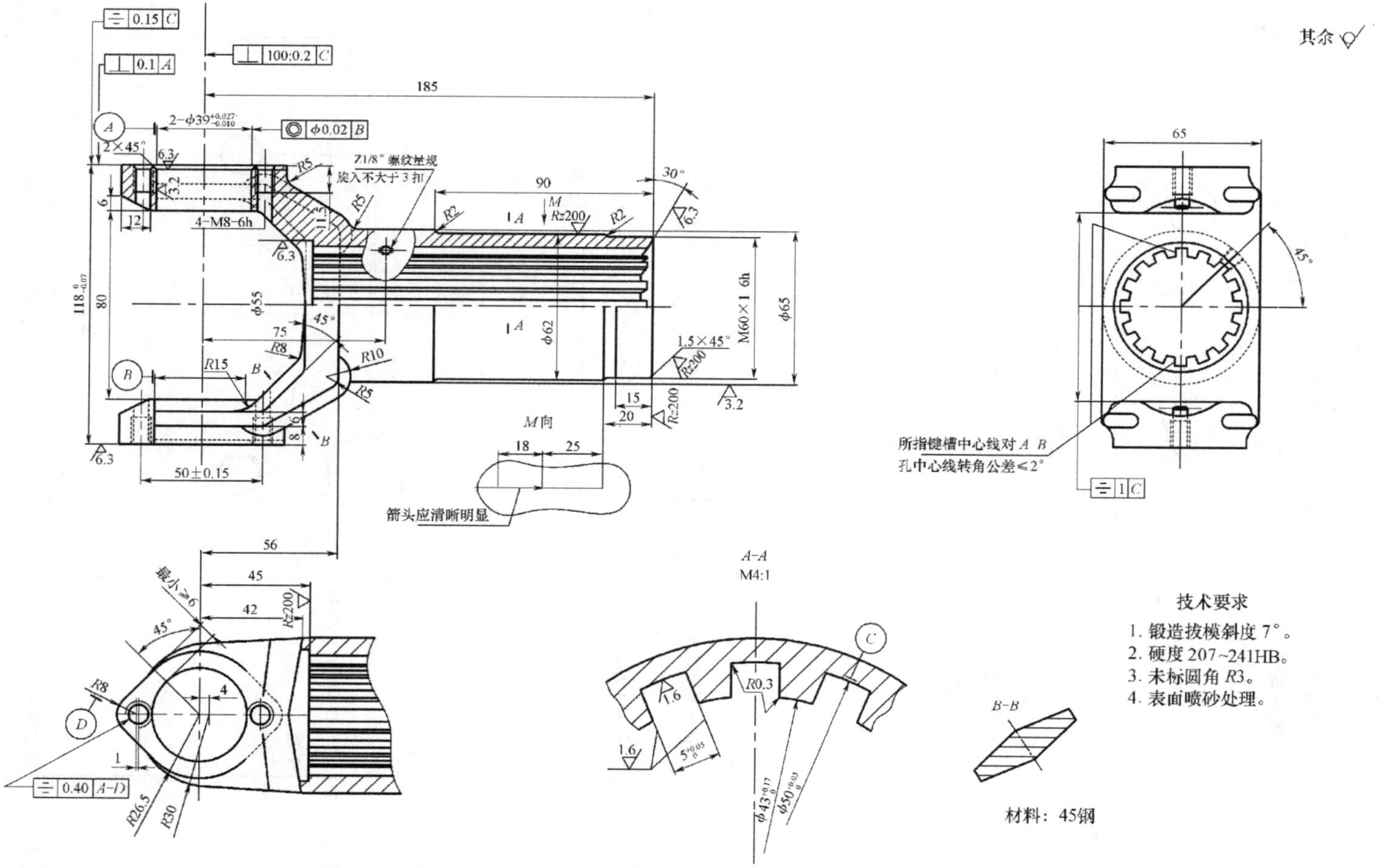

图 2-8 万向节滑动叉简图

表 2-8　万向节滑动叉成批生产参考工艺

工序号	工序名称	工序内容	工　序　图	工艺装备
1	车外圆、螺纹及端面	1. 车端面至 ϕ30mm，保持尺寸 185mm±0.5mm 2. 车外圆 ϕ62mm，长 90mm 3. 车外圆 ϕ60mm，长 20mm 4. 倒角 1.5×45° 5. 车螺纹 M60 × 1mm，长 15mm	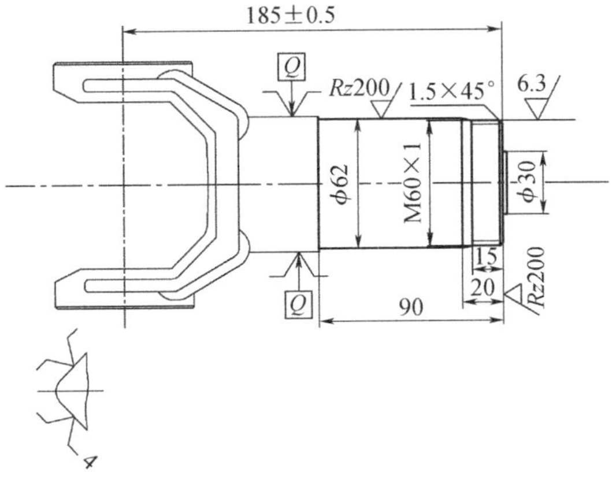	普通车床 CA6140、专用夹具
2	钻、扩花键底孔、镗止口	1. 钻通孔 ϕ25mm 2. 扩钻通孔 ϕ41mm 3. 扩孔至 ϕ43mm 4. 镗止口 ϕ55mm，保证尺寸 140±0.4mm	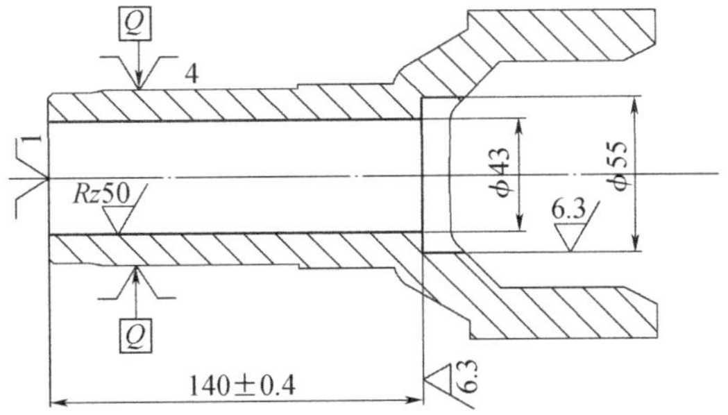	六角车床 C365L、专用夹具
3	倒角 5×60°	车倒角 5×60°	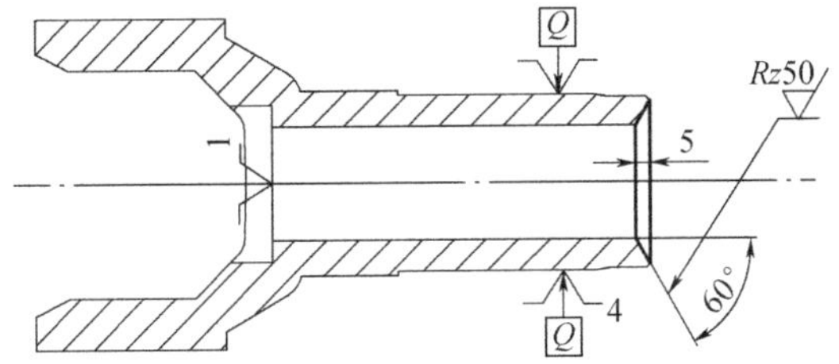	普通车床 CA6140、专用夹具
4	钻Z1/8″底孔	钻 Z1/8″ 底孔为 ϕ8.8mm，保证尺寸 110mm	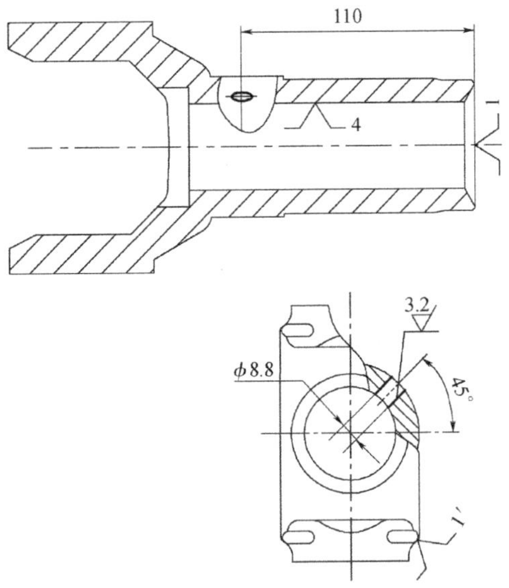	立式钻床 Z525、专用夹具

(续)

工序号	工序名称	工序内容	工 序 图	工艺装备
5	拉花键孔	拉花键孔 16-$\phi 50^{+0.05}_{0}$mm ×$\phi 43^{+0.17}_{0}$mm× $5^{+0.05}_{0}$mm	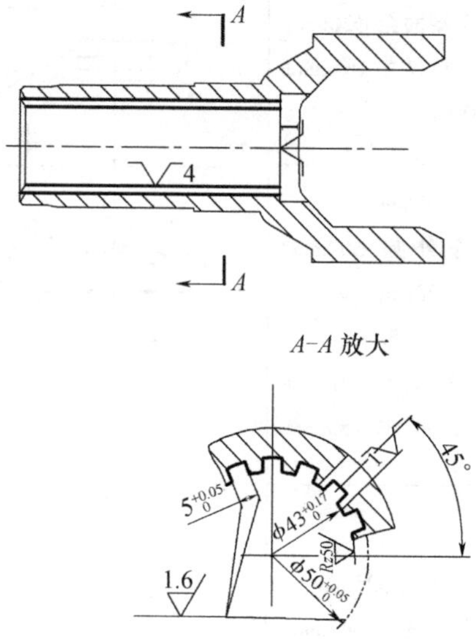	卧式拉床 L6120、专用夹具
6	粗铣 $\phi 39$ 孔端面	粗铣两端面，保证尺寸 $118.69^{0}_{-0.35}$mm	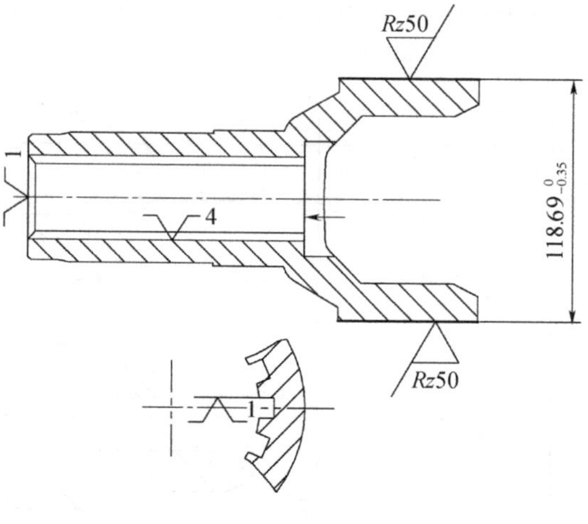	卧式铣床 X62、专用夹具
7	钻、扩 $\phi 39$ 底孔、倒角	钻孔 $\phi 25$mm，保证尺寸 185mm，扩孔 $\phi 37$mm，扩孔 $\phi 38.4$mm，倒角 2.5×45°	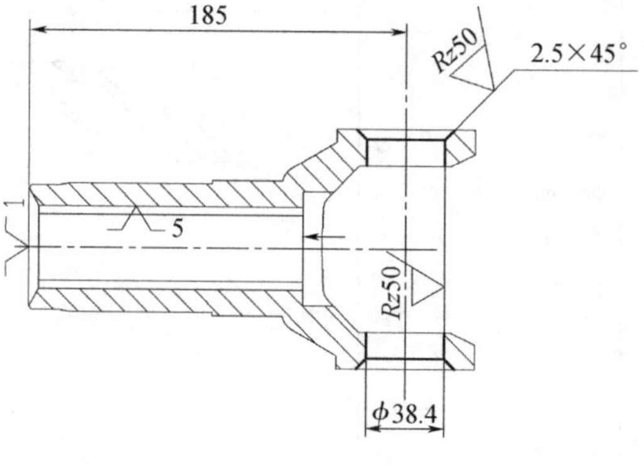	立式钻床 Z535、专用夹具

（续）

工序号	工序名称	工序内容	工 序 图	工艺装备
8	粗、精 镗 ϕ39 孔	1. 粗镗两孔至 ϕ38.9mm 2. 精镗两孔至 $\phi 39^{+0.027}_{-0.010}$mm	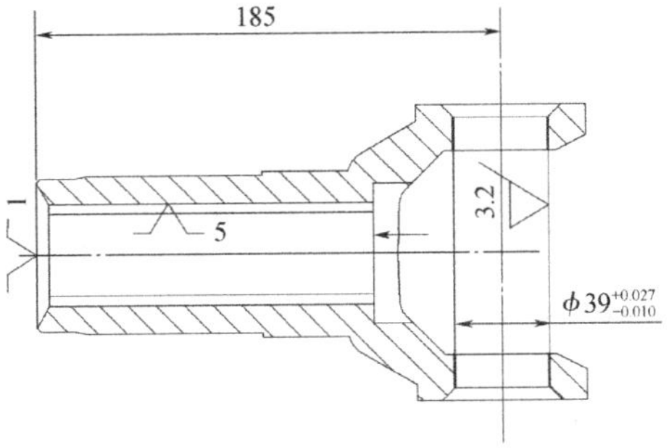	金刚镗床 T740、专用夹具
9	平磨端面	平磨 ϕ39mm 孔端面 平磨 ϕ39mm 孔另一端面，最终保证尺寸 $118^{\ 0}_{-0.07}$mm	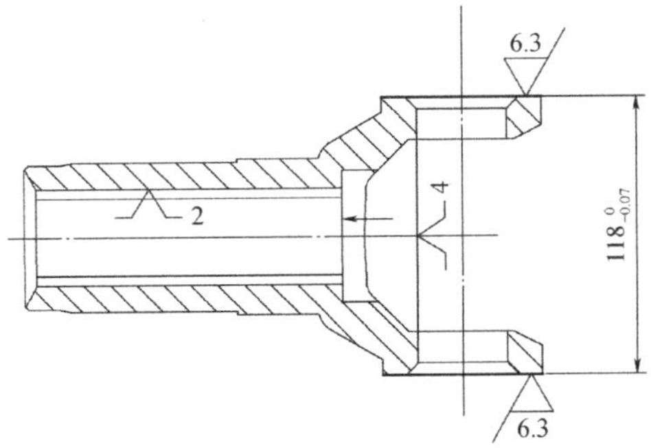	平面磨床 M7130、专用夹具
10	钻 M8 底孔及倒角	1. 钻 M8 底孔 ϕ6.7mm两个 2. 倒角 120° 3. 钻 M8 底孔 ϕ6.7mm两个 4. 倒角 120°	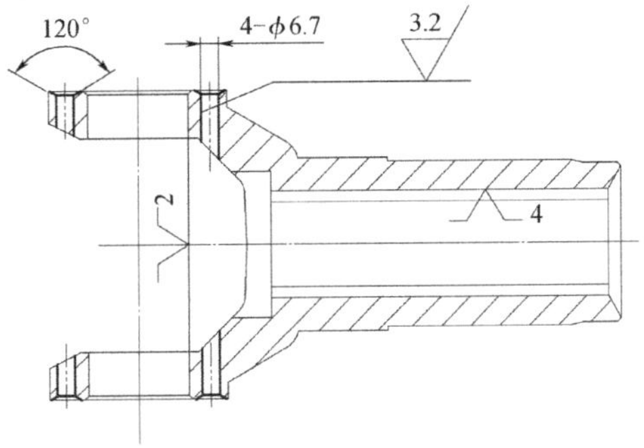	台式钻床 Z4112、专用夹具
11	攻丝 M8，Z1/8″	1. 攻丝 M8，4 个 2. 攻丝 Z1/8″	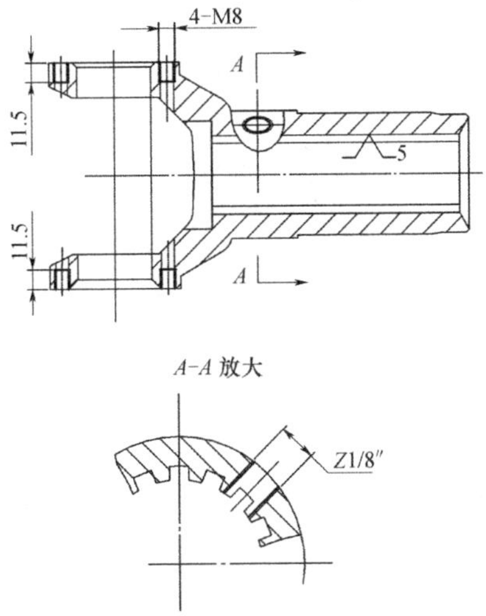	立式钻床 Z525、专用夹具、M8 丝锥

2.5 连杆工艺指导

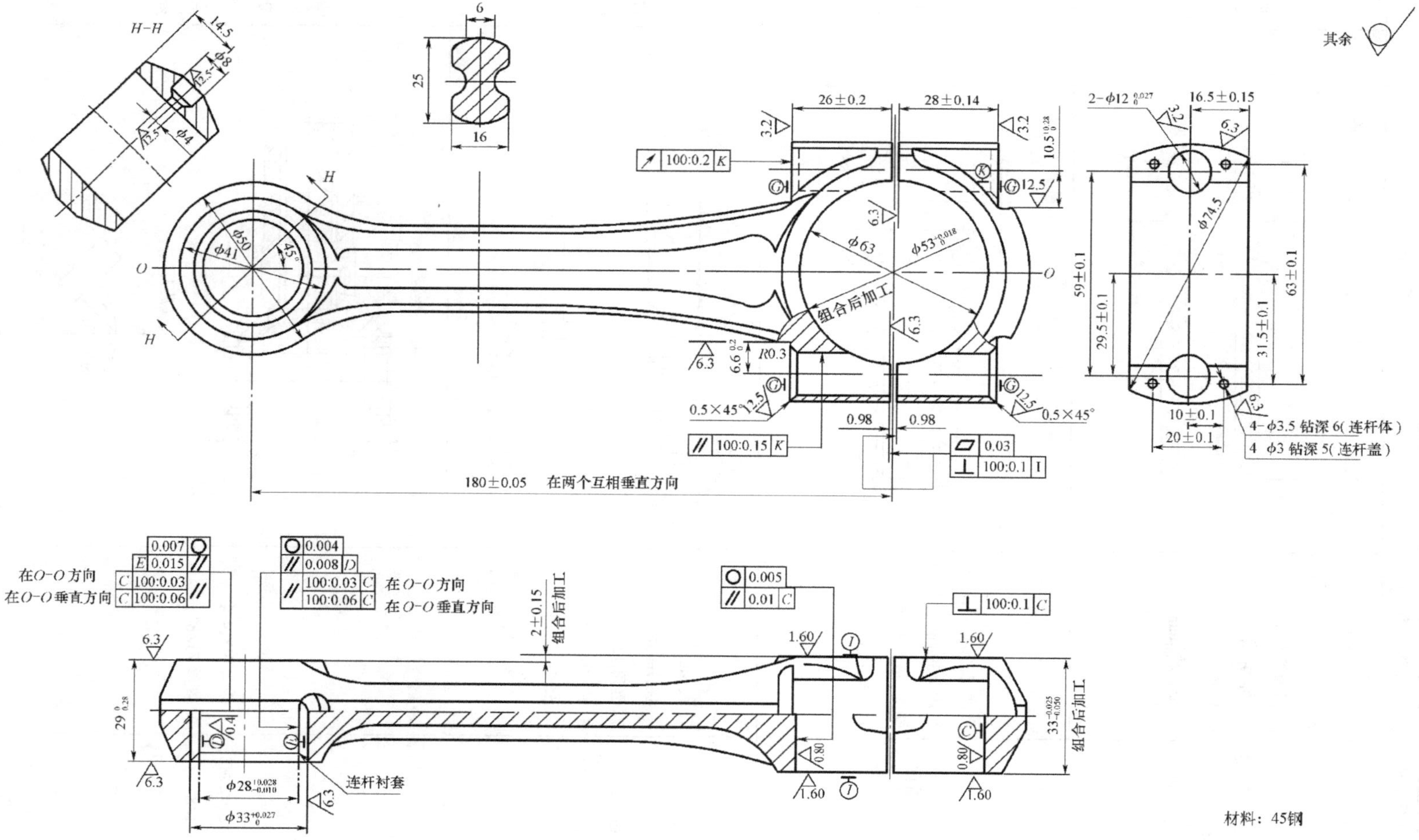

图 2-9　柴油机连杆简图

表 2-9　柴油机连杆成批生产参考工艺

<table>
<tr><td colspan="3">生 产 厂</td><td>产品名称</td><td>零件名称</td><td>零件图号</td><td colspan="2">材　料</td></tr>
<tr><td colspan="3">某 柴 油 机 厂</td><td>柴油机</td><td>连　杆</td><td></td><td colspan="2">45 钢</td></tr>
<tr><td>序号</td><td>工序名称</td><td>技术条件及检查要求</td><td colspan="3">工 序 简 图</td><td>设 备</td><td>工夹具</td></tr>
<tr><td>0</td><td>锻 造</td><td>按连杆锻造工艺进行</td><td colspan="3"></td><td></td><td></td></tr>
<tr><td>5</td><td>铣二平面</td><td>铣至尺寸 34±0.2mm</td><td colspan="3">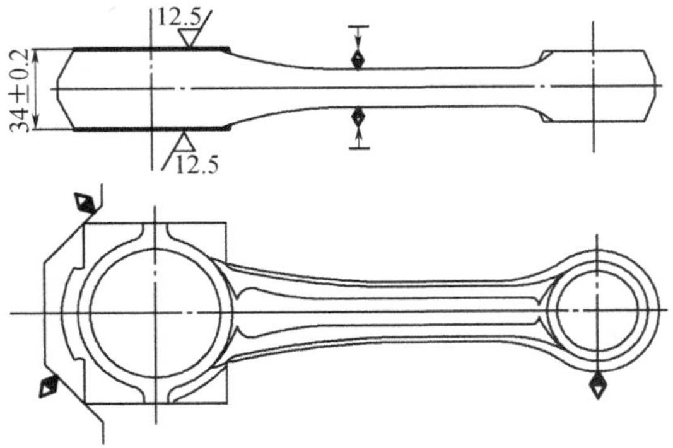</td><td>双面铣专用机床</td><td>铣夹具</td></tr>
<tr><td>10</td><td>粗磨二平面</td><td>磨完一面后，翻身，磨另一面，保证尺寸 33.5±0.05mm</td><td colspan="3">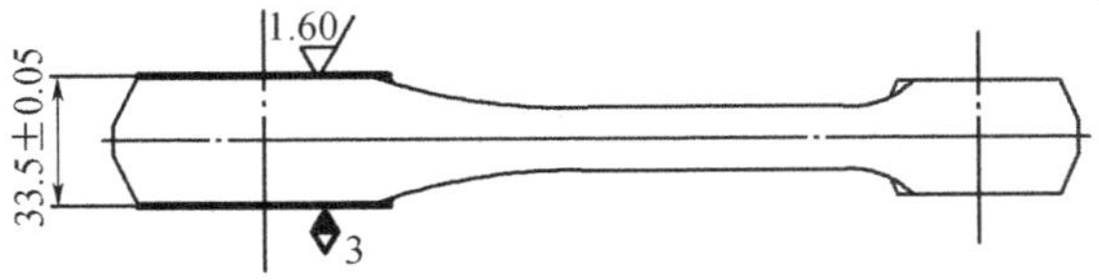</td><td>M7475 型转盘磨床</td><td>磁力吸盘</td></tr>
<tr><td>15</td><td>退磁</td><td></td><td colspan="3"></td><td>退磁机</td><td></td></tr>
</table>

有关工序简图中定位夹紧符号如下：

◆定位基面的符号，涂黑的三角形从工件体外指向定位基面，并用◆$_3$ 表示在该定位面上的定位点数为 3；

⊤夹紧点位置符号，夹紧方向如箭头所示；

⊤◆自动定心夹紧的符号

（续）

序号	工序名称	技术条件及检查要求	工 序 简 图	设 备	工夹具
20	钻、扩小头孔	钻至 $\phi30$mm，扩至 $\phi32^{+0.1}_{0}$mm	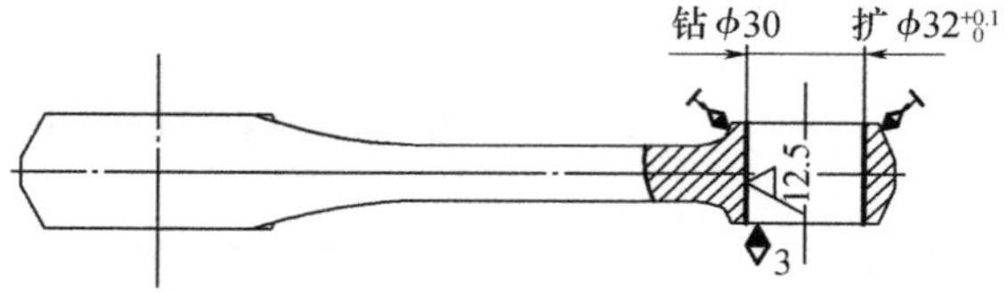	Z535 型立式钻床	滑柱式钻模
25	锪小头孔口倒角	一面锪好后，锪另一面	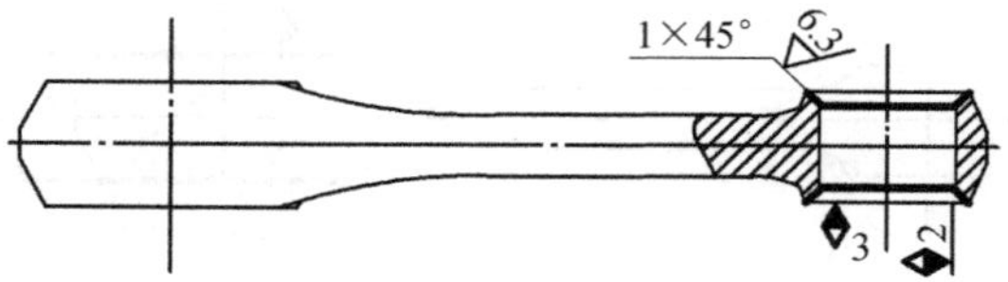	Z535 型立式钻床	
30	拉小头孔	拉后孔径为 $\phi32.5^{+0.039}_{0}$mm	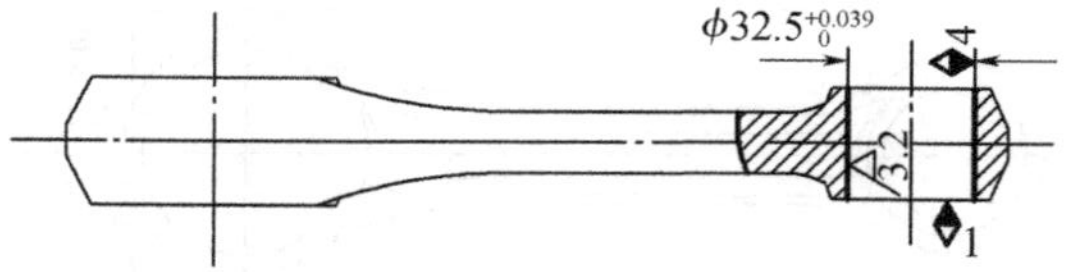	L55 型立式拉床	拉刀
35	粗镗大头孔	粗镗至 $\phi45^{+0.18}_{0}$mm，大小头孔中心距保证 180±0.05mm	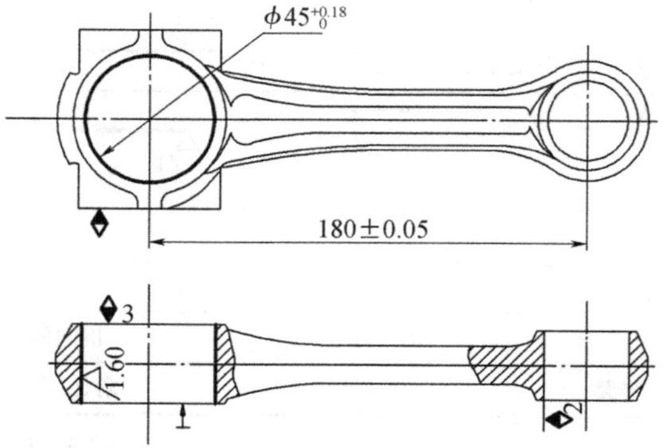	镗孔专用机床	镗夹具

（续）

序号	工序名称	技术条件及检查要求	工序简图	设备	工夹具
40	车大头外圆	车大头外圆直径至 $\phi 74.5_{-0.06}^{0}$ mm	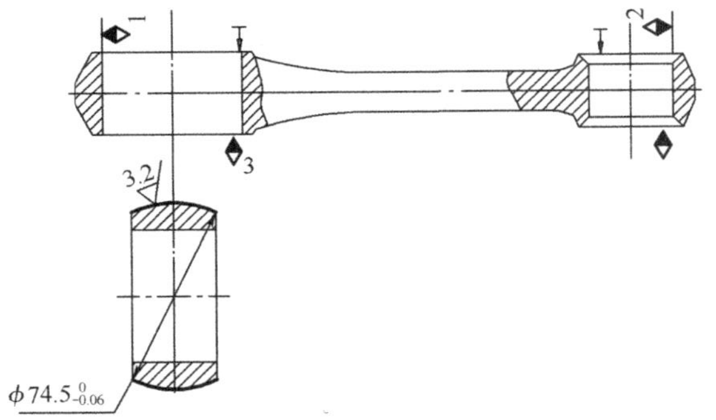	C618K 型车床	车夹具
45	打成套编号				
50	粗铣螺栓孔平面	先在工位 I 铣一个螺栓孔的两端面，再翻身在工位 II 铣另一个螺栓孔的两端面	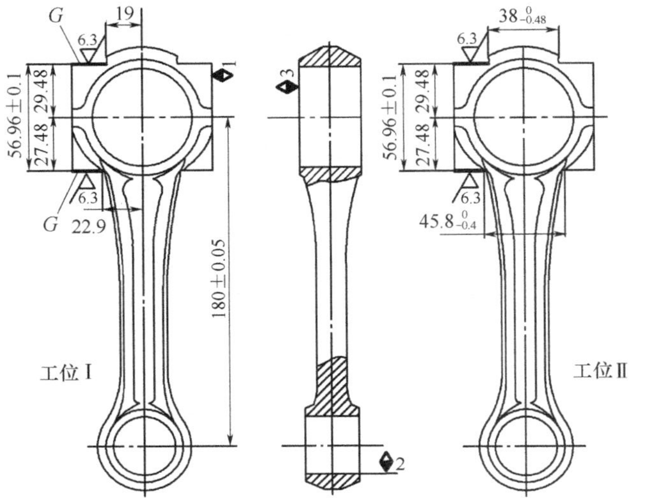	X62X 铣床	铣夹具，三面刃铣刀

（续）

序号	工序名称	技术条件及检查要求	工序简图	设备	工夹具
55	精铣螺栓孔平面	先在工位Ⅰ铣一个螺栓孔的两端面，再翻身在工位Ⅱ铣另一个螺栓孔的两端面	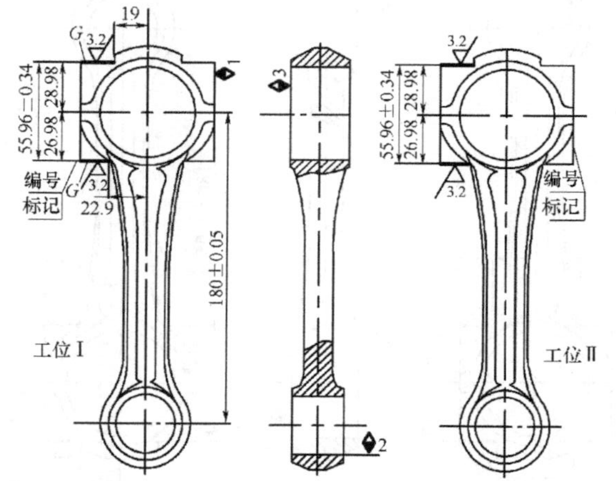	X62W 卧式铣床	铣夹具，三面刃铣刀
60	钻、扩、铰两螺栓孔	钻 $\phi11.2$mm，扩至 $\phi11.8$mm，铰 $\phi12^{+0.027}_{0}$mm。注意： 1. 两螺栓孔距离 59±0.1mm 2. 螺栓孔轴心线与大头孔端面距离 16.75±0.10mm 3. 两孔的平行度在 100mm 长度上公差为 0.15 4. 端面 G 对螺栓孔的圆跳动在 100mm 长度上公差为 0.20	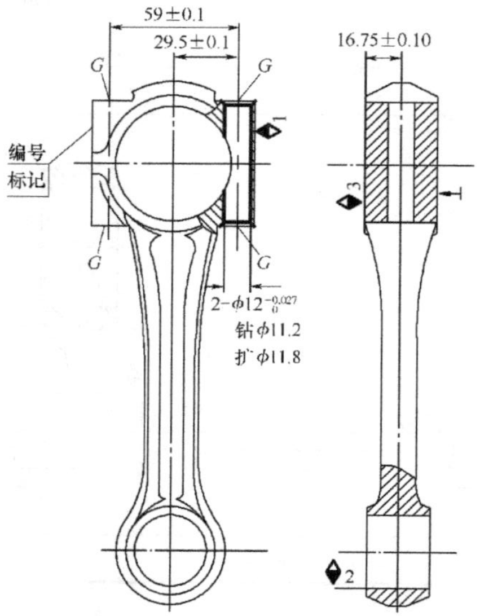	Z535 型立式钻床	钻模

（续）

序号	工序名称	技术条件及检查要求	工 序 简 图	设 备	工夹具
65	中间检验	1. 尺寸检查：检查 1～11 对应的尺寸 2. 两 K 孔在两个互相垂直方向的平行度在 100mm 长度上公差为 0.15 3. G 面对 K 孔的圆跳动在 100mm 长度上的公差为 0.20	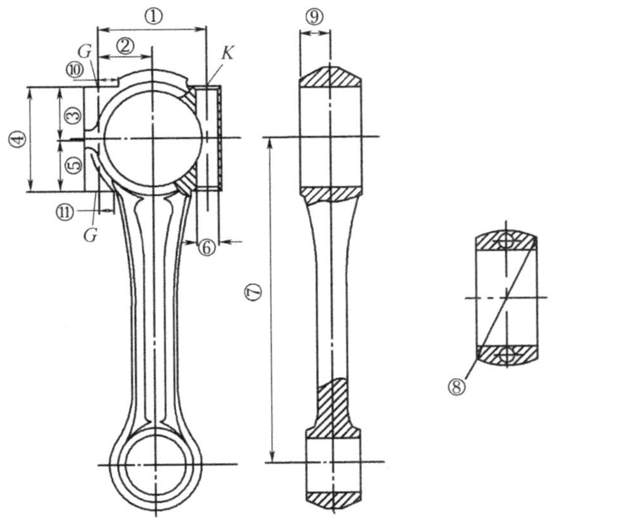	平板	通用量具
70	半精镗 大头孔	按图示位置装夹，镗孔 $\phi52^{+0.06}_{0}$mm	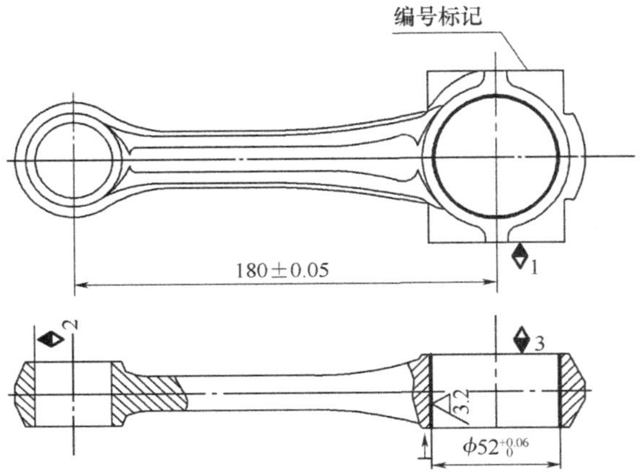	镗孔专用机床	镗夹具

（续）

序号	工序名称	技术条件及检查要求	工 序 简 图	设 备	工夹具
75	精磨二平面	磨第一面至尺寸 33.25mm 磨第二面至尺寸 $33^{-0.025}_{-0.050}$mm	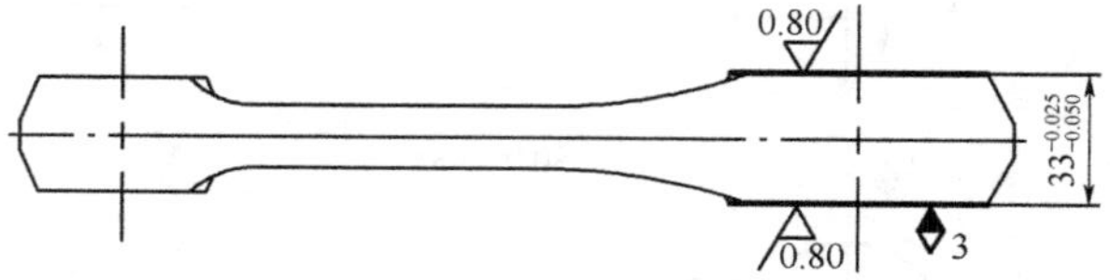	M7475 型平面磨床	磁力吸盘
80	退磁			退磁机	
85	精镗大小头孔	按图示位置装夹，加工到下列尺寸及技术条件： 1. 大头孔直径 $\phi53^{+0.018}_{0}$mm，圆度公差为 0.005，素线平行度公差为 0.01 2. 小头孔直径 $\phi33^{+0.027}_{0}$mm，圆度公差为 0.007，素线平行度公差为 0.015 3. 大小头孔的轴心线在连杆轴线方向平行度在 100mm 长度上的公差为 0.03 4. 大小头孔的轴心线在垂直连杆轴线方向的平行度在 100mm 长度上的公差为 0.06 5. 大头孔两端面对大头孔轴心线的垂直度在 100mm 上的公差为 0.1	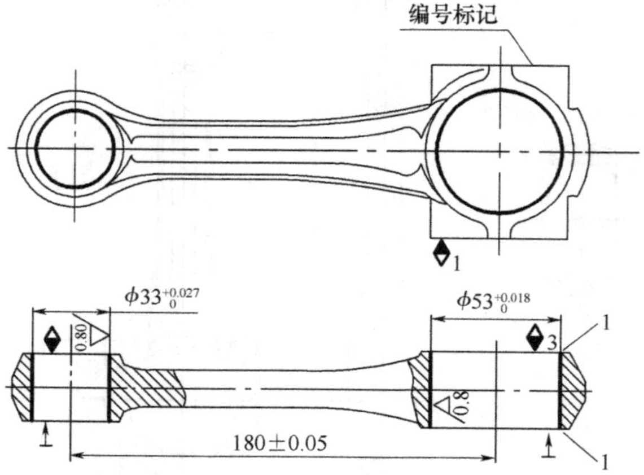	T760 型金刚镗床	镗夹具

（续）

序号	工序名称	技术条件及检查要求	工 序 简 图	设 备	工夹具
90	中间检验	1. 尺寸检验:检查 1~4 对应尺寸 2. 大头孔圆度公差为 0.005,素线平行度公差为 0.01 3. 小头孔圆度公差为 0.007,素线平行度公差为 0.015 4. 大小头孔轴心线在连杆轴线方向平行度在 100mm 长度上的公差为 0.03 5. 大小头孔轴心线在垂直连杆轴线方向的平行度在 100mm 长度上的公差为 0.06 6. Ⅰ 面对大头孔轴心线的垂直度在 100mm 长度上的公差为 0.1	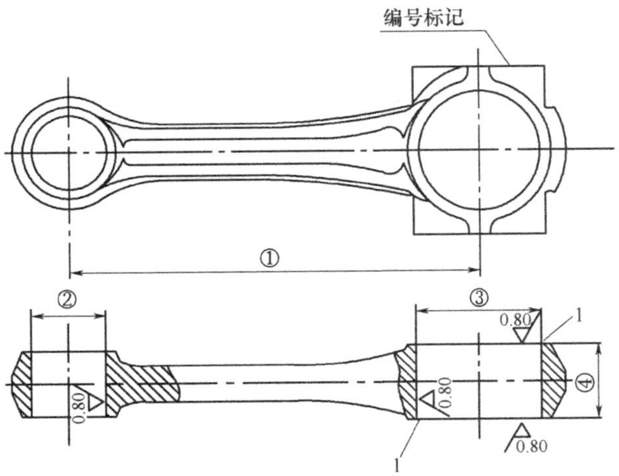	检验台	通用量具，位置偏差检验夹具
95	钻小头油孔	按图示位置装夹，钻 ϕ4mm，锪 ϕ8mm 深至 3mm	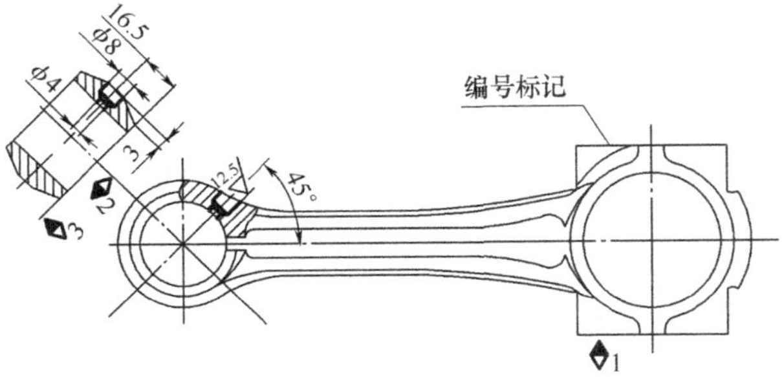	台钻	钻模
100	去毛刺	去小头孔内毛刺			
105	压入衬套	连杆油孔与衬套油孔轴心线的同轴度公差为 ϕ1mm		油压机	

（续）

序号	工序名称	技术条件及检查要求	工 序 简 图	设 备	工夹具
110	精镗衬套孔	1. 镗后衬套孔直径 $\phi28^{+0.028}_{+0.010}$mm 2. 衬套孔的圆度公差为0.004，素线平行度公差为0.008 3. 衬套孔对大头孔轴心线在连杆轴线方向的平行度在100mm长度上的公差为0.03 4. 衬套孔对大头孔轴心线在垂直于连杆轴线方向的平行度在100mm长度上的公差为0.06 5. 大小头孔距离为180±0.05mm	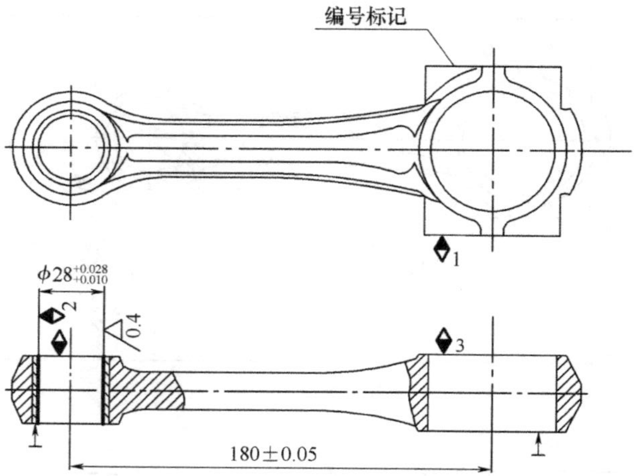	T760型金刚镗床	镗夹具
115	中间检验	1. 尺寸检验：1~7对应尺寸 2. 小头孔的圆度公差为0.004，素线平行度公差为0.008 3. 大小头孔轴心线在连杆轴线方向的平行度在100mm长度上公差为0.03 4. 大小头孔轴心线在垂直于连杆轴线方向的平行度在100mm长度上公差为0.06 5. 连杆及衬套上油孔轴心线同轴度公差为1	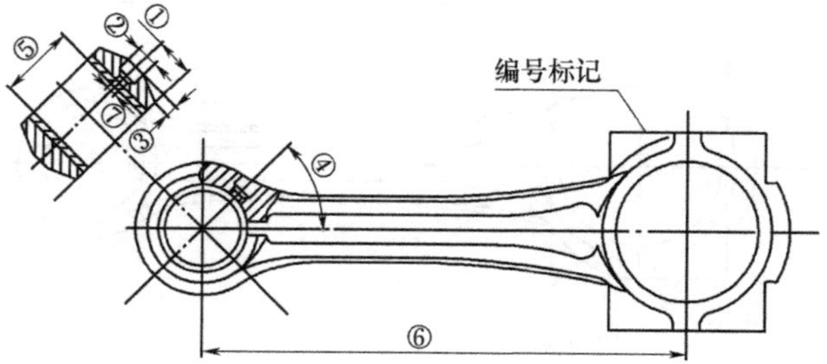	检验台	检具、通用量具

（续）

序号	工序名称	技术条件及检查要求	工序简图	设备	工夹具
120	车小头二端面及孔口倒角	1. 两端面间距离为 $29_{-0.28}^{0}$ mm 2. 小头端面与大头端面的落差为 2±0.15mm 3. 小头衬套孔口倒角 0.5×45°	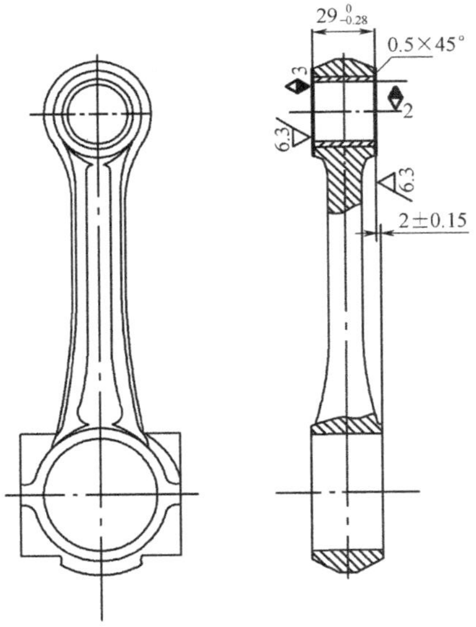	车床	活心轴
125	铣开	先在工位Ⅰ铣开连杆的一边，再翻身在工位Ⅱ铣开连杆的另一边	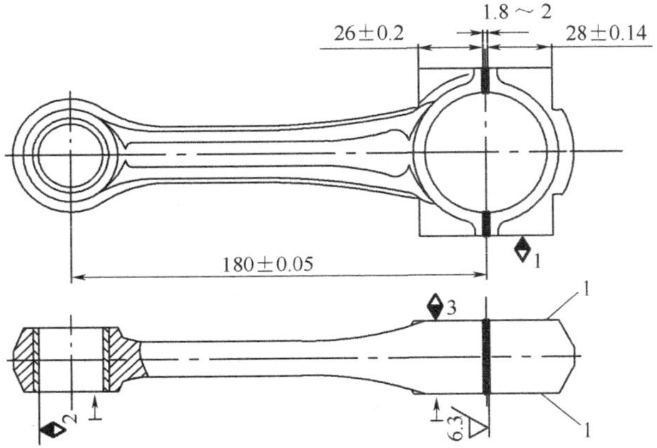	X62W 型卧式铣床	铣夹具，锯片铣刀

（续）

序号	工序名称	技术条件及检查要求	工序简图	设备	工夹具
130	去全部毛刺				
135	锪螺栓孔口的倒角	倒角 0.5×45°	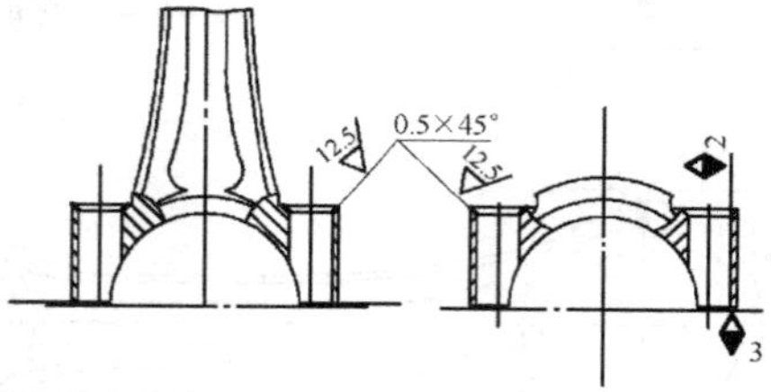	台钻	钻夹具
140	钻连杆盖定位销孔	钻 4 个 ϕ3mm 深 5mm 的定位销。 注意： 1. 销孔之间的距离为 63±0.1mm，20±0.1mm 2. 销孔对连杆盖剖分面的中心线距离为 31.5±0.1mm，10±0.1mm	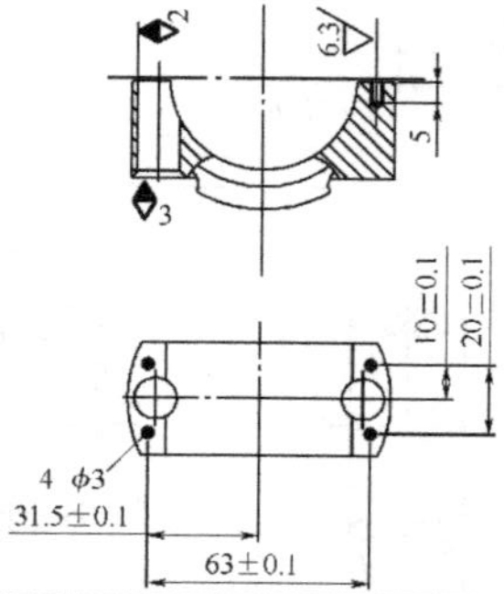	台钻	钻夹具
145	钻连杆体定位销孔	钻 4 个 ϕ3.5mm 深 6mm 的定位销孔。注意： 1. 销孔之间的距离为 63±0.1mm，20±0.1mm 2. 销孔对连杆体剖分面的中心线距离 31.5±0.1mm，10±0.1mm	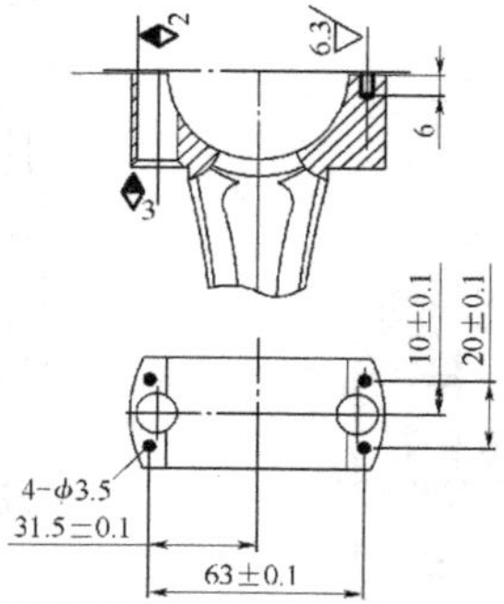	台钻	钻夹具
150	去全部毛刺				
155	清洗				
160	最后检验	按图纸上的尺寸及技术要求检验			

2.6 活塞工艺指导

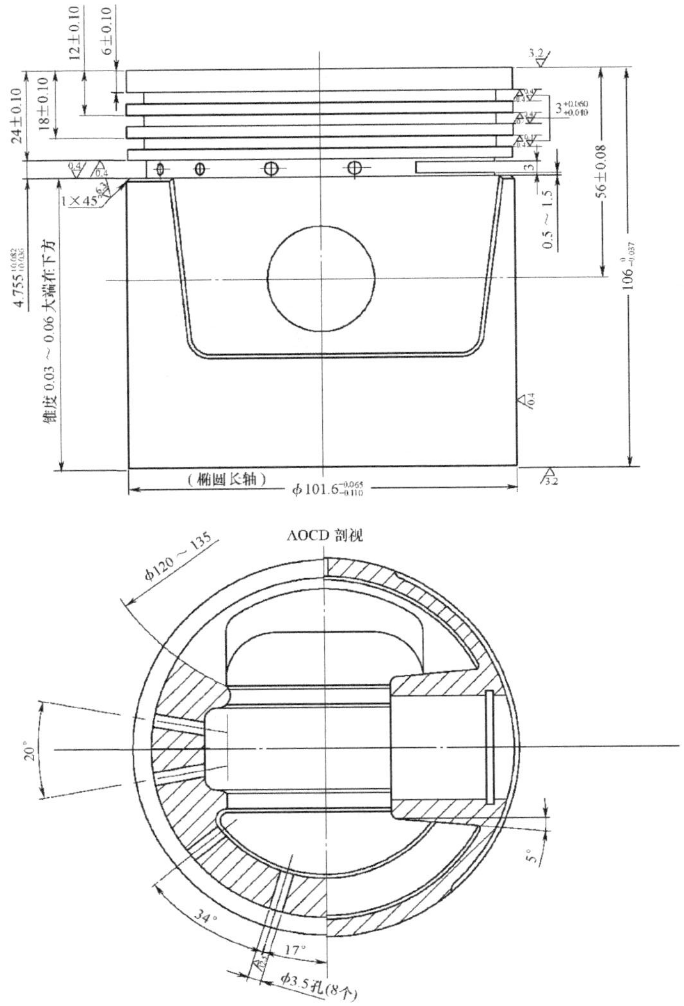

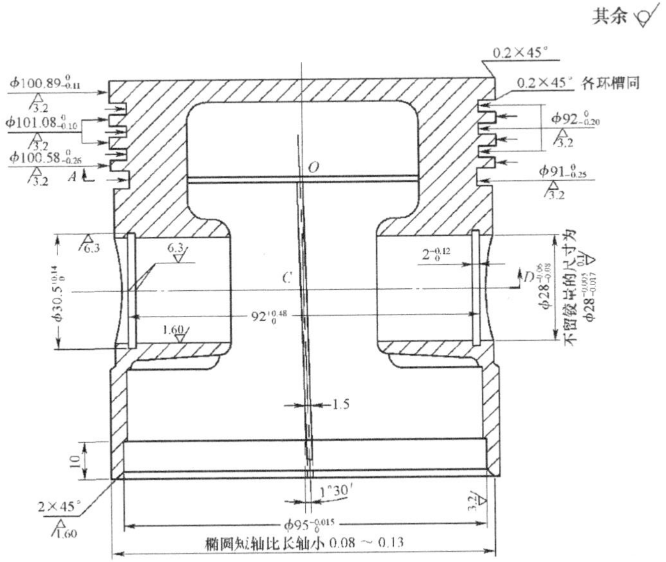

技术要求

1. 活塞裙部椭圆度为 0.08 ~ 0.13mm。
2. 裙部椭圆长轴应与活塞销孔中心线垂直其垂直度公差为 ±5°。
3. 裙部椭圆按下表分组出厂。
4. 材料：铝合金 95~140 HB。

组别	裙部椭圆长轴
A	101.490 ~ 101.505mm
B	101.505 ~ 101.52mm
C	101.52 ~ 101.535mm

图 2-10 活塞零件简图

表 2-10　活塞成批生产参考工艺

<table>
<tr><td colspan="3">机械加工工艺过程综合卡片</td><td>产品名称</td><td>零件名称</td><td>零件图号</td><td colspan="2">材 料</td></tr>
<tr><td colspan="3">某汽车配件厂</td><td></td><td>活塞</td><td></td><td colspan="2">铝合金 95~140HB</td></tr>
<tr><td>序号</td><td>工序名称</td><td>技术条件及检查要求</td><td colspan="3">工 序 简 图</td><td>设备</td><td>工夹具</td></tr>
<tr><td>1</td><td>锻 造</td><td>按活塞铸造工艺进行</td><td colspan="3"></td><td></td><td></td></tr>
<tr><td>2</td><td>铣浇冒口</td><td>在铸造车间进行</td><td colspan="3"></td><td></td><td></td></tr>
<tr><td>3</td><td>时效处理</td><td>按活塞时效工艺进行</td><td colspan="3"></td><td></td><td></td></tr>
<tr><td>4</td><td>粗车止口</td><td>止口:直径 $\phi94.7^{+0.054}_{0}$mm 深度 10, Ra6.3;倒角 0.5×45°, Ra12.5μm</td><td colspan="3">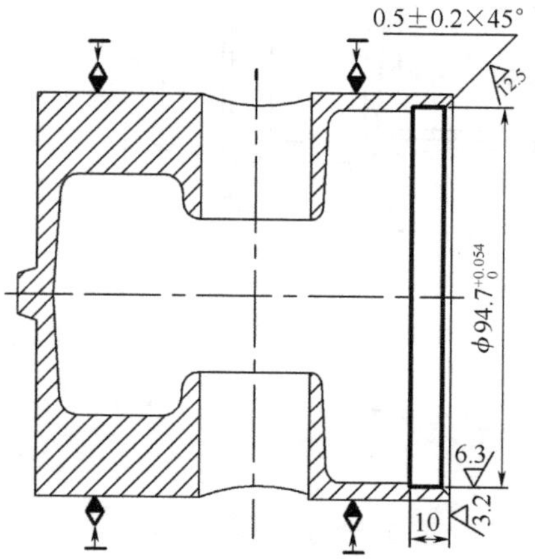
</td><td>C618 型车床</td><td>长三爪卡盘,YG8 车刀,毛止口量规</td></tr>
<tr><td>5</td><td>粗镗销孔</td><td>销孔直径 $\phi27^{0}_{-0.05}$ mm 销孔上母线到止口端面距离为 63.24 ± 0.05mm 销孔轴心线与裙部轴心线的对称度不大于 0.2mm</td><td colspan="3">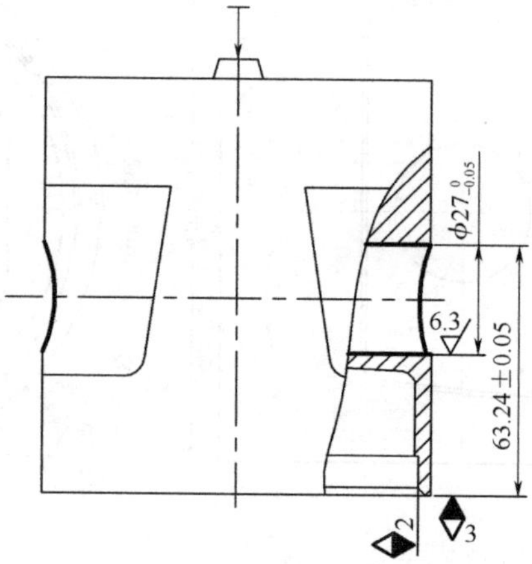
</td><td>普通车床</td><td>YG8 专用镗刀,毛销孔量规,压紧工具,止口座</td></tr>
</table>

（续）

机械加工工艺过程综合卡片			产品名称	零件名称	零件图号	材料
某汽车配件厂				活塞		铝合金 95～140HB
序号	工序名称	技术条件及检查要求	工序简图	设备	工夹具
6	粗车外圆顶面、环槽	各部分尺寸见工序简图	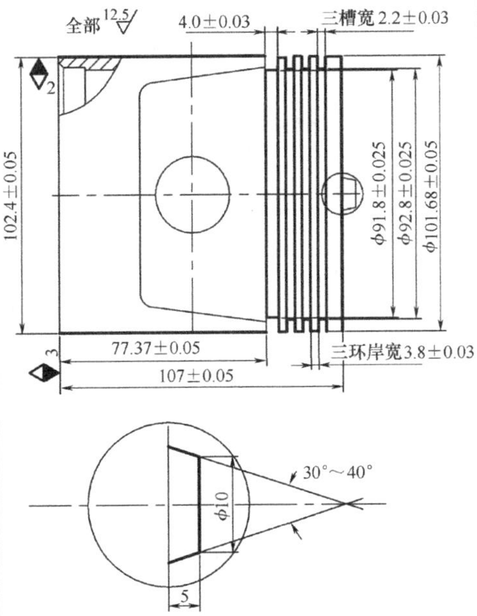	C720 型多刀半自动车床	YG8 毛环槽切刀，环槽到止口端面距离卡规，环槽刀夹
7	铣直横槽	直槽：宽 1.5±0.12mm，与裙部轴心线倾斜 1°30′±30′ 下端至止口端面距离为 4.2mm～8.2mm；横槽：宽 3±0.12mm，弦长 74.6±0.4mm	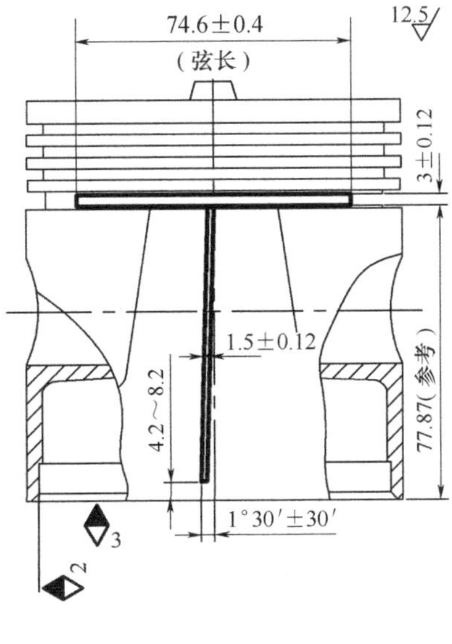	专用铣槽机	止口座，拉紧工具，片铣刀 φ60×1.5mm，片铣刀 φ120～φ135×3mm

（续）

<table>
<tr><td colspan="3">机械加工工艺过程综合卡片</td><td>产品名称</td><td>零件名称</td><td>零件图号</td><td colspan="2">材 料</td></tr>
<tr><td colspan="3">某汽车配件厂</td><td></td><td>活塞</td><td></td><td colspan="2">铝合金 95~140HB</td></tr>
<tr><td>序号</td><td>工序名称</td><td>技术条件及检查要求</td><td colspan="3">工 序 简 图</td><td>设备</td><td>工夹具</td></tr>
<tr><td>8</td><td>钻油孔</td><td>ϕ 3.5mm 油孔，8 个，去除毛刺，油孔中心必须在环槽中间</td><td colspan="3">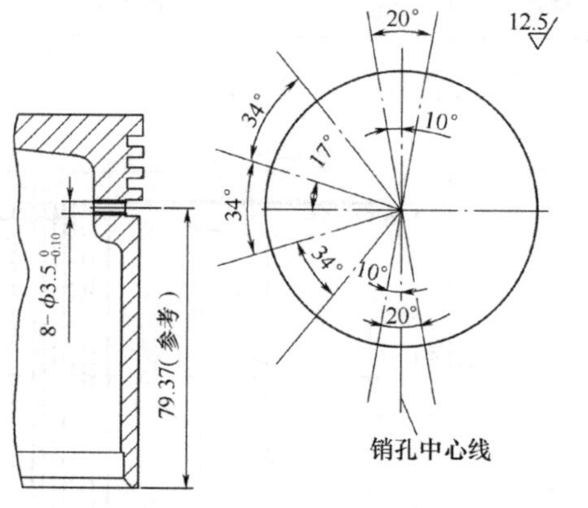
</td><td>Z12 型台钻</td><td>钻油孔夹具，ϕ3.5mm 钻头</td></tr>
<tr><td>9</td><td>精车止口，打中心孔</td><td>止口：直径 $\phi95^{+0.015}_{0}$ mm，深 10，Ra3.2μm；倒角 2×45°，Ra1.60μm；用 ϕ2.5mm~ϕ3mm 中心钻打中心孔，深度不大于 4.8mm</td><td colspan="3">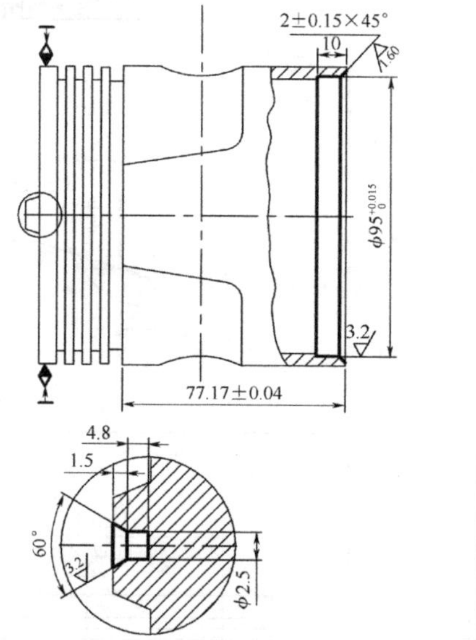
</td><td>镗孔机床</td><td>车刀，中心钻，光止口塞规，三爪卡盘</td></tr>
<tr><td>10</td><td>精车环槽</td><td>各部分尺寸见工序简图。粗糙度：上下侧面 Ra0.80μm 底面 Ra3.2μm；侧面对裙部轴心线的垂直度不大于 0.07/25mm；侧面对裙部轴心线圆跳动不大于 0.05mm</td><td colspan="3">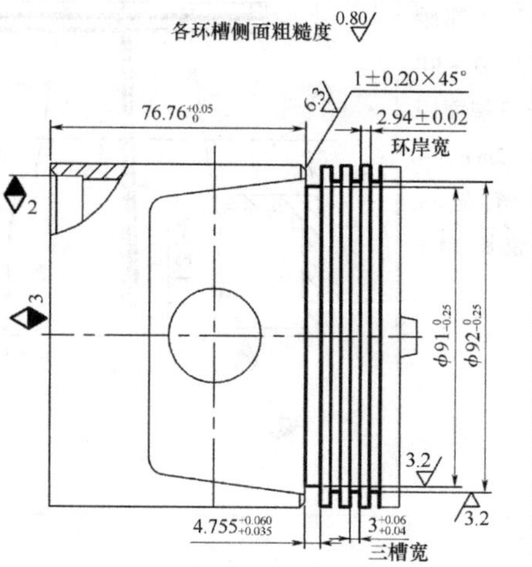
</td><td>C620 型车床</td><td>YG8 光环槽切刀，光环槽量规</td></tr>
</table>

(续)

机械加工工艺过程综合卡片			产品名称	零件名称	零件图号	材料	
某汽车配件厂				活塞		铝合金 95~140HB	
序号	工序名称	技术条件及检查要求	工序简图			设备	工夹具
11	精车外圆	裙部锥度不大于0.04,大端在下,外圆对轴心线的同轴度不大于 ϕ0.1mm,用锉刀倒各环槽尖角	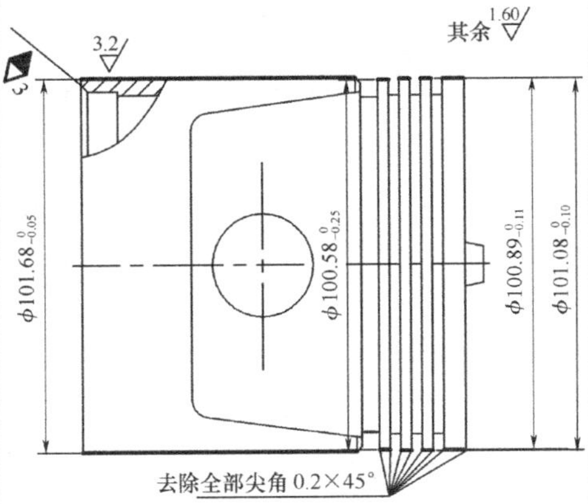			C111D 型车床	YG8 普通车刀,ϕ100 ~ ϕ125mm 外径千分尺,靠模
12	精镗销孔	销孔:直径 $\phi28_{-0.08}^{-0.05}$mm,粗糙度 Ra1.60μm,圆度不大于0.005,素线平行度不大于0.01,销孔上母线到止口端面距离为63.5±0.025mm,销孔轴心线与裙部轴心线垂直度不大于0.035/100mm,销孔轴心线与裙部轴心线的对称度不大于0.2	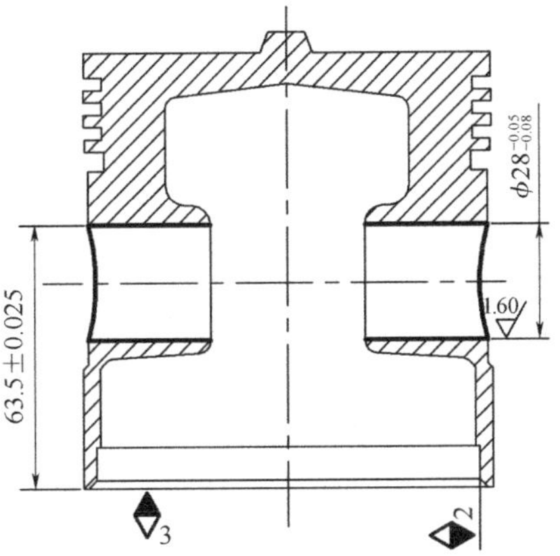			专用镗床	止口座,压紧工具,镗刀杆,YG8 专用镗刀,光销孔塞规
13	切锁环槽	槽宽 $2_{0}^{+0.12}$mm;底径 $\phi30.5_{0}^{+0.14}$mm;锁环槽底圆对销孔的同轴度不大于 ϕ0.15mm	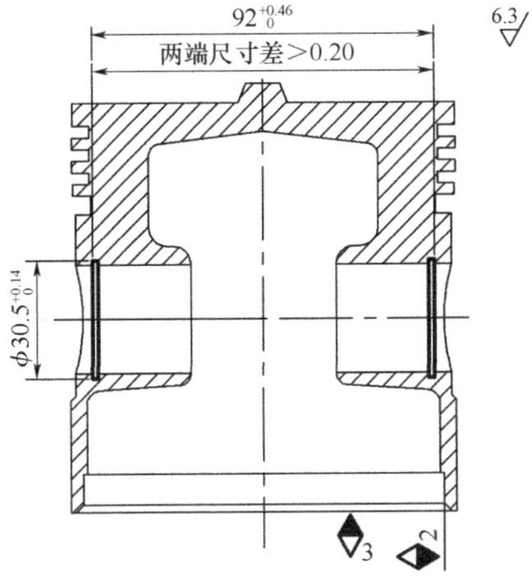			普通车床	专用切槽刀,槽宽塞规

（续）

<table>
<tr><td colspan="3">机械加工工艺过程综合卡片</td><td colspan="3">产品名称 | 零件名称 | 零件图号</td><td colspan="2">材 料</td></tr>
<tr><td colspan="3">某汽车配件厂</td><td colspan="3"> | 活塞 | </td><td colspan="2">铝合金 95~140HB</td></tr>
<tr><td>序号</td><td>工序名称</td><td>技术条件及检查要求</td><td colspan="3">工 序 简 图</td><td>设备</td><td>工夹具</td></tr>
<tr><td>14</td><td>精磨外圆</td><td>与销孔轴心线垂直之长轴 $\phi101.6_{-0.110}^{-0.065}$ mm，椭圆长轴与短轴之差不大于 0.08~0.13，椭圆长轴的角度偏差不大于±5°；
裙部锥度 0.03~0.06，大端在下；裙部粗糙度 Ra0.40μm</td><td colspan="3">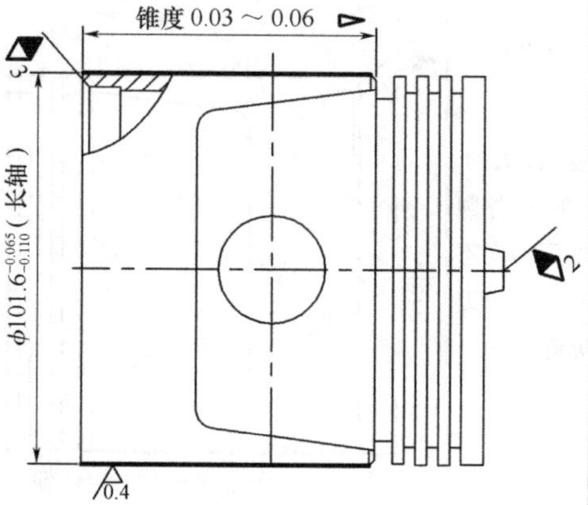
</td><td>椭圆磨床</td><td>碳化硅砂轮，ϕ100~ϕ125mm 千分尺</td></tr>
<tr><td>15</td><td>精车顶面及倒角</td><td>保证销孔上母线至顶面距离为 42.032±0.065mm；顶面平面度不大于 0.02；顶面与止口端面的距离为 $106_{-0.51}^{-0.43}$ mm，平行度不大于 0.025</td><td colspan="3">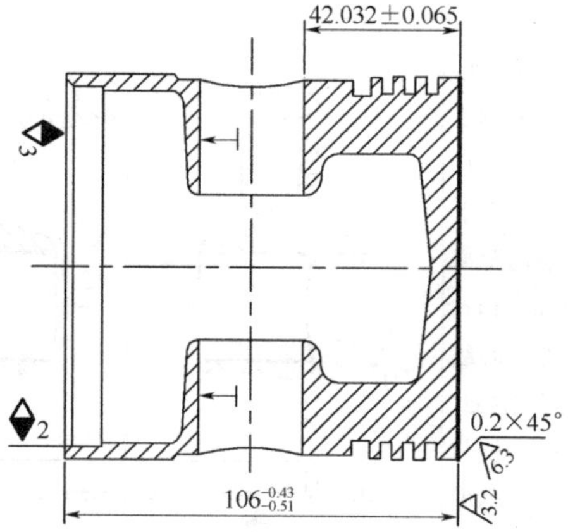
</td><td>普通车床</td><td>YG8 普通车刀，专用测量仪</td></tr>
<tr><td>16</td><td>打字</td><td>按产品图纸规定打字</td><td colspan="3"></td><td></td><td></td></tr>
<tr><td>17</td><td>成品检验</td><td></td><td colspan="3"></td><td></td><td></td></tr>
<tr><td>18</td><td>分组包装</td><td></td><td colspan="3"></td><td></td><td></td></tr>
</table>

第 3 章 典型零件工艺提示

3.1 轴类零件工艺提示

3.1.1 输出轴

材料:45 钢。生产类型:中批。

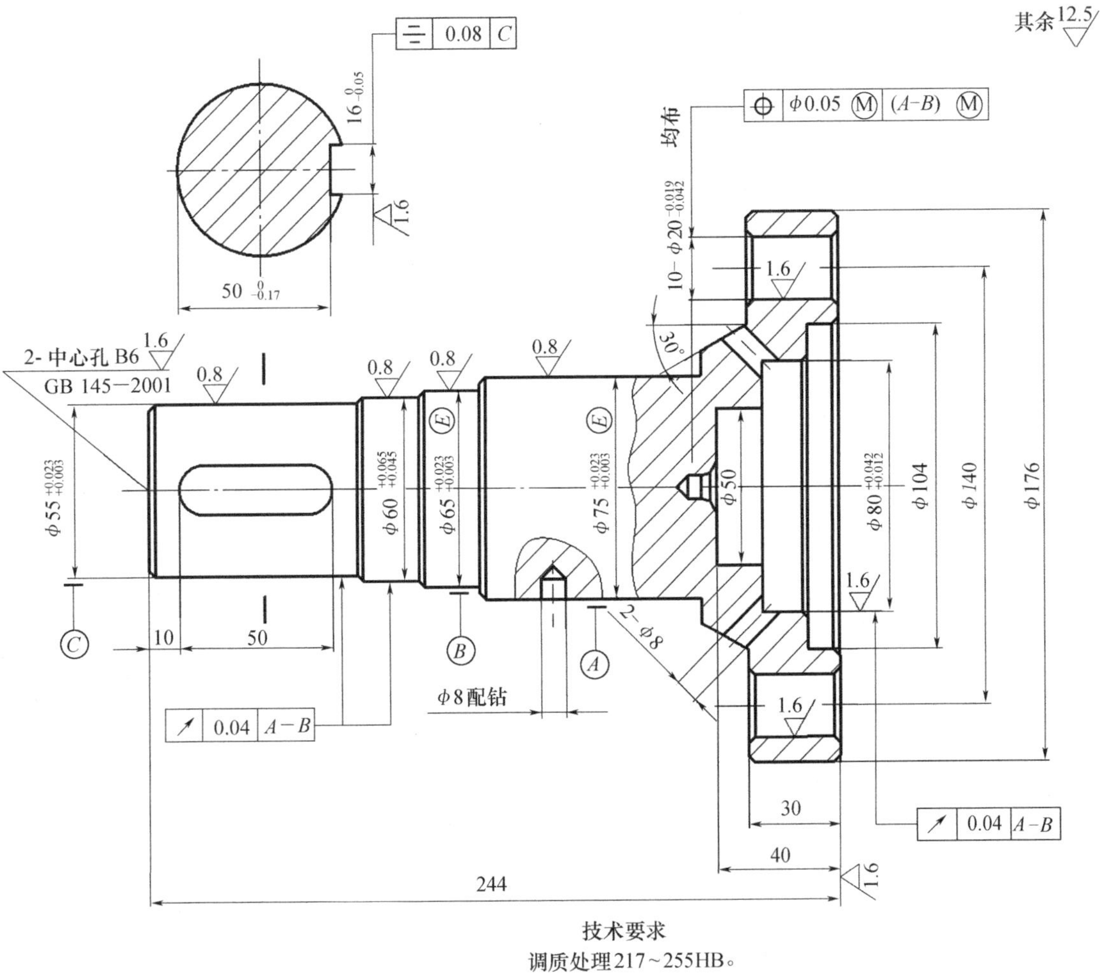

图 3-1 输出轴简图

表 3-1　输出轴工艺提示

<table>
<tr><th colspan="5">机械加工工艺过程</th><th rowspan="2">说　明</th></tr>
<tr><th>工序号</th><th>工序名称</th><th>安装</th><th>工 序 内 容</th><th>定位及夹紧</th></tr>
<tr><td>1</td><td>锻</td><td></td><td>模锻,喷丸处理</td><td></td><td rowspan="17">1.此零件具有轴盘类结合的结构,中批生产,精度要求较高,故加工过程分为粗加工阶段,半精加工阶段和精加工阶段,以保证加工精度要求
2. 大端内孔虽然距轴端 40mm,仍可用顶尖孔定位,保证各部位位置精度,使装夹方便
3. 由于结构特点,加工中需使用中心架装夹,要求 $\phi75^{+0.023}_{+0.003}$ mm 外圆在每一批加工中的工序尺寸要一致,以减少装夹工件的找正时间
4. 配钻工序,应在装配时与结合件一起加工,不能单独加工</td></tr>
<tr><td>2</td><td>热处理</td><td></td><td>正火</td><td></td></tr>
<tr><td rowspan="2">3</td><td rowspan="2">车</td><td>1</td><td>车小头端面,钻顶尖孔</td><td>夹大端</td></tr>
<tr><td>2</td><td>粗车各外圆,留加工余量 3mm,倒角</td><td>夹大端,顶小端</td></tr>
<tr><td>4</td><td>车</td><td></td><td>粗车大端 ϕ176mm 外圆,车内肩孔,留加工余量 3mm,深度车至尺寸要求</td><td>A 外圆,端面</td></tr>
<tr><td>5</td><td>热处理</td><td></td><td>调质 217~255HB</td><td></td></tr>
<tr><td>6</td><td>车</td><td></td><td>半精车各外圆,留加工余量 0.3mm</td><td>夹大端,顶小端</td></tr>
<tr><td>7</td><td>车</td><td></td><td>精车 ϕ176mm、ϕ50mm 和 ϕ104mm 至图纸要求,内孔 $\phi80^{+0.042}_{+0.012}$ mm,留加工余量 1mm,车端面取总长,钻大端内顶尖孔</td><td>夹 C 外圆托 A 外圆</td></tr>
<tr><td>8</td><td>车</td><td></td><td>车 30°斜面</td><td>夹大端</td></tr>
<tr><td>9</td><td>钻</td><td></td><td>钻 10-ϕ20 孔留余量 1mm,孔口倒角</td><td>大端外圆,端面</td></tr>
<tr><td>10</td><td>磨</td><td></td><td>磨小端各外圆至图纸要求</td><td>双顶尖</td></tr>
<tr><td>11</td><td>车</td><td></td><td>车 $\phi80^{+0.042}_{+0.012}$ mm 至图纸要求</td><td>夹 C 外圆托 A 外圆</td></tr>
<tr><td>12</td><td>镗</td><td></td><td>镗 10-$\phi20^{-0.019}_{-0.042}$ mm 孔至图纸要求(等分板分度)</td><td>外圆,端面</td></tr>
<tr><td>13</td><td>铣</td><td></td><td>铣键槽至尺寸</td><td>C 外圆,端面</td></tr>
<tr><td>14</td><td>钻</td><td></td><td>钻斜孔两处 ϕ8mm 至图纸要求</td><td>外圆,端面</td></tr>
<tr><td>15</td><td>钳</td><td></td><td>配钻 ϕ8mm 孔(装配时加工)</td><td></td></tr>
<tr><td>16</td><td>检验</td><td></td><td></td><td></td></tr>
</table>

3.1.2　曲轴

材料:QT60-2。生产类型:小批。

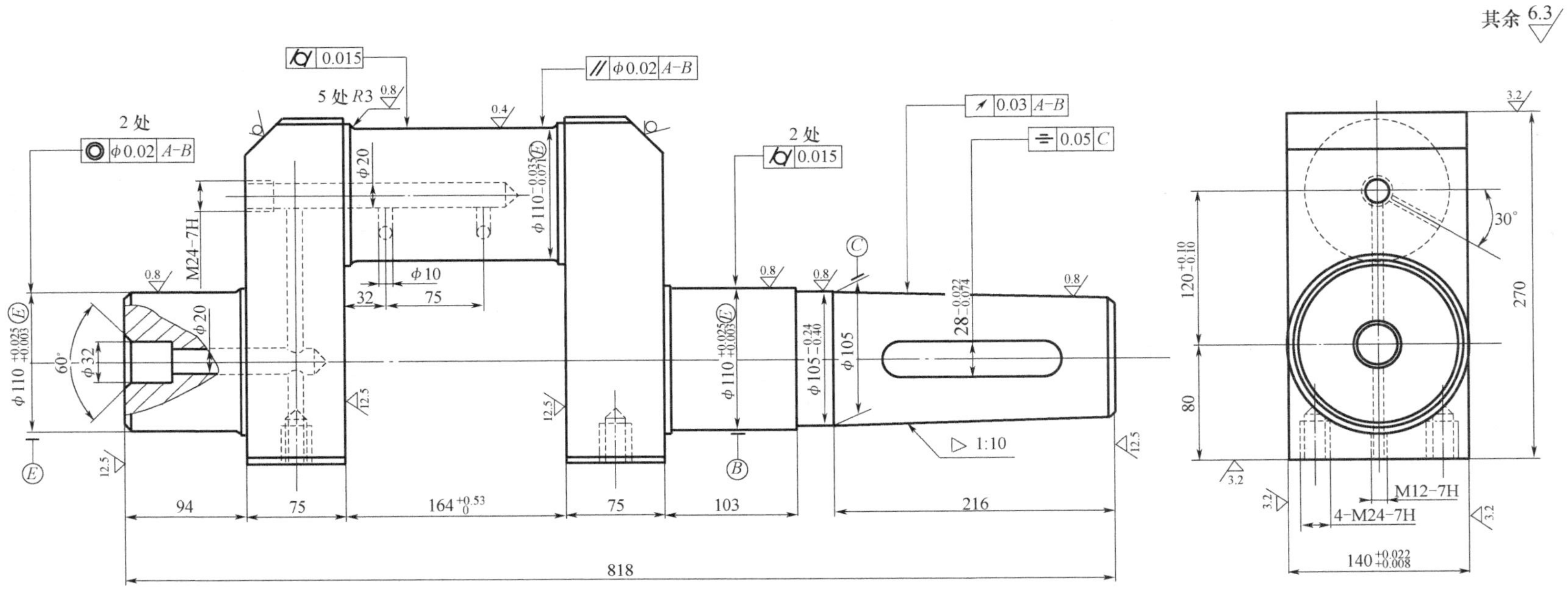

技术要求

1. 1:10 圆锥面用标准样规涂色检查接触面不小于 65%。
2. 清除干净油孔中的切屑。
3. 其余倒角 1×45°。

图 3-2　曲轴简图

表 3-2　曲轴工艺提示

<table>
<tr><th colspan="5">机械加工工艺过程</th><th rowspan="2">说　明</th></tr>
<tr><th>工序号</th><th>工序名称</th><th>安装</th><th>工 序 内 容</th><th>定位及夹紧</th></tr>
<tr><td>1</td><td>铸</td><td></td><td>铸造,清理</td><td></td><td rowspan="21">1. 加工连杆轴颈 $\phi110_{-0.071}^{-0.036}$mm 时,使用专用偏心夹具来保证偏心量 120±0.1mm 尺寸
2. 工艺过程的粗加工和半精加工,用一夹一顶或一托一夹的安装方法,增加了零件的刚度。但是也增加了安装找正时间。另一种加工方法,可以先钻两端顶尖孔,用顶尖孔定位,安装方便,基准统一。因为零件重量大,故采用前一种方案
3. 在第 7 工序中,两端主轴颈车至 $\phi113_{-0.070}^{\ 0}$mm,提高第 3 工序尺寸精度,为下道工序使用偏心夹具车连杆轴颈,保证零件的安装精度
4. 精车两主轴颈时,用两顶尖装夹。因工件轴向刚度差,为防止变形,在曲拐中间安放螺钉支撑,但是要注意支撑力的大小
5. 磨削主轴颈时,配装平衡铁,使工件旋转平衡,保证磨削精度
6. 曲轴是压缩机或发动机重要零件,对其机械性能要求严格,故安排工序 4、18、21 对毛坯及成品做严格检验</td></tr>
<tr><td>2</td><td>热处理</td><td></td><td>正火</td><td></td></tr>
<tr><td>3</td><td>刨</td><td></td><td>粗刨 $140_{+0.008}^{+0.022}$mm 左右侧面和 270mm 上下面及倒角,留加工余量 5mm</td><td>$140_{+0.008}^{+0.022}$mm 侧面</td></tr>
<tr><td>4</td><td>检验</td><td></td><td>超声波检验</td><td></td></tr>
<tr><td>5</td><td>钳</td><td></td><td>划左端顶尖孔线,照顾 $140_{+0.008}^{+0.022}$mm 左右侧面和两端主轴颈 $\phi110_{+0.003}^{+0.025}$mm 的加工余量均匀</td><td></td></tr>
<tr><td>6</td><td>钻</td><td></td><td>钻左端顶尖孔</td><td></td></tr>
<tr><td>7</td><td>车</td><td></td><td>两端主轴颈($\phi110_{+0.003}^{+0.025}$mm),车至 $\phi113_{-0.07}^{\ 0}$mm,表面粗糙度 Ra 值 3.2μm(工艺用)</td><td>夹右端,顶左端</td></tr>
<tr><td>8</td><td>车</td><td></td><td>粗、精车连杆轴颈 $\phi110_{-0.071}^{-0.036}$mm,留加工余量 0. 6mm,连杆轴颈内侧面 $164_{\ 0}^{+0.53}$mm 至尺寸要求(专用偏心夹具)</td><td>两主轴颈外圆</td></tr>
<tr><td>9</td><td>车</td><td></td><td>精车两主轴颈 $\phi110_{+0.003}^{+0.025}$mm,留加工余量 0. 6mm</td><td>夹右端,顶左端</td></tr>
<tr><td>10</td><td>车</td><td></td><td>精车左端面,钻 $\phi20$mm 和 $\phi32$mm,倒角,锪 60°棱边</td><td>夹右端,托左端</td></tr>
<tr><td>11</td><td>车</td><td></td><td>精车 1:10 椎体,车端面,倒角,钻右端顶尖孔</td><td>夹左端,托右端</td></tr>
<tr><td>12</td><td>刨</td><td></td><td>精刨 $140_{+0.008}^{+0.022}$mm 左右侧面和 270mm 上下面至图纸要求</td><td>两主轴颈外圆</td></tr>
<tr><td>13</td><td>钳</td><td></td><td>划线,划键槽,螺孔,油孔各处</td><td>两主轴颈外圆</td></tr>
<tr><td>14</td><td>钻</td><td></td><td>钻各处油孔和钻螺纹孔(按线加工)</td><td></td></tr>
<tr><td>15</td><td>磨</td><td></td><td>磨两 $\phi110_{+0.003}^{+0.025}$mm 主轴颈和 $\phi105_{-0.40}^{-0.24}$mm 轴颈至图纸要求</td><td>两顶尖孔</td></tr>
<tr><td>16</td><td>磨</td><td></td><td>磨连杆 $\phi110_{-0.071}^{-0.036}$mm 轴颈(偏心夹具)</td><td>两顶尖孔</td></tr>
<tr><td>17</td><td>磨</td><td></td><td>磨 1:10 锥颈至图纸要求</td><td>两顶尖孔</td></tr>
<tr><td>18</td><td>检验</td><td></td><td>磁粉探伤</td><td></td></tr>
<tr><td>19</td><td>铣</td><td></td><td>铣键槽</td><td>两主轴外圆</td></tr>
<tr><td>20</td><td>钳</td><td></td><td>攻三处螺纹,修连杆轴颈上 $\phi10$mm 油孔孔口,刨边倒钝</td><td></td></tr>
<tr><td>21</td><td>检验</td><td></td><td></td><td></td></tr>
</table>

3.1.3 钻床主轴

材料:45 钢。生产类型:中批。

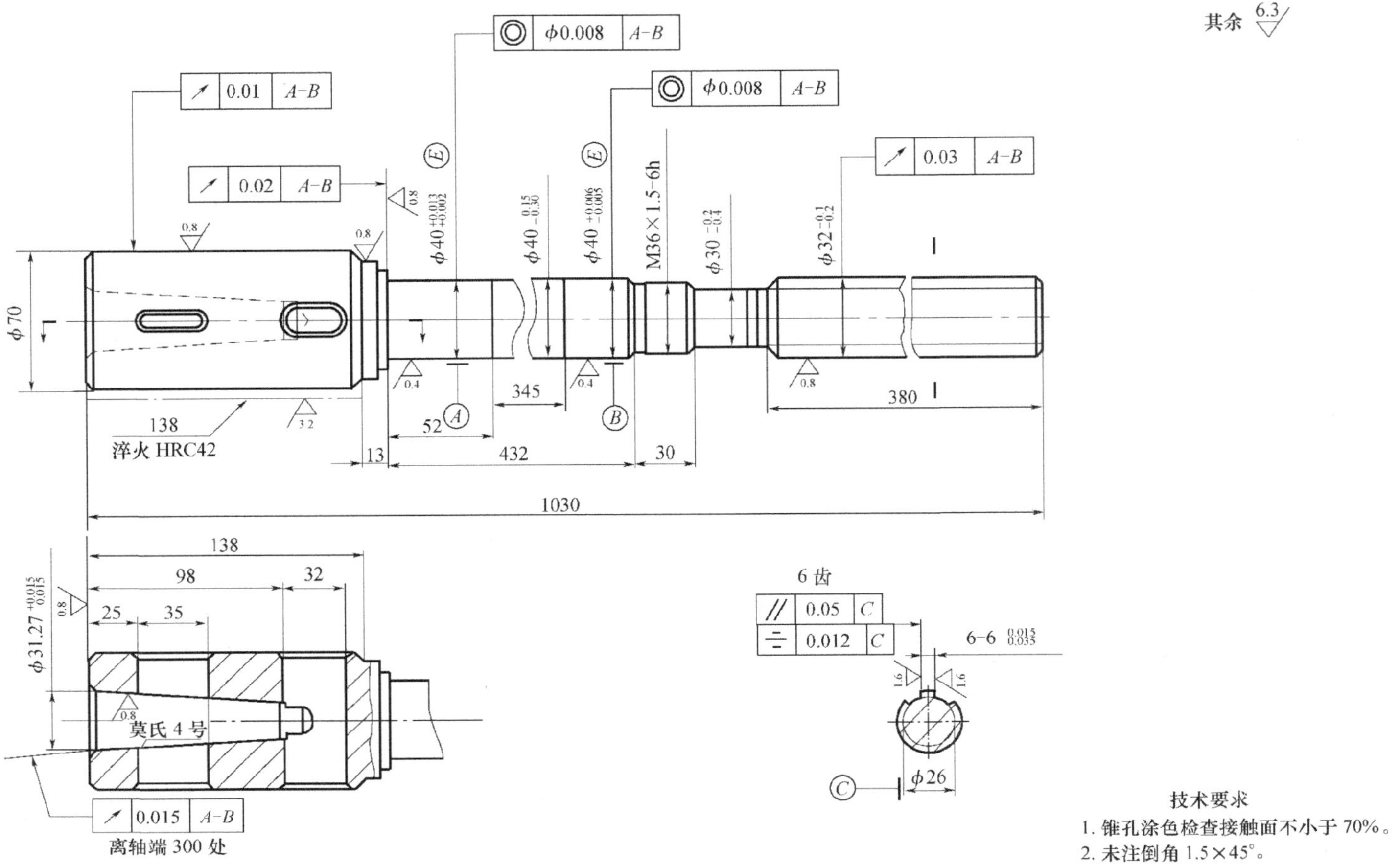

图 3-3 钻床主轴简图

表 3-3 钻床主轴工艺提示

<table>
<tr><th colspan="5">机械加工工艺过程</th><th rowspan="2">说 明</th></tr>
<tr><th>工序号</th><th>工序名称</th><th>安装</th><th>工 序 内 容</th><th>定位及夹紧</th></tr>
<tr><td>1</td><td>锻</td><td></td><td>自由锻</td><td></td><td rowspan="29">1. 该钻床主轴结构比较复杂,而且长径比很大,属于细长轴零件。所有表面的加工分为粗加工、半精加工和精加工阶段,并且工序分的很细,经过多次加工后,逐次减少了变形误差
2. 细长轴零件刚度差,一般需要使用跟刀架和中心架来增加刚性
对一批零件,为了减少中心架爪的调整时间,车出工件支撑轴颈并要保证尺寸的一致性
3. 安排足够的热处理工序,充分消除内应力,减小变形误差
4. 为了保证支承轴颈和锥孔的同轴度,加工过程中利用锥堵使外圆和锥孔的加工实现基准统一,又符合基准重合原则
5. 磨削锥孔时,用两个支撑轴颈 A、B 轴颈做定位基准,进一步提高两者的同轴度</td></tr>
<tr><td>2</td><td>热处理</td><td></td><td>正火</td><td></td></tr>
<tr><td rowspan="2">3</td><td rowspan="2">车</td><td>1</td><td>车大端面,钻顶尖孔</td><td>夹 $\phi40^{+0.013}_{+0.002}$mm 处</td></tr>
<tr><td>2</td><td>粗车大端外圆,留加工余量 5mm,车 $\phi32^{-0.1}_{-0.2}$mm 处至 $\phi40^{0}_{-0.3}$mm,长 40mm,备上中心架用</td><td>夹小端,顶大端</td></tr>
<tr><td rowspan="2">4</td><td rowspan="2">车</td><td>1</td><td>车小端面,钻顶尖孔,总长留加工余量 2mm</td><td>夹大端,托 $\phi40^{0}_{-0.3}$mm</td></tr>
<tr><td>2</td><td>粗车小端各外圆留加工余量 5mm,照顾大端 138mm 长留加工余量 2mm</td><td>夹大端,顶小端</td></tr>
<tr><td>5</td><td>热处理</td><td></td><td>调质 235HB,校直</td><td></td></tr>
<tr><td rowspan="3">6</td><td rowspan="3">车</td><td>1</td><td>半精车小端外圆 $\phi40^{+0.013}_{+0.002}$ mm 处至 $\phi37^{0}_{-0.2}$ mm 长 40mm,备上中心架用</td><td>夹大端,顶小端</td></tr>
<tr><td>2</td><td>半精车小端面,取总长留加工余量 0.5mm,修研顶尖孔</td><td>夹大端,托 $\phi40^{0}_{-0.3}$mm</td></tr>
<tr><td>3</td><td>半精车长 13mm 两端外圆,留加工余量 0.8mm</td><td>夹大端,顶小端</td></tr>
<tr><td rowspan="2">7</td><td rowspan="2">车</td><td>1</td><td>半精车 $\phi70$mm 端面和外圆,总长留加工余量 0.2mm,外圆留加工余量 1.5mm,钻孔和粗车内锥孔</td><td>夹小端,托 $\phi37^{0}_{-0.2}$mm</td></tr>
<tr><td>2</td><td>半精车小端各外圆留加工余量 1.5mm</td><td>夹大端,顶小端</td></tr>
<tr><td>8</td><td>钳</td><td></td><td>划两腰形孔线</td><td>外圆,顶尖孔</td></tr>
<tr><td>9</td><td>铣</td><td></td><td>铣两腰形孔及倒角至图纸要求</td><td>一夹,一顶,分度头</td></tr>
<tr><td>10</td><td>热处理</td><td></td><td>138mm 淬火 42HRC</td><td></td></tr>
<tr><td rowspan="2">11</td><td rowspan="2">车</td><td>1</td><td>精车小端各段外圆留磨量 0.8mm</td><td>夹大端,顶小端</td></tr>
<tr><td>2</td><td>精车 $\phi70$mm,留磨量 0.8mm</td><td>夹小端,顶大端</td></tr>
<tr><td>12</td><td>铣</td><td></td><td>粗铣花键槽,留加工余量 1mm</td><td>夹大端,顶小端</td></tr>
<tr><td>13</td><td>磨</td><td></td><td>粗磨各段外圆留磨量 0.4mm</td><td>一夹,一顶</td></tr>
<tr><td>14</td><td>磨</td><td></td><td>粗磨锥孔,留磨量 0.3mm,装锥堵</td><td>夹小端,托大端</td></tr>
<tr><td>15</td><td>车</td><td></td><td>车螺纹 M35×1.5-6h 至图纸要求</td><td>两端顶尖孔</td></tr>
<tr><td>16</td><td>铣</td><td></td><td>半精铣花键,留磨量 0.3mm</td><td>夹大端,顶小端</td></tr>
<tr><td>17</td><td>热处理</td><td></td><td>时效处理</td><td></td></tr>
<tr><td>18</td><td>磨</td><td></td><td>修研两端顶尖孔,半精磨轴各段外圆留磨量 0.2mm</td><td>两端顶尖孔</td></tr>
<tr><td>19</td><td>磨</td><td></td><td>磨花键至图纸要求</td><td>两端顶尖孔</td></tr>
<tr><td>20</td><td>磨</td><td></td><td>精磨轴各段外圆至图纸要求</td><td>两端顶尖孔</td></tr>
<tr><td>21</td><td>磨</td><td></td><td>精磨锥孔莫氏 4 号和端面至图纸要求</td><td>A、B 两基准轴颈</td></tr>
<tr><td>22</td><td>检验</td><td></td><td></td><td></td></tr>
</table>

3.2 盘套类零件工艺提示

3.2.1 液压筒

材料:HT200。生产类型:中批。

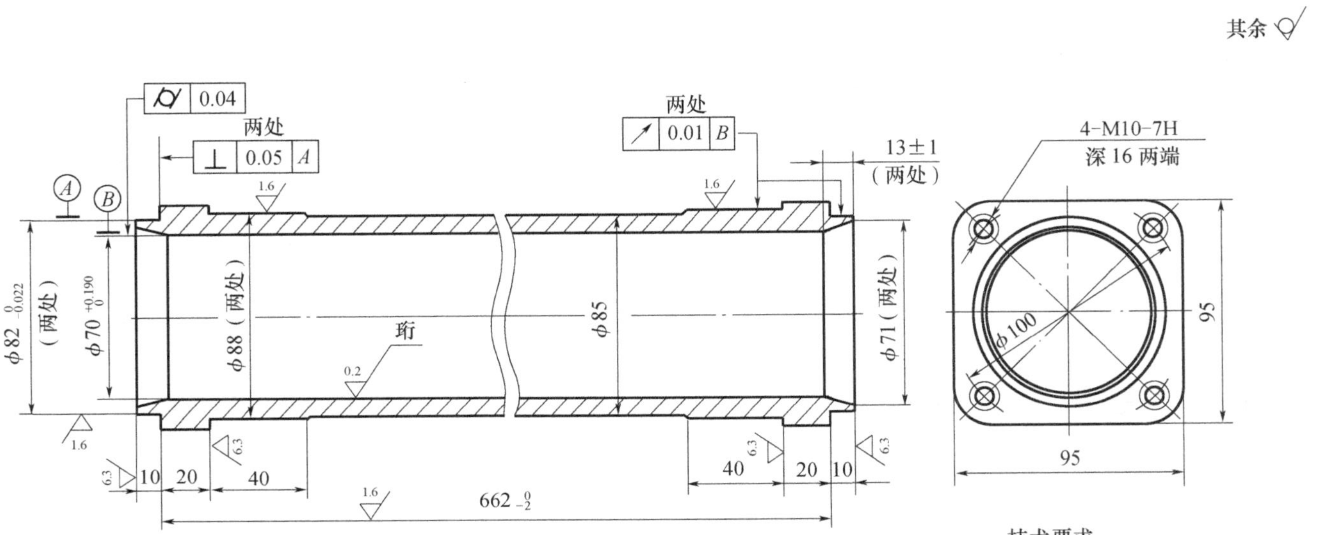

技术要求

1. 铸件不得有砂眼、裂纹等缺陷。
2. 两端 φ88 尺寸要一致，其偏差不大于 0.04。

图 3-4　液压筒简图

表3-4 液压筒工艺提示

<table>
<tr><th colspan="5">机械加工工艺过程</th><th rowspan="2">说 明</th></tr>
<tr><th>工序号</th><th>工序名称</th><th>安装</th><th>工 序 内 容</th><th>定位及夹紧</th></tr>
<tr><td>1</td><td>铸</td><td></td><td>铸造,热处理,清砂</td><td></td><td rowspan="17">1.铸铁液压筒全部加工过程划分三个阶段。工序1~3为粗加工阶段,工序4~6为半精加工阶段,工序7~9为精加工阶段；孔$\phi70_{0}^{+0.190}$mm的加工顺序为粗精镗、铰、粗精珩；外圆$\phi82_{-0.022}^{0}$mm、$\phi88$mm的加工顺序为粗车、半精车、精车
2.加工外圆$\phi88$mm两处时,工件一次安装,正、反进给将工件加工出,要求其尺寸的一致性,并为后续工序用$\phi88$mm外圆定位,达到较高的相互位置精度
3.液压筒为铸铁件,硬度和组织结构不均匀,孔$\phi70_{0}^{+0.190}$mm的精加工方法不宜采用滚压</td></tr>
<tr><td>2</td><td>车</td><td></td><td>粗车外圆$\phi88$mm两处,留加工余量3mm,车法兰两内端面</td><td>孔(梅花顶尖)</td></tr>
<tr><td rowspan="2">3</td><td rowspan="2">车</td><td>1</td><td>车端面,粗车外圆$\phi82_{-0.022}^{0}$mm,留加工余量3mm,车法兰盘一外端面</td><td rowspan="2">夹一端,托一端</td></tr>
<tr><td>2</td><td>调头:车端面至全长,车外圆$\phi82_{-0.022}^{0}$mm,留加工余量3mm,车法兰盘一外端面</td></tr>
<tr><td>4</td><td>镗</td><td></td><td>粗、精镗孔$\phi70_{0}^{+0.190}$mm,铰孔至尺寸$\phi70\pm0.02$mm,表面粗糙度$Ra1.6\mu m$</td><td>托两端</td></tr>
<tr><td>5</td><td>车</td><td></td><td>半精车外圆$\phi88$mm两处,留加工余量1.1mm,车法兰盘两内端面</td><td>孔</td></tr>
<tr><td rowspan="2">6</td><td rowspan="2">车</td><td>1</td><td>半精车外圆$\phi82_{-0.022}^{0}$mm,留加工余量1.1mm,车法兰盘一外端面</td><td rowspan="2">夹一端,托一端</td></tr>
<tr><td>2</td><td>调头:半精车外圆$\phi82_{-0.022}^{0}$mm,留加工余量1.1mm,车法兰盘一外端面</td></tr>
<tr><td>7</td><td>珩</td><td></td><td>粗、精珩孔至尺寸$\phi70_{0}^{+0.190}$mm,表面粗糙度$Ra0.20\mu m$</td><td>托两端$\phi88$mm</td></tr>
<tr><td>8</td><td>车</td><td></td><td>精车外圆$\phi88$mm两处至图纸要求</td><td>孔</td></tr>
<tr><td rowspan="2">9</td><td rowspan="2">车</td><td>1</td><td>精车外圆$\phi82_{-0.022}^{0}$mm至图纸要求,车法兰盘一外端面,表面粗糙度$Ra1.6\mu m$,车锥度至尺寸$\phi71$mm、13 ± 1mm</td><td rowspan="2">夹一端,托一端</td></tr>
<tr><td>2</td><td>调头:精车外圆$\phi82_{-0.022}^{0}$mm至图纸要求,车法兰盘一外端面,保证尺寸662_{-2}^{0}mm,表面粗糙度$Ra1.6\mu m$,车锥度至尺寸$\phi71$mm、13 ± 1mm</td></tr>
<tr><td>10</td><td>钻</td><td></td><td>钻、攻两端面上的4-M10-7H深16mm螺孔</td><td>$\phi70_{0}^{+0.190}$mm孔</td></tr>
<tr><td>11</td><td>钳</td><td></td><td>去毛刺,清理内孔</td><td></td></tr>
<tr><td>12</td><td>检验</td><td></td><td>按图纸检验,并将内孔测得尺寸记录在$\phi88$mm外圆上</td><td></td></tr>
</table>

3.2.2 钻床主轴套筒

材料:45 钢。生产类型:中批。

其余 6.3

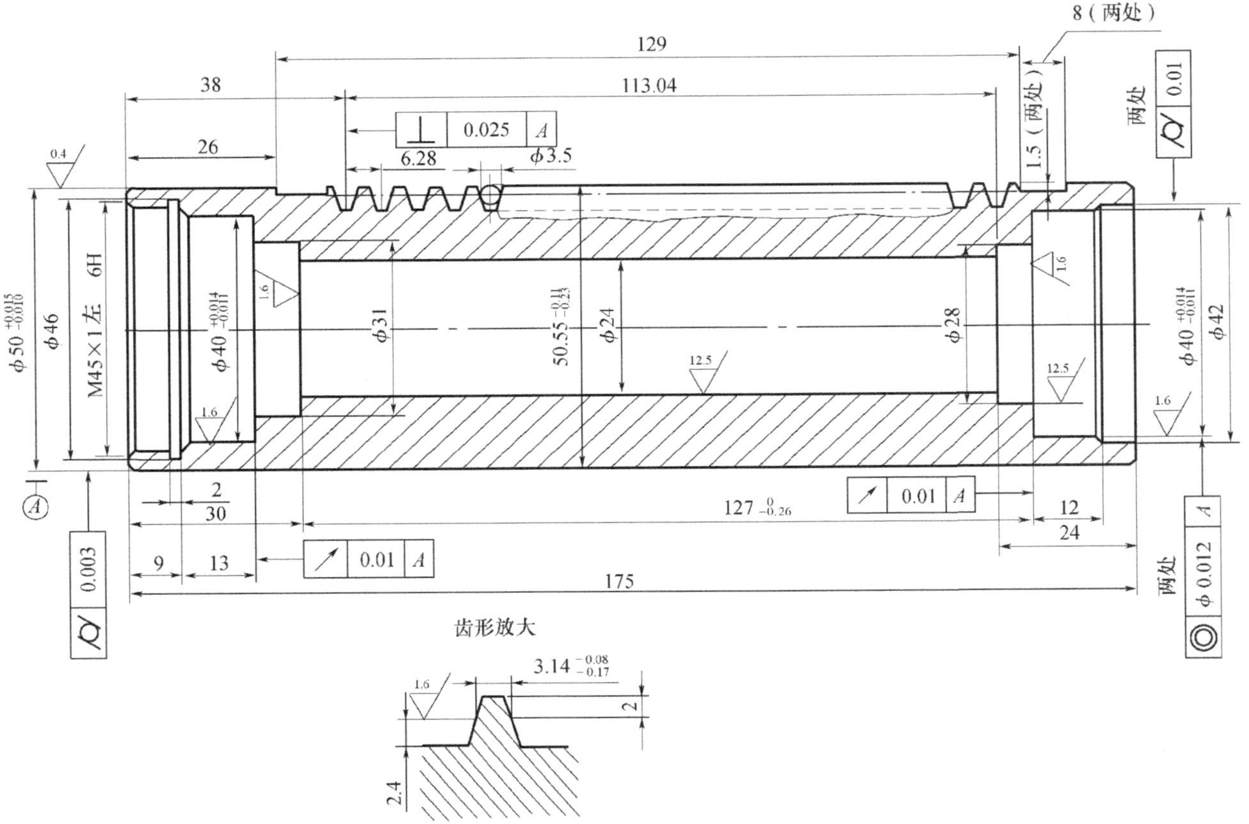

模数	2
齿数	18
压力角	20°
分度圆齿厚及偏差	3.14 $^{-0.08}_{-0.17}$
精度等级	8
调质	245HB

图 3-5 钻床主轴套筒简图

表 3-5 钻床主轴套筒工艺提示

<table>
<tr><th colspan="5">机械加工工艺过程</th><th rowspan="2">说 明</th></tr>
<tr><th>工序号</th><th>工序名称</th><th>安装</th><th>工 序 内 容</th><th>定位及夹紧</th></tr>
<tr><td>1</td><td>备料</td><td></td><td>ϕ55mm×180mm</td><td></td><td rowspan="19">1. 该套筒零件有两次热处理工序，将工艺路线分为三个阶段：调质以前为粗加工阶段；时效处理以前为次要表面半精加工阶段；时效以后为精加工阶段
2. 2×60°倒角备工艺用，粗、精磨外圆$\phi50^{+0.015}_{-0.010}$mm都以它定位，即顶夹两端倒角(专用心轴)
3. 套筒零件两端$\phi40^{+0.014}_{-0.011}$mm孔由于结构限制，不宜采用磨削，最终以精磨后的外圆定位，精车孔，保证图纸要求
4. 每个加工阶段，都贯彻了“基准先行”原则，例如工序5、6、13
5. 该套筒精度较高，形状结构较复杂，为获得良好的综合力学性能，需消除应力，稳定组织、性能和尺寸，相关热处理工序安排了调质和低温时效处理</td></tr>
<tr><td>2</td><td>车</td><td></td><td>钻深孔ϕ24mm孔至尺寸</td><td>夹外圆</td></tr>
<tr><td>3</td><td>车</td><td></td><td>粗车外圆ϕ50mm，留加工余量2mm</td><td>孔(两端顶尖)</td></tr>
<tr><td>4</td><td>热处理</td><td></td><td>调质HB245</td><td></td></tr>
<tr><td>5</td><td>车</td><td></td><td>精车外圆ϕ50mm留磨量0.5mm</td><td>孔(两端顶尖)</td></tr>
<tr><td rowspan="2">6</td><td rowspan="2">车</td><td>1</td><td>车端面，车孔ϕ42至尺寸，车ϕ40mm孔(留加工余量1mm)，车ϕ28mm至图纸尺寸并孔口倒角2×60°(工艺用)</td><td rowspan="2">外圆</td></tr>
<tr><td>2</td><td>调头，车端面，保证尺寸175mm，车孔ϕ40(留加工余量1mm)，切槽ϕ46mm×2mm，车螺纹M45×1左-6H至图纸要求，倒角，车孔ϕ31mm至图纸要求并孔口倒角2×60°(工艺用)</td></tr>
<tr><td>7</td><td>检验</td><td></td><td></td><td></td></tr>
<tr><td>8</td><td>磨</td><td></td><td>粗磨外圆ϕ50mm，留加工余量0.2mm</td><td>2×60°两处</td></tr>
<tr><td>9</td><td>铣</td><td></td><td>铣齿</td><td>外圆，端面</td></tr>
<tr><td>10</td><td>铣</td><td></td><td>铣槽两处至尺寸8mm、1.5mm</td><td>外圆，齿槽</td></tr>
<tr><td>11</td><td>检验</td><td></td><td></td><td></td></tr>
<tr><td>12</td><td>热处理</td><td></td><td>低温时效</td><td></td></tr>
<tr><td>13</td><td>钳</td><td></td><td>修研两端孔口，倒角</td><td></td></tr>
<tr><td>14</td><td>磨</td><td></td><td>精磨外圆ϕ50mm至图纸要求</td><td>2×60°两处</td></tr>
<tr><td>15</td><td>检验</td><td></td><td></td><td></td></tr>
<tr><td rowspan="2">16</td><td rowspan="2">车</td><td>1</td><td>精车孔ϕ40mm及孔端面至图纸要求(应把工艺倒角去掉)，孔口倒角</td><td rowspan="2">外圆</td></tr>
<tr><td>2</td><td>调头，精车ϕ40mm及孔ϕ31mm端面至图纸要求(应把工艺倒角去掉)，孔口倒角</td></tr>
<tr><td>17</td><td>检验</td><td></td><td>总检，入库</td><td></td></tr>
</table>

3.2.3 弹簧套筒

材料:60Si2MnA。生产类型:小批。

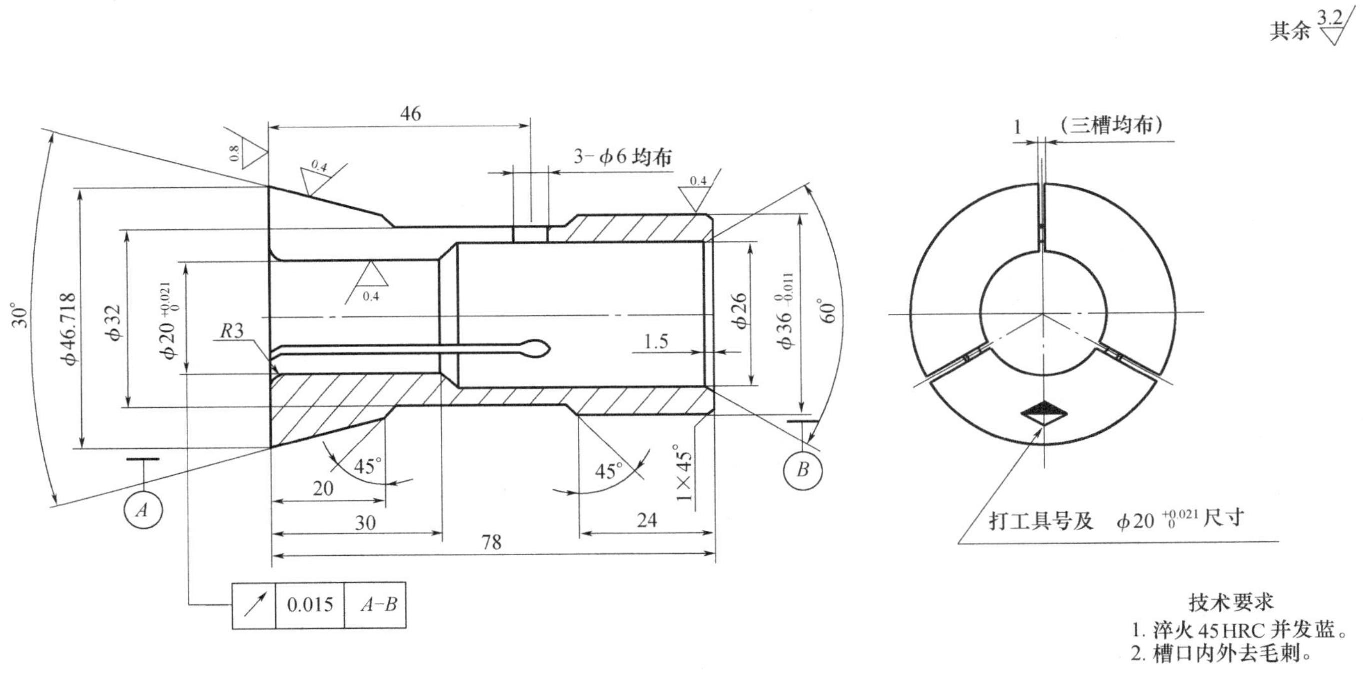

图 3-6 弹簧套筒简图

表 3-6　弹簧套筒工艺提示

机械加工工艺过程					说明
工序号	工序名称	安装	工序内容	定位及夹紧	
1	备料		ϕ50mm×80mm 圆钢		1. 该零件属单件，小批生产，工序较集中，并采用通常设备和工装 2. 工序 8 为工序 9、工序 10 准备较正确的定位基准，工序 11 磨 $\phi20^{+0.021}_{0}$mm 孔时，夹外圆 $\phi36^{0}_{-0.011}$ mm，并控制径跳及大端端面跳动 0.006mm，从而保证图纸上的径跳要求；工序 10 磨出大端端面备找正用 3. 工序 5 铣宽度 1mm 的 3 个均布槽时，不铣通，以免热处理以及磨外圆时变形大，最后安排工序 13 割开三条槽 工序 5 也可不要，最后安排磨工序一次装夹割开三条均布槽 4. 当批量较大时，淬火后的工序也可为：以外圆定位磨孔，再以孔定位(上芯轴)，磨外圆、锥圆
2	车	1	车端面，钻、扩孔 $\phi20^{+0.021}_{0}$ mm(留磨量 0.5mm)，扩孔 ϕ26mm 至图纸尺寸，保证尺寸 30mm，车外圆 $\phi36^{0}_{-0.011}$ mm(留磨量 0.4mm)，车外圆 ϕ32mm 至图纸尺寸，倒角 45°两处，保证尺寸 20mm、24mm，孔口倒角 1.5×60°	外圆	
		2	调头：车端面，保证尺寸 78mm，车外锥面(留磨量 0.4mm)，孔口倒角 1.5×60°（工艺用）	$\phi36^{0}_{-0.011}$ mm 外圆及端面	
3	钳		划 3-ϕ6mm 孔中心线，保证尺寸 46mm		
4	钻		钻 3-ϕ6mm 孔	$\phi36^{0}_{-0.011}$ mm 外圆	
5	铣		铣宽度为 1mm 的三个均布槽至 $\phi20^{+0.021}_{0}$ mm，孔端面留 4mm~5mm 不铣通	$\phi36^{0}_{-0.011}$ mm 外圆	
6	钳		去毛刺，打工具号及 $\phi20^{+0.021}_{0}$ mm 尺寸(字深 0.3mm)		
7	热处理		淬火，硬度 45HRC，发蓝		
8	研		两端孔口倒角 1.5×60°(其中一端为工艺用)		
9	磨		磨外圆 $\phi36^{0}_{-0.011}$ mm 至图纸尺寸，表面粗糙度 Ra0.40μm	两端 1.5×60°	
10	磨		磨外锥面至图纸尺寸，表面粗糙度 Ra0.40μm 磨大端端面去打字毛刺，表面粗糙度 Ra0.8μm	两端 1.5×60°	
11	磨		磨孔 $\phi20^{+0.021}_{0}$ mm 至图纸尺寸，表面粗糙度 Ra0.40μm	$\phi36^{0}_{-0.011}$ mm 外圆	
12	钳		在车床上用油石倒圆 $\phi20^{+0.021}_{0}$ mm 孔口至尺寸 R3mm		
13	磨		割开宽度为 1mm 的三条均布槽	$\phi36^{0}_{-0.011}$ mm 外圆	
14	检验		总检，入库		

3.3 箱体类零件工艺提示

3.3.1 减速箱体

材料:HT150。生产类型:小批。

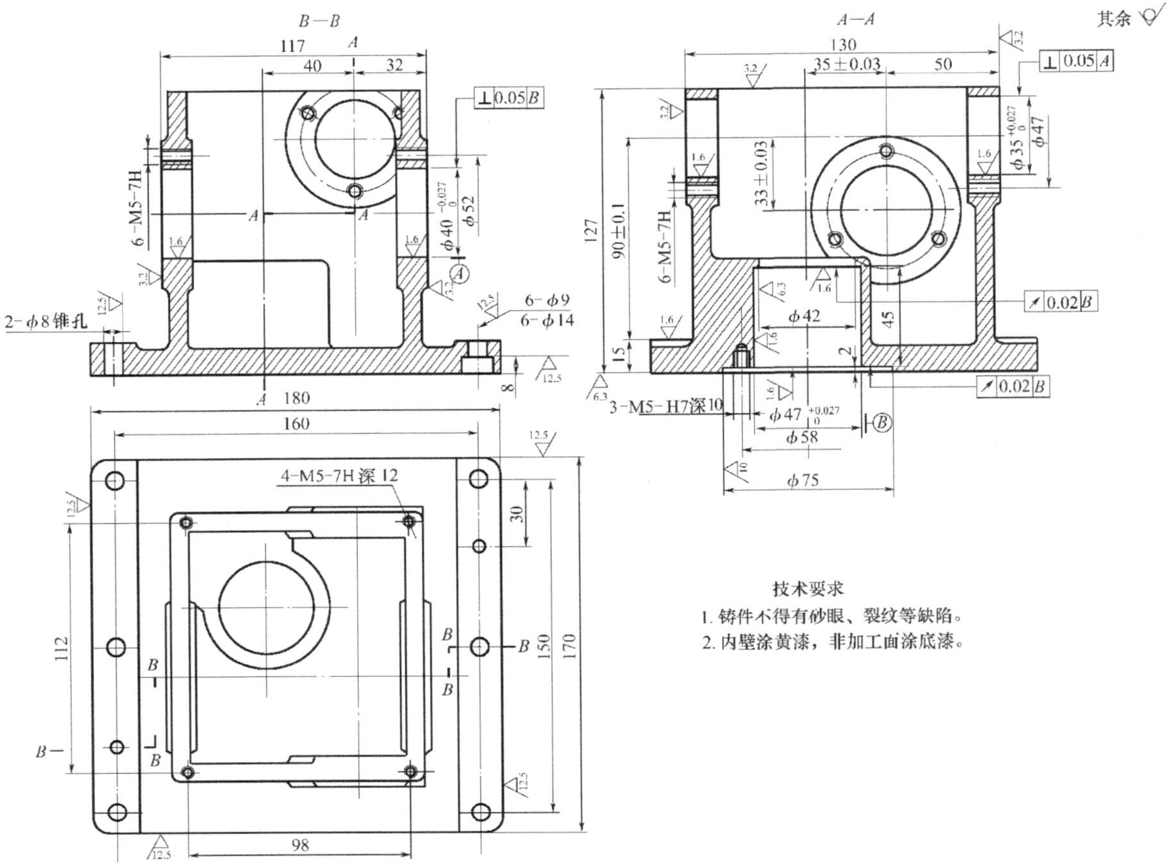

图 3-7 减速箱体简图

表 3-7 减速箱体工艺提示

<table>
<tr><th colspan="5">机械加工工艺过程</th><th rowspan="2">说 明</th></tr>
<tr><th>工序号</th><th>工序名称</th><th>安装</th><th>工 序 内 容</th><th>定位及夹紧</th></tr>
<tr><td>1</td><td>铸</td><td></td><td></td><td></td><td rowspan="17">1. 该零件为精密镗床的减速箱体，小批量生产，各工序均在通用机床上加工，因为生产批量不大，各平面加工前进行划线，划线以顶面及两主要孔为基准，应使各加工面有足够的加工余量；保证零件加工表面的匀称性
2. $\phi35^{+0.027}_{0}$ mm、$\phi40^{+0.027}_{0}$ mm 及 $\phi47^{+0.027}_{0}$ mm 三孔的精度要求高，又有相互垂直度要求，为提高生产效率和保证质量，使用夹具安装。该箱体孔的设计基准与装配基准为底座的高 15mm，表面粗糙度 $Ra1.6\mu m$ 的台面，若选用该台面为工艺基准，安装和测量不方便，故改选用底面为工艺基准，并提高加工精度为 15mm ± 0.03mm，底面粗糙度 $Ra1.6\mu m$，以便保证尺寸 90mm±0.1mm</td></tr>
<tr><td>2</td><td>清理</td><td></td><td>清除浇冒口、型砂、飞边、毛刺等</td><td></td></tr>
<tr><td>3</td><td>热处理</td><td></td><td>时效</td><td></td></tr>
<tr><td>4</td><td>油漆</td><td></td><td>内壁涂黄漆，非加工表面涂底漆</td><td></td></tr>
<tr><td>5</td><td>钳</td><td></td><td>划各外表面加工线</td><td>顶面及两主要孔</td></tr>
<tr><td>6</td><td>铣</td><td></td><td>粗、精铣底面，表面粗糙度 $Ra1.6\mu m$（工艺用）</td><td>顶面按线找正</td></tr>
<tr><td>7</td><td>铣</td><td></td><td>粗、精铣顶面，高 127mm，表面粗糙度 $Ra3.2\mu m$</td><td>底面</td></tr>
<tr><td>8</td><td>铣</td><td></td><td>铣底座四侧面 180mm×170mm（工艺用），表面粗糙度 $Ra12.5\mu m$</td><td>顶面并校正</td></tr>
<tr><td>9</td><td>铣</td><td></td><td>粗铣四侧凸缘端面，各端面均留加工余量 0.5mm；铣底座两侧上平面，高 15mm 至 15±0.03mm（工艺用）表面粗糙度 $Ra1.6\mu m$</td><td>底面及一侧面</td></tr>
<tr><td>10</td><td>镗</td><td></td><td>粗、精镗孔 $\phi47^{+0.027}_{0}$ mm，镗 $\phi42$mm，镗 $\phi75$mm 孔并刮端面至图纸要求</td><td>高 15mm 台面及一侧面</td></tr>
<tr><td>11</td><td>镗</td><td></td><td>粗、精镗孔 $\phi35^{+0.027}_{0}$ mm 两孔并刮端面，保证尺寸 130mm 至图纸要求</td><td>底面，$\phi47^{+0.027}_{0}$ mm 孔及一侧面</td></tr>
<tr><td>12</td><td>镗</td><td></td><td>粗、精镗孔 $\phi40^{+0.027}_{0}$ mm 两孔并刮端面，保证尺寸 117mm 至图纸要求</td><td></td></tr>
<tr><td>13</td><td>钻</td><td></td><td>钻 6-$\phi9$mm 孔，锪 6-$\phi14$mm 孔</td><td>顶面</td></tr>
<tr><td>14</td><td>钻</td><td></td><td>钻各面 M5-7H 小径孔</td><td>底面、顶面、侧面</td></tr>
<tr><td>15</td><td>钳</td><td></td><td>攻各面 M5-7H 螺纹</td><td>底面、顶面、侧面</td></tr>
<tr><td>16</td><td>钳</td><td></td><td>修底面四角锐边及去毛刺</td><td></td></tr>
<tr><td>17</td><td>检验</td><td></td><td></td><td></td></tr>
</table>

3.3.2 滑座体

材料:HT200。生产类型:小批。

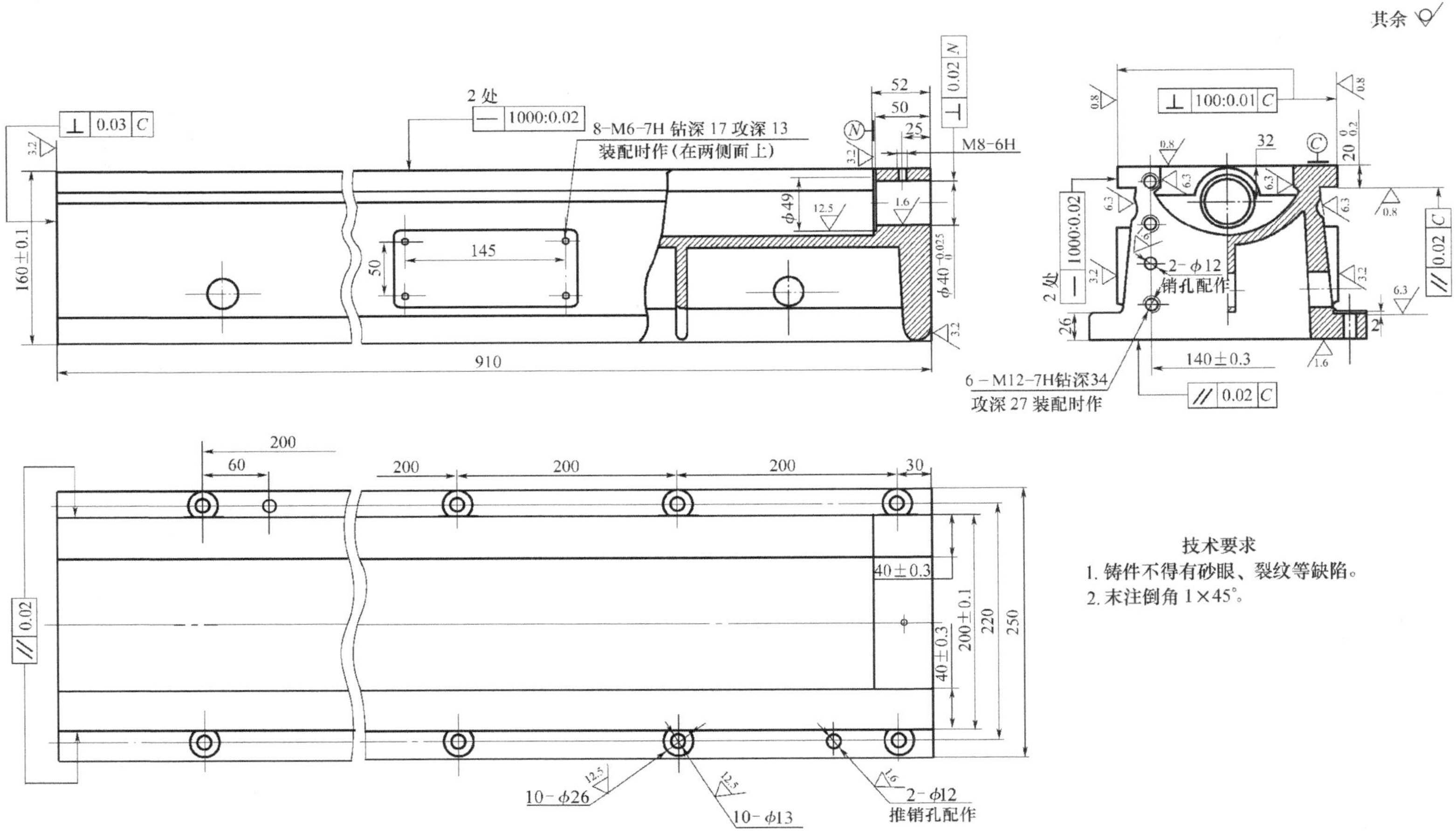

图 3-8 滑座体简图

表 3-8 滑座体工艺提示

<table>
<tr><th colspan="5">机械加工工艺过程</th><th rowspan="2">说 明</th></tr>
<tr><th>工序号</th><th>工序名称</th><th>安装</th><th>工 序 内 容</th><th>定位及夹紧</th></tr>
<tr><td>1</td><td>铸</td><td></td><td></td><td></td><td rowspan="17">1. 该零件为机械式滑台的滑座体，小批量生产。零件刚性差易变形，轨道精度要求高，所以工艺过程分为粗、半精和精加工 3 个阶段
2. 粗加工后进行时效处理，以消除内应力的影响，所以不加工面涂底漆，工序不能放在机械加工前进行，而是放在粗加工阶段和时效处理以后进行
3. 为使导轨表面硬度均匀且又耐磨，故粗加工底面时以轨道面为粗基准。而在加工导轨面及孔表面时，以底面为精基准，使加工导轨面时的加工余量小而均匀，既保证轨道在加工后的耐磨性，又有利于保证导轨面与底面的尺寸精度和平行度。同时符合基准统一原则，有利于保证位置精度</td></tr>
<tr><td>2</td><td>清理</td><td></td><td>清除浇冒口、型砂、飞边、毛刺等</td><td></td></tr>
<tr><td>3</td><td>钳</td><td></td><td>划两轨道面和肩面加工线</td><td>导轨面</td></tr>
<tr><td>4</td><td>刨</td><td></td><td>粗刨底面，留加工余量 0.5mm 表面粗糙度 $Ra12.5\mu m$</td><td>导轨顶面并按线找正</td></tr>
<tr><td>5</td><td>铣</td><td></td><td>粗铣两轨道顶面及两外侧面，表面粗糙度 $Ra6.3\mu m$，各面均留加工余量 0.5mm，铣两轨道面内侧至图纸要求</td><td>导轨顶面并按线找正</td></tr>
<tr><td>6</td><td>铣</td><td></td><td>粗铣两轨道下滑面并铣与其垂直的两平面，两轨道下滑面均留加工余量 0.5mm，表面粗糙度 $Ra12.5\mu m$，两垂直平面加工至图纸要求</td><td>导轨顶面并按线找正</td></tr>
<tr><td>7</td><td>热处理</td><td></td><td>时效</td><td></td></tr>
<tr><td>8</td><td>油漆</td><td></td><td>不加工面涂漆</td><td></td></tr>
<tr><td>9</td><td>刨</td><td></td><td>半精刨底面及两轨道下滑面，均留磨量 0.15mm，表面粗糙度 $Ra3.2\mu m$</td><td>导轨顶面及一侧面</td></tr>
<tr><td>10</td><td>刨</td><td></td><td>半精刨两轨道顶面及外侧面，留磨量 0.15mm，粗糙度 Ra 值 $3.2\mu m$，刨 1×45°倒角</td><td>底面及一侧面</td></tr>
<tr><td>11</td><td>铣</td><td></td><td>铣左右两端面，倒角 1×45°，铣前后两凸框平面均至图纸要求</td><td>底面及一侧面</td></tr>
<tr><td>12</td><td>镗</td><td></td><td>镗 $\phi40^{+0.025}_{0}$ mm 孔和锪 $\phi49$mm 孔均至图纸要求</td><td>底面及一侧面</td></tr>
<tr><td>13</td><td>钻</td><td></td><td>钻 10-$\phi13$mm 孔并锪 10-$\phi26$mm 均至图纸要求</td><td>底面及一侧面</td></tr>
<tr><td>14</td><td>钻</td><td></td><td>钻 M8-6H 螺纹孔小径，并攻螺纹</td><td>底面</td></tr>
<tr><td>15</td><td>磨</td><td></td><td>磨底面至图纸要求</td><td>导轨面</td></tr>
<tr><td>16</td><td>磨</td><td></td><td>磨两轨道顶面，下面及外侧均至图纸要求</td><td>底面、侧面</td></tr>
<tr><td>17</td><td>检验</td><td></td><td></td><td></td></tr>
</table>

3.3.3 减速箱

材料:HT150。生产类型:中批。

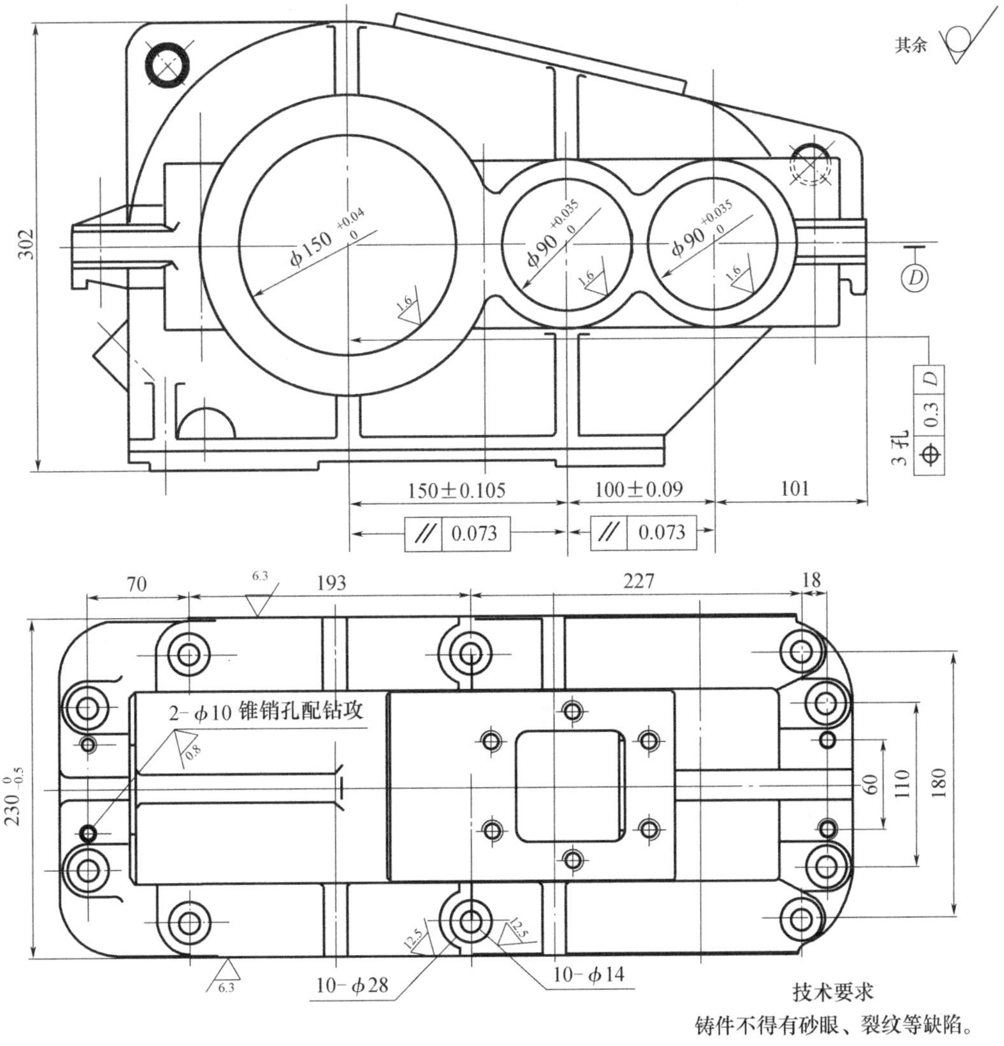

图 3-9 减速箱简图

表 3-9 减速箱工艺提示

机械加工工艺过程					说明
工序号	工序名称	安装	工序内容	定位及夹紧	
1	钳		将箱盖、底座对准合拢并夹紧,钻、铰 2-ϕ10mm 锥销孔,打入锥销		1.将经过部分加工的箱盖和底座装合好,主要加工轴承孔和端面,选用底面为主要定位基准,有利于保证轴承孔中心线与对合面的重合
2	钻		钻 10-ϕ14mm 孔并锪 10-ϕ28mm 孔(与盖配钻)	底面	
3	钳		拆箱:将箱盖与底座打开,清除对合面上的毛刺和切屑;再合拢箱体,打入锥销,拧紧 6 只 M12-7h 螺栓		

(续)

机械加工工艺过程					说　明
工序号	工序名称	安装	工 序 内 容	定位及夹紧	
4	铣		铣两端面，表面粗糙度 $Ra6.3\mu m$，保证尺寸 $230_{-0.5}^{0}mm$	底面及 2-$\phi10mm$ 锥销孔	精度和对底面尺寸精度；保证轴承的径向装配；箱盖和底座以锥销定位，以保证箱体拆装后的重复精度。所以锥销孔加工安排在工序 1 2. 因为整个箱体壁薄，结构较复杂，容易变形，因此在装合夹紧时，夹紧力大小、位置要适当，使整个对合面受力均匀，以免引起变形。再者，箱盖与底座装合时要将对合面清除干净，以免影响精度
5	镗		粗镗孔系 $\phi150_{0}^{+0.04}mm$ 孔至 $\phi149_{-0.1}^{0}mm$，表面粗糙度 $Ra6.3\mu m$，粗镗孔系 $\phi90_{0}^{+0.035}mm$ 孔（两个）至 $\phi89_{-0.1}^{0}mm$，表面粗糙度 $Ra6.3\mu m$	底面及 2-$\phi10mm$ 锥销孔	
6	镗		精镗孔系 $\phi150_{0}^{+0.04}mm$ 和 $\phi90_{0}^{+0.035}$ 孔至图纸要求，6 处切卡簧槽（见零件图）	底面及 2-$\phi10mm$ 锥销孔	
7	钳		拆开箱体，清除毛刺和切屑		
8	检验				

3.4　拨叉工艺提示

3.4.1　连接叉

材料：A3。生产类型：小批。

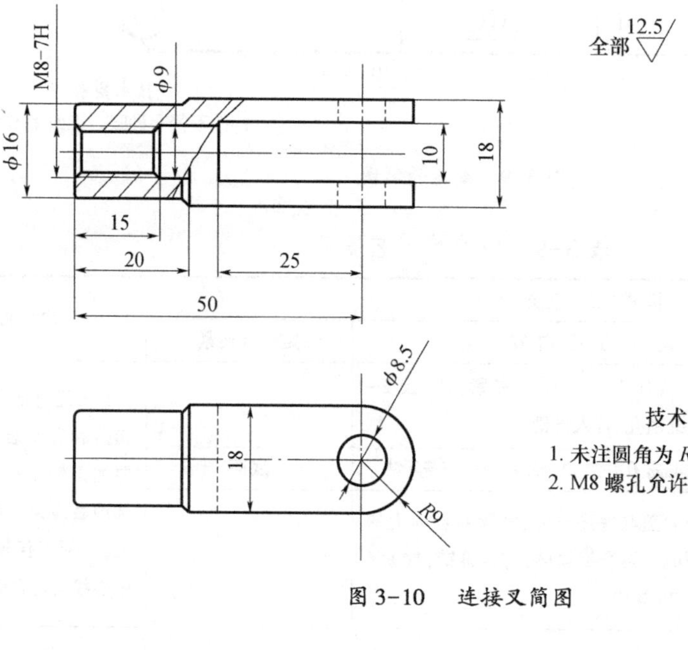

技术要求

1. 未注圆角为 $R1$，未注倒角为 $1.5\times45^{\circ}$。
2. M8 螺孔允许攻丝到底。

图 3-10　连接叉简图

表 3-10 连接叉工艺提示

机械加工工艺过程					说 明
工序号	工序名称	安装	工 序 内 容	定位及夹紧	
1	备料		18mm×630mm 方料，切成每个长 $60_{-0.5}^{0}$mm		
2	车		车 ϕ16mm 外圆、端面，倒角 1.5×45°，钻 M8-7H 螺纹孔的小径，攻螺纹	18mm×18mm	
3	铣		铣 R9mm 圆弧	18mm×18mm	
4	钻		钻 ϕ8.5mm 孔至尺寸	R9mm，18mm×18mm	
5	铣		铣叉口处至尺寸	18mm×18mm	
6	钻		钻 ϕ9mm 孔至尺寸	ϕ16mm 及端面	
7	钳		去各部毛刺		
8	清洗				
9	检验				

3.4.2 汽车拨叉

材料：20 号钢。生产类型：大量。

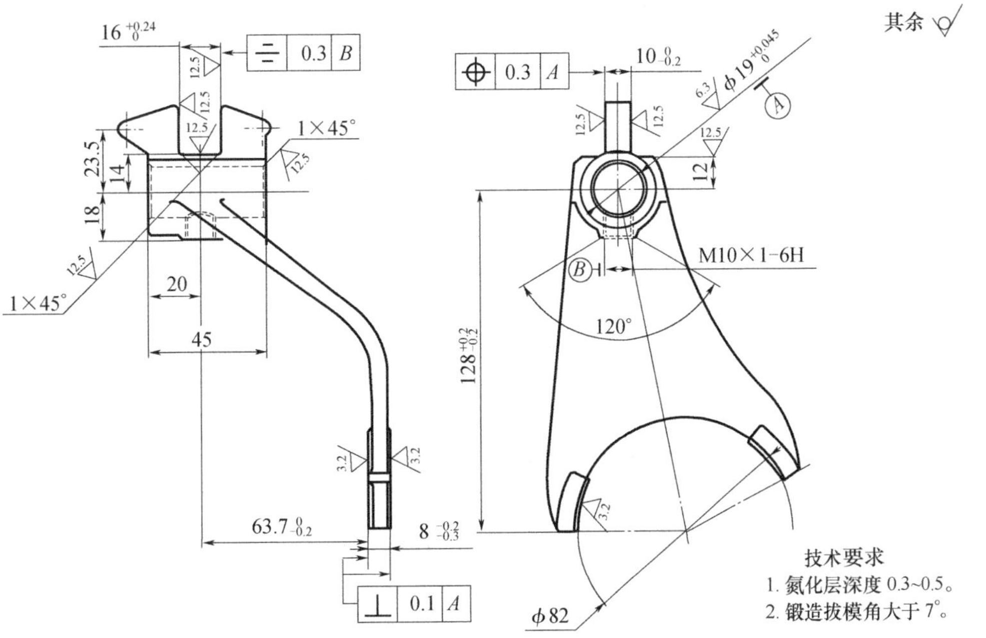

图 3-11 汽车拨叉简图

表 3-11　汽车拨叉工艺提示

<table>
<tr><th colspan="5">机械加工工艺过程</th><th rowspan="2">说　明</th></tr>
<tr><th>工序号</th><th>工序名称</th><th>安装</th><th>工 序 内 容</th><th>定位及夹紧</th></tr>
<tr><td>1</td><td>锻</td><td></td><td>模锻</td><td></td><td rowspan="18">1. 图示零件是大量生产的拨叉，采用模锻，如是单件小批量生产可采用自由锻
2. 凸块、槽及叉爪等处的位置度都对 $\phi19^{+0.045}_{0}$ mm 有要求。采用 $\phi19^{+0.045}_{0}$ mm 孔及叉爪处作为基准，容易保证技术要求</td></tr>
<tr><td>2</td><td>清理</td><td></td><td>喷丸</td><td></td></tr>
<tr><td>3</td><td>钻</td><td></td><td>钻 $\phi19^{+0.045}_{0}$ mm 孔至 $\phi18$ mm</td><td>45mm 右端面</td></tr>
<tr><td>4</td><td>钻</td><td></td><td>在 $\phi18$ mm 孔的两端倒角 1.5×45°</td><td></td></tr>
<tr><td>5</td><td>拉</td><td></td><td>拉 $\phi19^{+0.045}_{0}$ mm 孔至图纸尺寸</td><td>45mm 右端面</td></tr>
<tr><td>6</td><td>钳</td><td></td><td>校正叉爪</td><td>$\phi19^{+0.045}_{0}$ mm 及一端面</td></tr>
<tr><td>7</td><td>铣</td><td></td><td>铣叉爪两面，保持厚度为 $8^{-0.2}_{-0.3}$ mm 与 $\phi19^{+0.045}_{0}$ mm 孔垂直度 0.1mm</td><td>$\phi19^{+0.045}_{0}$ mm 及一端面</td></tr>
<tr><td>8</td><td>铣</td><td></td><td>铣叉口圆弧 $\phi82$ mm，倒角，至图纸要求</td><td>$\phi19^{+0.045}_{0}$ mm 及叉爪外侧</td></tr>
<tr><td>9</td><td>铣</td><td></td><td>铣顶部凸块至尺寸 $10^{0}_{-0.2}$ mm，保持尺寸 12mm</td><td>$\phi19^{+0.045}_{0}$ mm 及叉爪内侧</td></tr>
<tr><td>10</td><td>铣</td><td></td><td>铣 $16^{+0.24}_{0}$ mm 槽，在槽底转角处形成倒角 1×45°</td><td>$\phi19^{+0.045}_{0}$ mm，端面</td></tr>
<tr><td>11</td><td>钳</td><td></td><td>去尖角，毛刺</td><td>叉爪内侧</td></tr>
<tr><td>12</td><td>清洗</td><td></td><td></td><td></td></tr>
<tr><td>13</td><td>检验</td><td></td><td></td><td></td></tr>
<tr><td>14</td><td>热处理</td><td></td><td>氮化层深度 0.5mm~0.3mm</td><td></td></tr>
<tr><td>15</td><td>钻</td><td></td><td>钻 M10×1-6H 螺纹孔的小径，锪 120°锥孔，攻 M10×1-6H 螺纹</td><td>$\phi19^{+0.045}_{0}$ mm 及叉爪内侧</td></tr>
<tr><td>16</td><td>钳</td><td></td><td>铰去 $\phi19^{+0.045}_{0}$ mm 孔内的毛刺</td><td></td></tr>
<tr><td>17</td><td>钳</td><td></td><td>校正叉爪，保持叉爪平面到螺纹孔中心为 $63.7^{0}_{-0.2}$ mm，叉爪两平面对 $\phi19^{+0.045}_{0}$ mm 孔的垂直度 0. 1mm</td><td></td></tr>
<tr><td>18</td><td>检验</td><td></td><td></td><td></td></tr>
</table>

3.5 齿轮工艺提示

3.5.1 传动齿轮

材料:20CrMnTi。生产类型:大量。

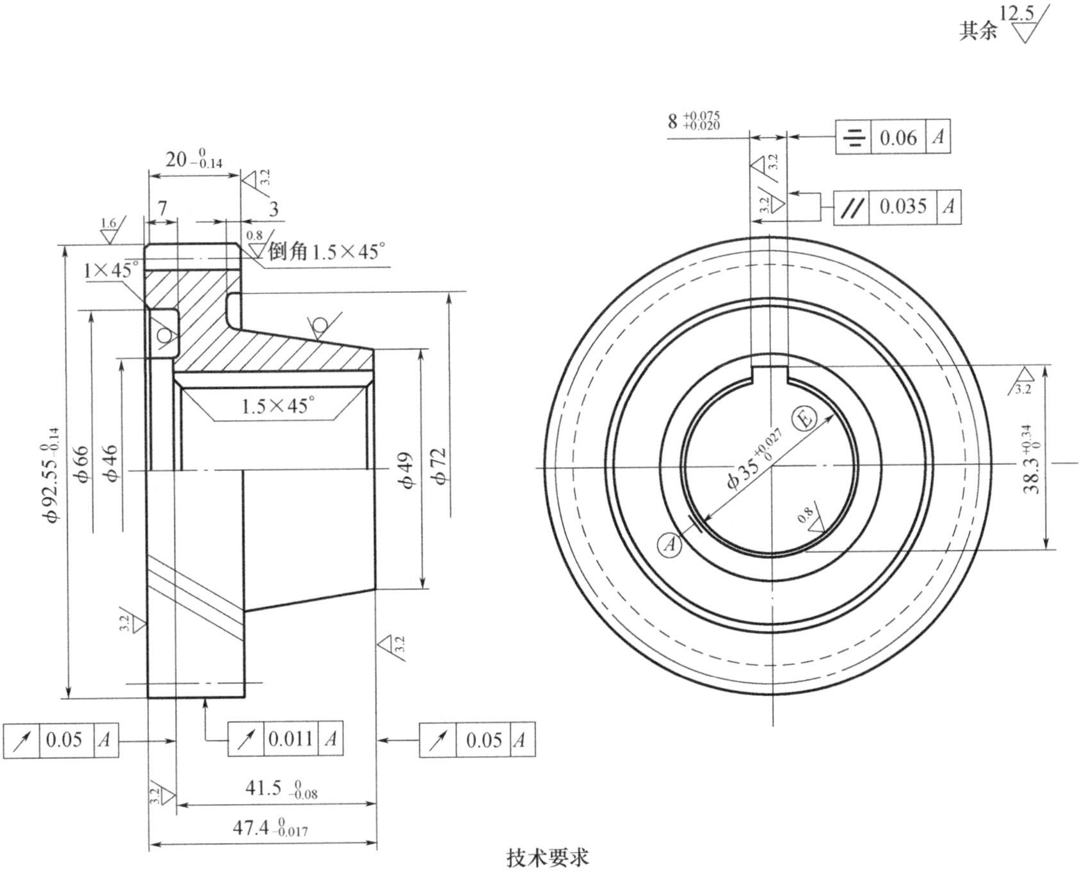

技术要求

1. 表面渗碳层深度为 0.6~1.0。
2. 表面淬硬度 58~64HRC。
3. 齿心部硬度 33~48HRC。

齿 轮 参 数		齿 轮 参 数	
齿数	30	分度圆法向齿厚	$4.24^{-0.044}_{-0.096}$
法向模数	2.5	公法线长度变动公差	0.028
法向齿形角	15°	齿圈径向跳动公差	0.05
分度圆上螺旋角	30°	切向一齿综合公差	0.015
螺旋方向	右	齿向公差	0.016
变位系数	0.234	齿轮精度等级	7F GB 1009—1988

图 3-12 传动齿轮简图

表 3-12 传动齿轮工艺提示

机械加工工艺过程					说明
工序号	工序名称	安装	工序内容	定位及夹紧	
1	锻		模锻		1.该零件是汽车变速箱的齿轮，其机械加工过程分为齿坯和齿形加工两大部分。对7级淬火齿轮，其齿形加工一般采用滚、剃、齿圈高频淬火、珩齿等工艺过程，方可达到精度要求 2. 零件内孔 $\phi35^{+0.027}_{0}$ mm，两端面是装配基准且端面跳动要求较高，应该以它作为定位基准。但因其面积小，定位不稳定，故滚齿时改用齿圈端面定位，这样刚性好，便于保证加工精度 3. 本零件热处理采用整体渗碳淬火，其内孔键槽拉削宜在热处理前进行，否则键槽无法拉削。虽然热处理时会引起内孔变形，但因该零件孔径较小，轮毂较长，变形较小，仍可达到加工精度。而孔径大，轮壁薄的齿轮，因其变形大，故键槽宜热处理后加工。为此内孔应予保护不渗碳或切除渗碳层后淬火使内孔硬度降低，便于拉键槽。一般不需渗碳的齿轮键槽宜在淬火后加工，以减少齿面淬火时引起内孔变形
2	热处理		正火		
3	检验				
4	车		粗车小端面；粗车内孔 $\phi35^{+0.027}_{0}$ mm 至 $\phi32\text{mm}\pm0.2\text{mm}$，并孔口倒角 $1\times45^\circ\sim3\times45^\circ$	大外圆及大端面	
5	拉		粗拉内孔 $\phi35^{+0.027}_{0}$ mm 处至 $\phi34^{+0.17}_{0}$ mm，表面粗糙度 $Ra6.3\mu m$	小端面及内孔	
6	拉		精拉内孔 $\phi35^{+0.027}_{0}$ mm 处至 $\phi34.7^{+0.05}_{+0.028}$ mm，表面粗糙度 $Ra3.2\mu m$	小端面及内孔	
7	车	1	精车外圆 $\phi92.55^{\ 0}_{-0.14}$ mm 及 $20^{\ 0}_{-0.14}$ mm、$47.4^{\ 0}_{-0.017}$ mm 的三个端面至图纸要求	内孔及左内端面	
		2	精车左内端面至 $41.5^{\ 0}_{-0.08}$ mm，表面粗糙度 $Ra3.2\mu m$，并孔口倒角 $1.5\times45^\circ$	内孔及小端面	
8	检验		齿坯检验		
9	滚齿		滚齿至公法线平均长度及偏差为 $27.53^{\ 0}_{-0.03}$ mm	内孔及大端面	
10	剃齿		剃齿至公法线平均长度及偏差为 $27.42^{\ 0}_{-0.03}$ mm	内孔及端面	
11	拉		拉键槽至图纸要求	内孔及端面	
12	热处理		渗碳、淬火、回火 58HRC～64HRC		
13	磨		粗精磨内孔 $\phi35^{+0.027}_{0}$ mm 至图纸要求	分度圆	
14	珩齿		珩齿至图纸要求	内孔及端面	
15	清洗				
16	检验				
17	入库				

3.5.2 三联齿轮

材料:40Cr。生产类型:大批。

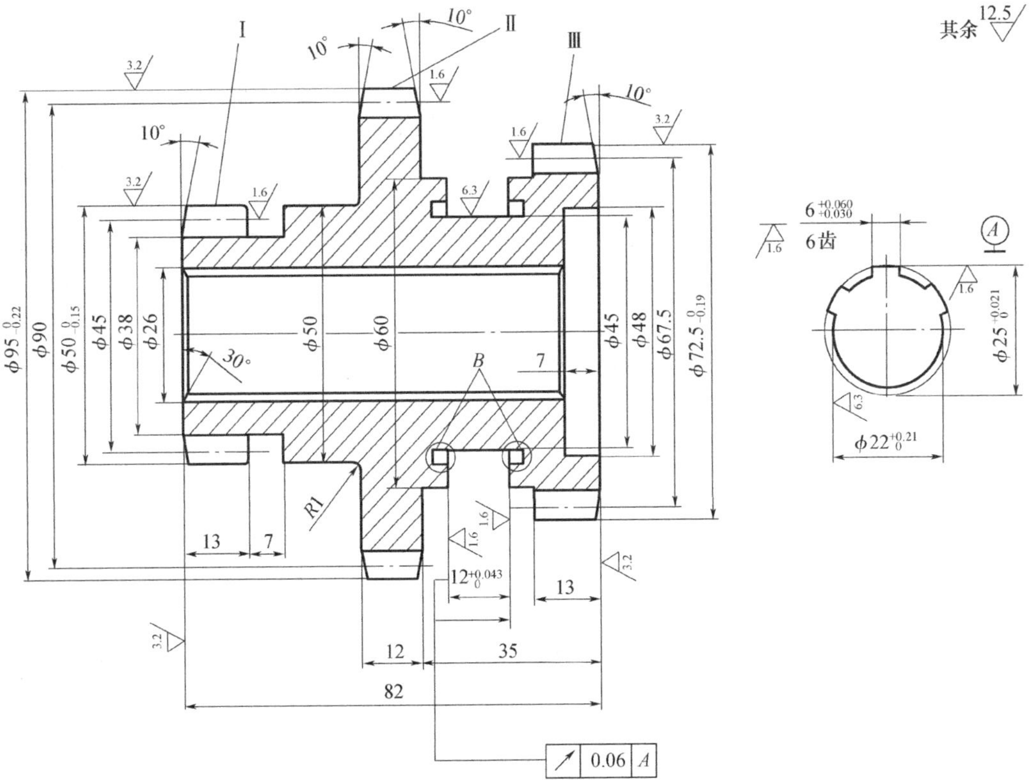

B 放大

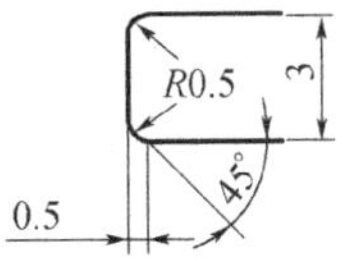

技术要求

1. 齿部及 $12^{+0.043}_{0}$ 槽高频淬火硬度 48HRC。

2. 未注倒角为 1×45°。

齿　　号	Ⅰ	Ⅱ	Ⅲ
模数/mm	2.5	2.5	2.5
齿数/mm	18	36	27
压力角/(°)	20	20	20
公法线平均长度偏差/mm	$18.986^{0}_{-0.048}$	$34.332^{0}_{-0.07}$	$26.6615^{0}_{-0.07}$
公法线长度变动公差/mm	0.04	0.04	0.04
齿圈径向跳动公差/mm	0.063	0.063	0.063
径向齿综合公差/mm	0.028	0.028	0.028
齿向误差/mm	0.021	0.021	0.21
齿轮精度等级	8FH GB 10095—1988	8GK GB 10095—1988	8GJ GB 10095—1988

图 3-13　三联齿轮简图

表 3-13　三联齿轮工艺提示

<table>
<tr><th colspan="5">机械加工工艺过程</th><th rowspan="2">说　明</th></tr>
<tr><th>工序号</th><th>工序名称</th><th>安装</th><th>工 序 内 容</th><th>定位及夹紧</th></tr>
<tr><td>1</td><td>锻</td><td></td><td>模锻</td><td></td><td rowspan="16">1. 零件内孔较长（ϕ26mm×75mm），为了缩小拉刀长度，故不采用圆孔花键拉刀，而选用圆柱拉刀和花键拉刀，分两道工序加工圆孔和花键
2. 中间大齿圈齿形可采用滚齿或插齿加工。但本零件的三个齿圈模数都为 2.5mm，且中间齿圈宽度较小，若采用滚齿加工，由于其切入、切出行程长，工序间零件运输量大，生产效率低。故本工艺三齿圈齿形都采用插齿加工。插齿的齿形精度高，且齿面的表面粗糙度较细，尤其对齿形不再剃、珩的齿轮最为有利
3. 本工艺齿形加工，选用插齿后高频淬火。由于热处理变形，齿轮精度一般会降低一级，故插齿时应按 7 级精度加工检验，以保证齿轮变形后为 8 级精度
4. 本零件是大批生产，毛坯采用模锻。机械加工过程多采用多刀半自动车床、拉床等高生产率设备</td></tr>
<tr><td>2</td><td>热处理</td><td></td><td>正火</td><td></td></tr>
<tr><td>3</td><td>检验</td><td></td><td></td><td></td></tr>
<tr><td>4</td><td>车</td><td></td><td>粗车端面、外圆 $\phi72.5_{-0.19}^{0}$mm 处至 $\phi73.6_{-0.4}^{0}$mm，车外圆 $\phi95_{-0.22}^{0}$mm 处至 $\phi96.1_{-0.4}^{0}$mm，钻内孔 $\phi22_{0}^{+0.21}$mm 至 ϕ21mm 并车内孔 ϕ48mm 深 7mm 至尺寸</td><td>$\phi50_{-0.15}^{0}$mm 外圆及左端面</td></tr>
<tr><td>5</td><td>车</td><td></td><td>调头：粗车另一端面总长 82mm 处至 83mm，粗车外圆尺寸 $\phi50_{-0.15}^{0}$mm</td><td>外圆及右端面</td></tr>
<tr><td>6</td><td>拉</td><td></td><td>拉内孔 $\phi22_{0}^{+0.21}$mm 至图纸要求</td><td></td></tr>
<tr><td>7</td><td>拉</td><td></td><td>拉花键孔 $\phi25_{0}^{+0.021}$mm×$\phi22_{0}^{+0.21}$mm×$6_{+0.030}^{+0.060}$ 至尺寸</td><td>内孔及左内端面</td></tr>
<tr><td>8</td><td>钳</td><td></td><td>倒钝尖角</td><td></td></tr>
<tr><td>9</td><td>车</td><td></td><td>精车各段外圆、沉槽、端面至图纸要求</td><td>内孔及右内端面</td></tr>
<tr><td>10</td><td>插齿</td><td></td><td>插齿齿数为 36 至图纸要求</td><td>内孔及端面</td></tr>
<tr><td>11</td><td>插齿</td><td></td><td>插齿齿数为 27 至图纸要求</td><td>内孔及端面</td></tr>
<tr><td>12</td><td>插齿</td><td></td><td>插齿齿数为 18 至图纸要求</td><td>内孔及端面</td></tr>
<tr><td>13</td><td>铣</td><td></td><td>齿端倒圆角至图纸要求</td><td>内孔及端面</td></tr>
<tr><td>14</td><td>钳</td><td></td><td>倒钝尖角去毛刺</td><td></td></tr>
<tr><td>15</td><td>热处理</td><td></td><td>齿部及槽 $12_{0}^{+0.043}$mm 高频淬火硬度至 48HRC</td><td></td></tr>
<tr><td>16</td><td>钳</td><td></td><td>校正花键孔 $\phi25_{0}^{+0.021}$mm×$\phi22_{0}^{+0.21}$mm×$6_{+0.030}^{+0.060}$mm 至图纸要求</td><td>内孔及左端面</td></tr>
</table>

3.5.3 精密齿轮

材料:12CrNi4A。生产类型:单件。

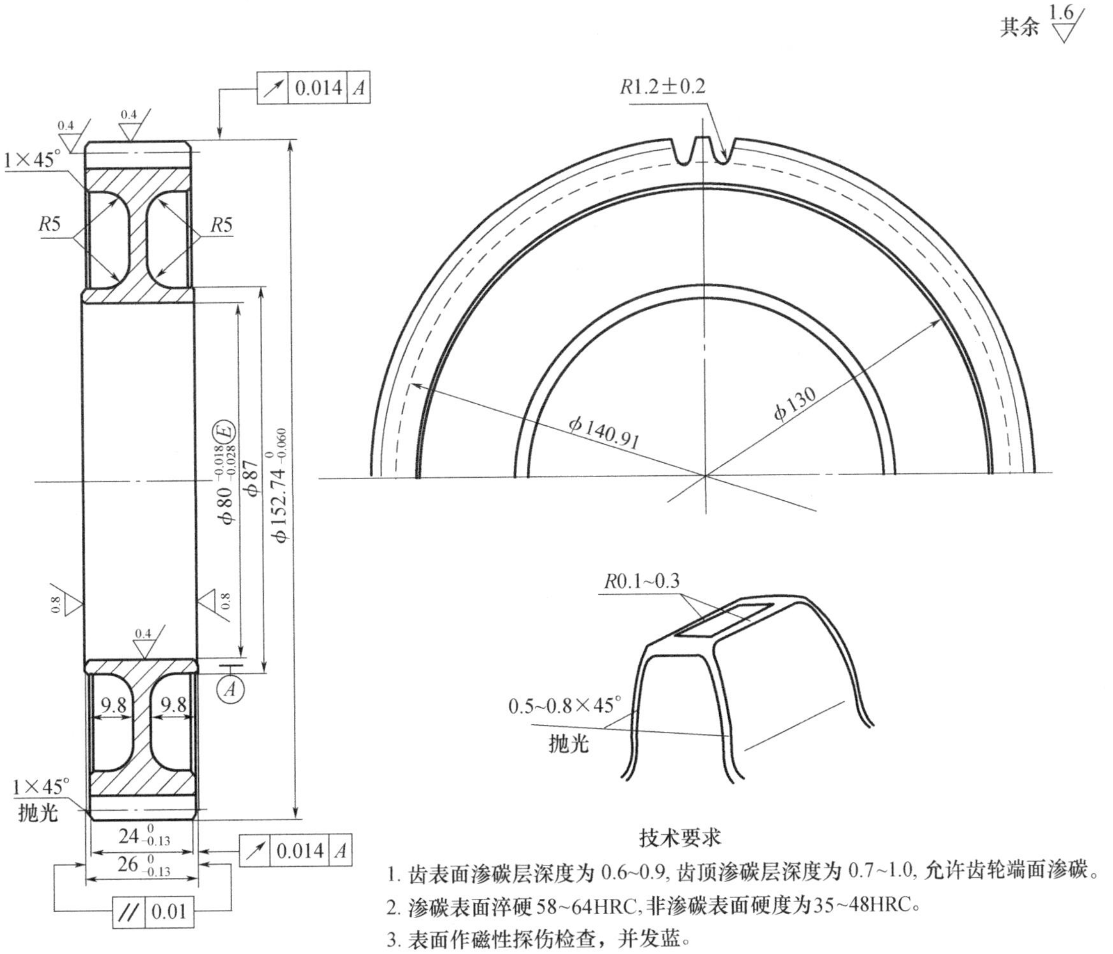

技术要求

1. 齿表面渗碳层深度为 0.6~0.9,齿顶渗碳层深度为 0.7~1.0,允许齿轮端面渗碳。
2. 渗碳表面淬硬 58~64HRC,非渗碳表面硬度为35~48HRC。
3. 表面作磁性探伤检查,并发蓝。

齿轮参数		
模数		2.75
齿数		54
齿形角		22°30′
分度圆直径		148.5
变位系数		-0.13
理论齿高	齿顶	2.1175
	齿根	3.7950

齿轮参数	
分度圆弧齿厚	4.02
公法线平均长度偏差	$54.56^{-0.075}_{-0.150}$
公法线长度变动公差	0.025
齿圈径向跳动公差	0.040
基节及其基本偏差	7.982±0.006
齿形公差	0.009
齿向公差	0.007
齿轮精度等级	655JN GB 10095—1988

图 3-14 精密齿轮简图

表 3-14 精密齿轮工艺提示

机械加工工艺过程					说　明
工序号	工序名称	安装	工 序 内 容	定位及夹紧	
1	锻		自由锻造		1.齿轮精度要求高,齿形加工需经滚齿、淬火、粗磨和精磨等工序才能达到高精度和细的表面粗糙度 2.齿坯需全部加工,以便清除毛坯制造时的表面缺陷。同时使齿轮各部分结构材料均匀、重量轻,避免在高速旋转时产生离心力 3.为了提高齿轮的耐疲劳强度,防止应力集中,在齿轮加工中凡是过渡处均应为圆弧,不允许有尖角。各部分表面粗糙度要求细,甚至在齿端倒角部分还需抛光,同时还需对齿轮进行磁力探伤、发蓝等措施,确保齿轮质量 4.本精密齿轮的齿形加工方案也适用于标准齿轮。本零件生产批量小,为了减少工装数量,机械加工用找正法加工
2	检验				
3	热处理		调质		
4	车	1	粗精车内孔 $\phi80_{-0.028}^{-0.018}$mm,留车磨加工余量 3.8mm,右端面留磨加工余量 0.7mm	外圆及大端面	
		2	粗精车外圆 $\phi152.74_{-0.60}^{0}$ mm,留磨加工余量 0.5mm,左端面留磨加工余量 0.4mm	内孔及右端面	
5	磨		预磨内孔 $\phi80_{-0.028}^{-0.018}$mm 处至 $\phi76.6_{0}^{+0.03}$ mm 及右端面留磨余量 0.4mm(工艺基准)	外圆及左端面	
6	滚齿		滚齿留粗精磨齿加工余量 0.3mm	内孔及右端面	
7	钳		齿端倒棱(0.5~0.8)×45°		
8	热处理		全部齿轮渗碳		
9	检验				
10	车	1	车内孔 $\phi80_{-0.028}^{-0.018}$mm 留车磨加工余量 1.4mm 及车左端凹面留精车加工余量 0.5mm(切除渗碳层)	外圆及右端面	
		2	掉头,车右端的凹面留精车加工余量 0.5mm(切除渗碳层)	外圆及左端面	
11	热处理	淬火			
12	检验				
13	车		车内孔 $\phi80_{-0.028}^{-0.018}$mm 留磨加工余量 0.4mm	外圆及左端面	
14	磨		磨内孔 $\phi80_{-0.028}^{-0.018}$mm 及轮毂右端面至图纸要求	外圆及左端面	
15	磨		磨轮毂左端面至图纸要求	内孔及右端面	
16	磨		磨齿顶圆 $\phi152.74_{-0.60}^{0}$ mm 及齿轮圈两端面至图纸要求	内孔及左端面	
17	车	1	精车右端的凹面至图纸要求	内孔及左端面	
		2	调面:精车左端的凹面至图纸要求	内孔及右端面	
18	磁力探伤				
19	磨齿		粗磨齿形留精磨齿加工余量 0.05mm	内孔及左端面	
20	磨齿		磨齿两圆弧(图示)$R0.1\sim0.3$mm		
21	抛光		齿两端倒棱处((0.5~0.8)×45°)抛光		
22	磨齿		精磨齿形至图纸要求	内孔及左端面	
23	磁力探伤				
24	刻标记		在齿轮凹面刻标记		
25	热处理		发蓝		

3.6 丝杠工艺提示

3.6.1 车床丝杠

材料:Y40Mn。生产类型:成批。

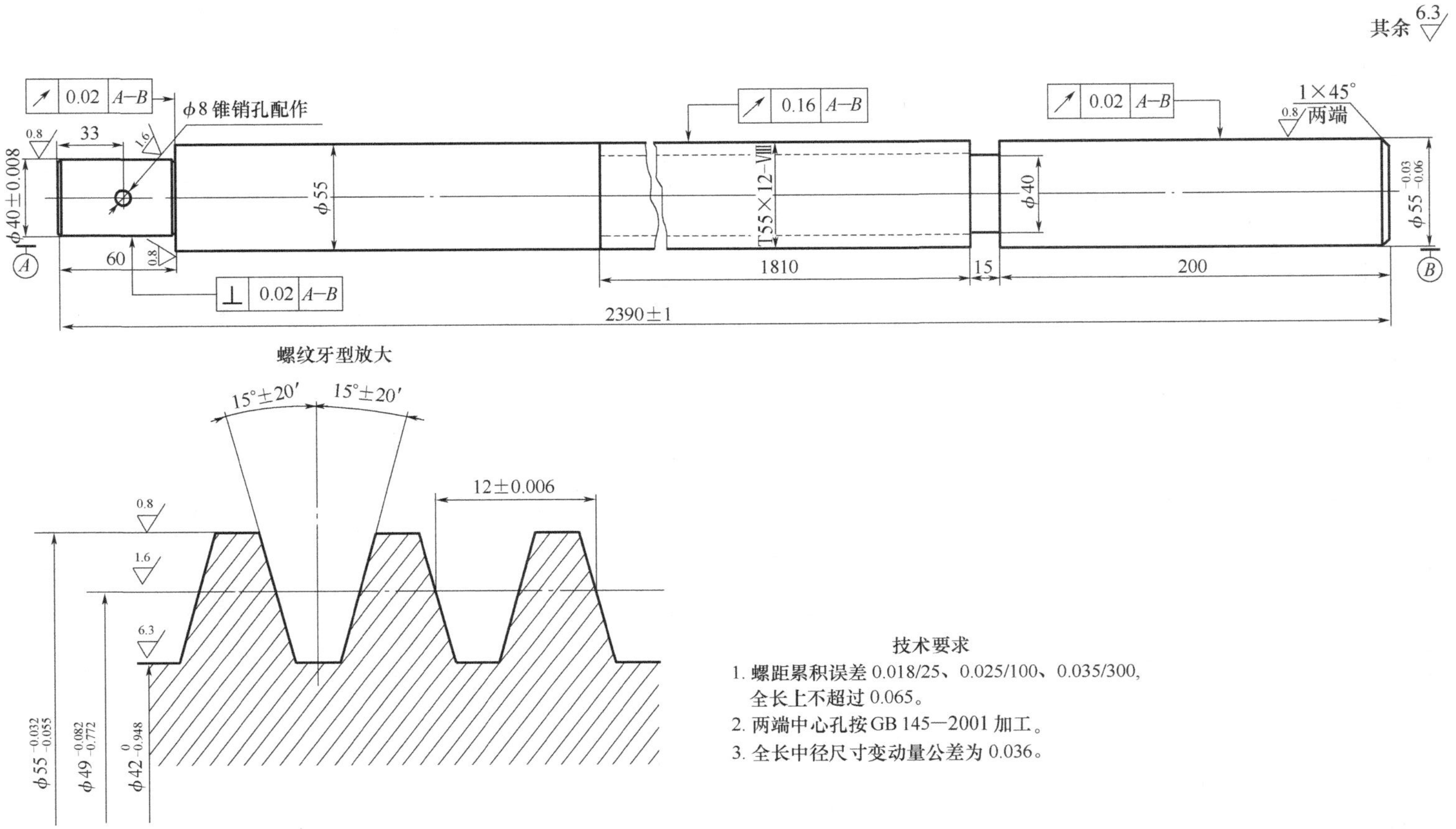

技术要求

1. 螺距累积误差 0.018/25、0.025/100、0.035/300,全长上不超过 0.065。
2. 两端中心孔按 GB 145—2001 加工。
3. 全长中径尺寸变动量公差为 0.036。

图 3-15 车床丝杠简图

表 3-15　车床丝杠工艺提示

机械加工工艺过程					说　明
工序号	工序名称	安装	工 序 内 容	定位及夹紧	
1	备料		ϕ60mm×2395mm		1. 该丝杠加工工艺的毛坯校直工序，采用较为先进的三辊热校直机，边加热调质边校直，生产率高，并使校直后的毛坯不会产生冷校直时引起的内应力 2. 螺纹粗加工工艺采用旋风铣削，并将底径铣至尺寸，这样在精车螺纹时可减少径向切削力，从而减少切削加工时产生的弯曲变形，提高加工精度 3. 由于该丝杠螺纹部分无淬硬要求，因此螺纹最终加工精度在SG8630丝杠车床上用车削方法获得 4. 丝杠材料选用Y40Mn易切钢，用以改善切削加工性能，保证车削后螺纹表面获得较细的粗糙度 5. 为了消除切削加工后产生的内应力，该工艺中安排了必要的人工时效工序，省去井式炉热处理设备
2	热处理		加热至调质温度，并用三辊热校直，要求弯曲度小于3mm		
3	车	1	车端面打顶尖孔，保证长度尺寸2390±1mm，在ϕ55mm外圆处车出辅助定位轴颈	夹外圆，架中心架	
		2	车外圆至$\phi 55.6^{+0.5}_{0}$mm，车空刀槽ϕ40mm×15mm，保持长度尺寸200mm	夹外圆顶顶尖孔	
4	钳		用校直机进行冷校直，要求外圆跳动小于0.5mm		
5	磨		粗磨ϕ55mm外圆至$\phi 55.3^{-0.012}_{-0.032}$mm	顶尖孔，辅助定位轴颈	
6	车		修正顶尖孔		
7	铣	1	按1810mm尺寸，在左端铣螺纹退刀槽，退刀槽轴向长度24mm，螺旋角4°27′30″	顶尖孔，外圆	
		2	粗铣螺纹，螺纹每侧留加工余量0.5~1mm，铣去螺纹不完整牙		
8	热处理		悬挂一周，用敲打法每天早晚两次消除内应力		
9	钳		用反向锤击法敲击螺纹底径，校直工件，其外径跳动小于0.2mm		
10	车	1	修研顶尖孔	顶尖孔，外圆	
		2	半精车螺纹，螺纹每侧留加工余量0.15mm		
11	钳		用校直机进行冷校直，外圆跳动0.15mm		
12	磨		精磨各外圆表面至图纸要求，磨ϕ40±0.008mm轴肩端面至图纸要求	顶尖孔	
13	钳		用校直机进行冷校直，外圆跳动0.08mm		
14	车		修正两端顶尖孔	顶尖孔，外圆	
15	车		精车螺纹至图纸要求		

3.6.2 磨床丝杠

材料:45 钢。生产类型:小批。

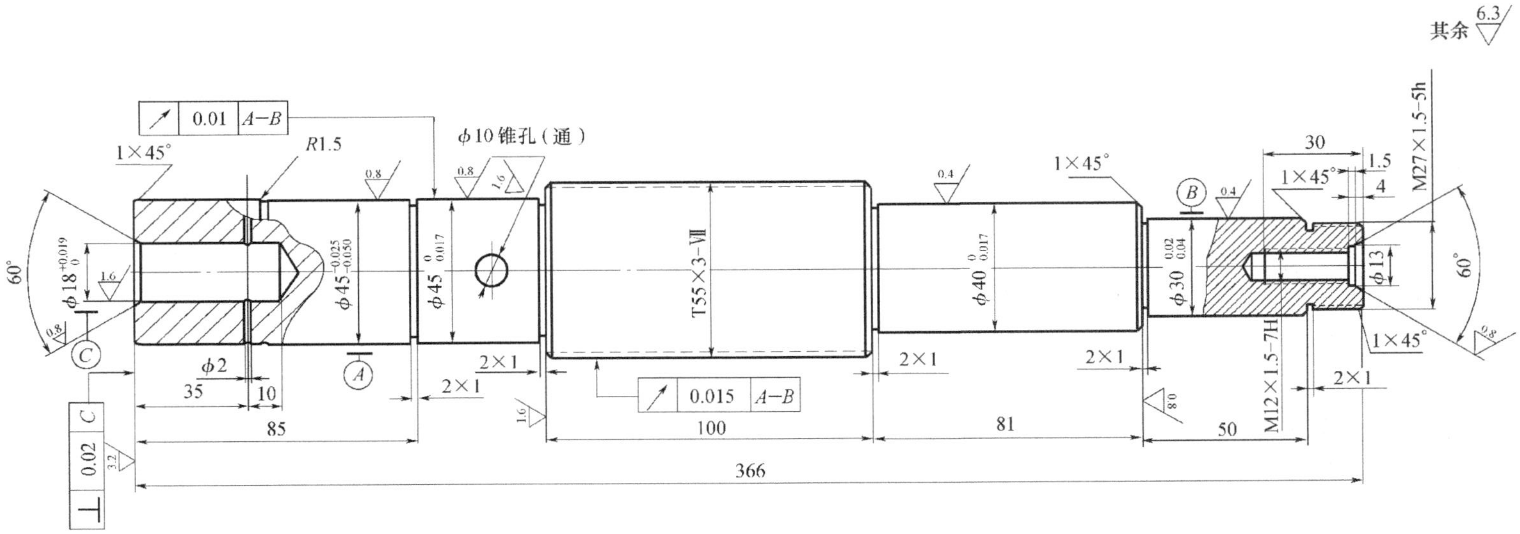

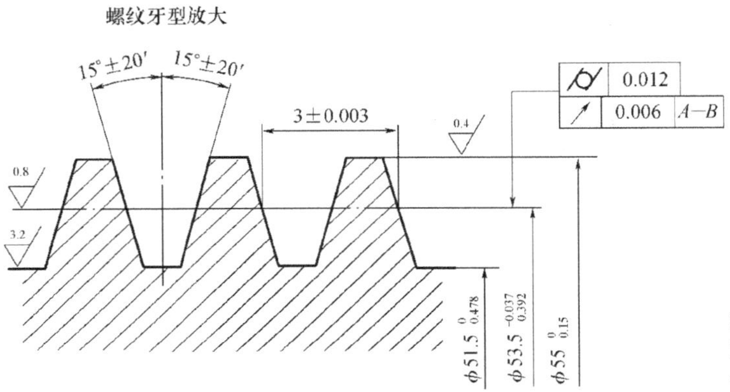

技术要求

1. 调制处理硬度 250HB。
2. 螺距累积误差 0.009/25、0.012/100。
3. 丝杠大径的等直径允许差 0.013,中径允许变动量 0.012。
4. 修去两端轴向厚度小于 1 的不完整牙型。

图 3-16 磨床丝杠简图

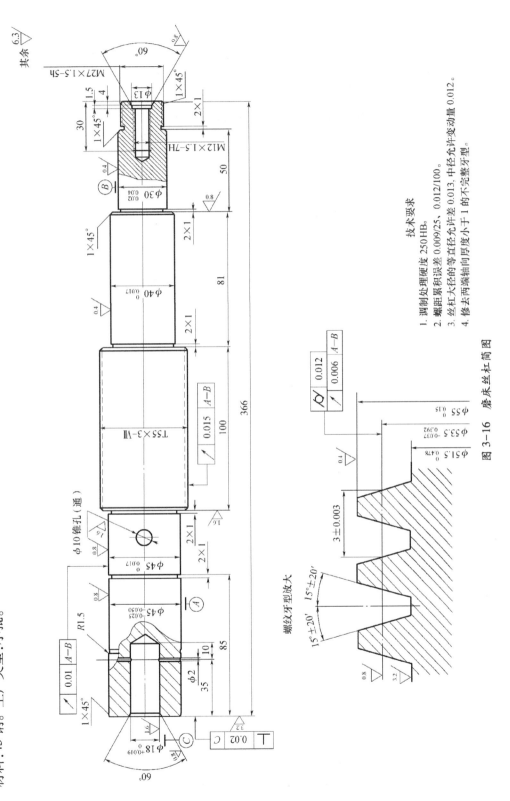

表 3-16　磨床丝杠工艺提示

机械加工工艺过程					说　明
工序号	工序名称	安装	工 序 内 容	定位及夹紧	
1	备料		将原料切割至 $\phi60$mm×372mm		1. 该丝杠采用45钢经调质后获得综合的机械性能,但螺纹部分应采用车削加工,因材料切削加工性较差,加工表面粗糙度不宜达到要求,故采用磨削加工为螺纹的最终加工 2. 该丝杠较短,螺纹部分仅为100mm,总长366mm,因此刚性较好。整个工艺过程中未安排除应力的热处理和校直工序 3. 该丝杠加工过程中用两端顶尖孔定位,刚性好,外圆表面不做工艺基准,故该丝杠外圆表面的加工精度可以放在最终工序获得
2	车	1	车端面打顶尖孔,粗车 $\phi30_{-0.04}^{-0.02}$ mm、$\phi40_{-0.017}^{0}$ mm,T55×3-Ⅶ螺纹大径,均留加工余量3mm,台阶长度车至尺寸	外圆,顶尖孔	
		2	调头车端面,打顶尖孔,车 $\phi45_{-0.050}^{-0.025}$ mm、$\phi45_{-0.017}^{0}$ mm 外圆,均留加工余量3mm,台阶长度车至尺寸		
3	热处理		热处理调质至图纸要求		
4	车	1	半精车 $\phi30_{-0.04}^{-0.02}$ mm、$\phi40_{-0.017}^{0}$ mm,T55×3-Ⅶ螺纹大径,均留加工余量0.4mm~0.5mm,沉割、倒角,车M27×1.5-5h螺纹至尺寸	外圆,顶尖孔	
		2	钻右端M12×1.5-7H螺孔,攻内螺纹至尺寸,修正60°工艺孔口,表面粗糙度 $Ra3.2\mu m$,工艺要求:各外圆对轴线的跳动为0.15mm	外圆	
		3	调头车左端 $\phi45_{-0.050}^{-0.025}$ mm 及 $\phi45_{-0.017}^{0}$ mm 外圆,钻,铰 $\phi18_{0}^{+0.019}$ mm 孔至图纸要求,修正60°工艺孔口,表面粗糙度 $Ra3.2\mu m$		
5	钳		钻 $\phi2$mm 通孔,去孔口毛刺	外圆	
6	研		研磨60°工艺孔口,表面粗糙度 $Ra0.8\mu m$		
7	磨		磨 T55×3-Ⅶ螺纹大径至 $\phi55_{-0.15}^{-0.1}$ mm,圆柱度0.012mm	两端顶尖孔	
8	车		车T55×3-Ⅶ螺纹,螺纹小径车至图纸要求,螺旋面留加工余量	外圆,顶尖孔	
9	铣		铣去两端牙厚小于1mm的不完整螺纹	外圆,顶尖孔	
10	研		研两端60°工艺孔口,表面粗糙度 $Ra0.8\mu m$		
11	磨		磨T55×3-Ⅶ螺纹至图纸要求	两端顶尖孔	
12	磨		磨各外圆及肩面至图纸要求	两端顶尖孔	
13	车		车去T55×3-Ⅶ螺纹齿形顶部尖角处毛刺	外圆,顶尖孔	

第 4 章　机械制造厂工艺卡内容摘要

4.1　零 件 简 图

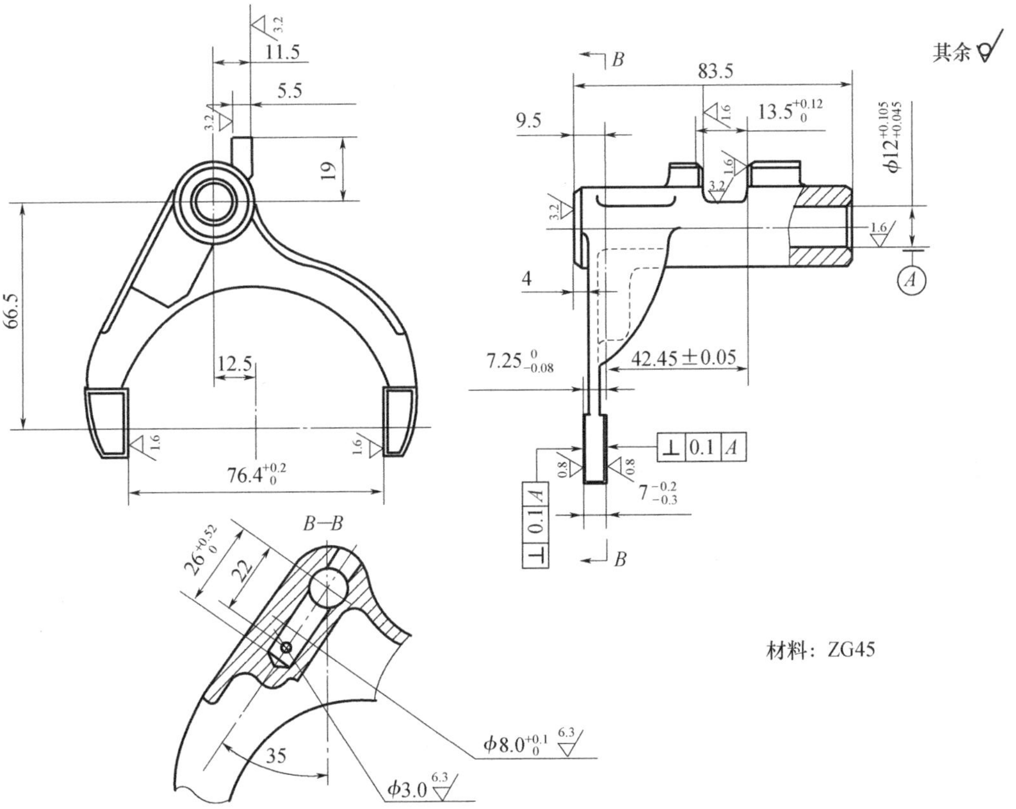

图 4-1　变速叉零件(大批生产)

4.2 工艺过程卡

表 4-1 工艺过程卡

<table>
<tr><td colspan="2" rowspan="2"></td><td colspan="3" rowspan="2">机械加工工艺过程卡片</td><td>产品型号</td><td></td><td>零(部件)图号</td><td>K02</td><td></td><td></td></tr>
<tr><td>产品名称</td><td></td><td>零(部件)名称</td><td>变速叉</td><td>共 2 页</td><td>第 1 页</td></tr>
<tr><td>材料牌号</td><td>ZG45</td><td>毛坯种类</td><td>铸件</td><td>毛坯外形尺寸</td><td></td><td>每毛坯可制件数</td><td>1</td><td>每台件数</td><td>备注</td><td></td></tr>
<tr><td rowspan="2">工序号</td><td rowspan="2">工序名称</td><td colspan="3" rowspan="2">工序内容</td><td rowspan="2">车间</td><td rowspan="2">工段</td><td rowspan="2">设备</td><td rowspan="2">工艺装备</td><td colspan="2">工时/min</td></tr>
<tr><td>准终</td><td>单件</td></tr>
<tr><td>1</td><td>铸</td><td colspan="3">铸造</td><td>外协</td><td></td><td></td><td></td><td></td><td></td></tr>
<tr><td>2</td><td>消砂</td><td colspan="3">除去浇冒口、锋边及型砂</td><td>外协</td><td></td><td></td><td></td><td></td><td></td></tr>
<tr><td>3</td><td>热处理</td><td colspan="3">正火</td><td>外协</td><td></td><td></td><td></td><td></td><td></td></tr>
<tr><td>4</td><td>钳</td><td colspan="3">整形</td><td>外协</td><td></td><td></td><td></td><td></td><td></td></tr>
<tr><td>5</td><td>检验</td><td colspan="3">毛坯检验</td><td>质管科</td><td></td><td></td><td></td><td></td><td></td></tr>
<tr><td>6</td><td>铣</td><td colspan="3">铣浇冒口面</td><td>二车间</td><td></td><td>车床</td><td>铣夹具,深度尺,锯片铣刀</td><td>45</td><td>1.5</td></tr>
<tr><td>7</td><td>车</td><td colspan="3">车端面,钻孔</td><td>二车间</td><td></td><td>车床</td><td>车夹具,卡板,塞规,ϕ11.5mm 钻头</td><td>60</td><td>5</td></tr>
<tr><td>8</td><td>拉</td><td colspan="3">拉圆孔</td><td>二车间</td><td></td><td>拉床</td><td>拉床夹具,拉刀,圆塞规</td><td>60</td><td>3.5</td></tr>
<tr><td>9</td><td>检验</td><td colspan="3">拉后检验</td><td>质管科</td><td></td><td></td><td></td><td></td><td></td></tr>
<tr><td>10</td><td>钻</td><td colspan="3">锪端面,孔口倒角</td><td>二车间</td><td></td><td>钻床</td><td>钻夹具,卡板,立铣刀,锪钻</td><td>30</td><td>1.5</td></tr>
<tr><td>11</td><td>钻</td><td colspan="3">锪另一端面,孔口倒角</td><td>二车间</td><td></td><td>钻床</td><td>钻夹具,卡板,立铣刀,锪钻</td><td>30</td><td>1.5</td></tr>
<tr><td>12</td><td>钳</td><td colspan="3">校正叉脚高低</td><td>二车间</td><td></td><td>钳台</td><td>测量座,高度千分尺</td><td>15</td><td>5</td></tr>
<tr><td>13</td><td>钳</td><td colspan="3">校正叉脚开挡</td><td>二车间</td><td></td><td>钳台</td><td>卡尺</td><td>15</td><td>1.5</td></tr>
<tr><td>14</td><td>铣</td><td colspan="3">铣各平面,铣槽及拨叉口</td><td>二车间</td><td></td><td>专用铣床</td><td>铣夹具,卡尺,卡规,塞规,三面刃铣刀</td><td>60</td><td>14</td></tr>
<tr><td colspan="7"></td><td>设计
(日期)</td><td>审核
(日期)　　标准化
(日期)</td><td>会签
(日期)</td><td></td></tr>
<tr><td>标记</td><td>处数</td><td>更改文件号</td><td>签字</td><td>日期</td><td>标记</td><td>处数</td><td>更改文件号</td><td>签字</td><td>日期</td><td></td></tr>
</table>

（续）

	机械加工工艺过程卡片		产品型号		零(部件)图号	K02		
			产品名称		零(部件)名称	变速叉	共2页	第2页
材料牌号	ZG45	毛坯种类：铸件	毛坯外形尺寸		每毛坯可制件数：1	每台件数	备注	
工序号	工序名称	工序内容	车间	工段	设备	工艺装备	工时/min 准终	工时/min 单件
15	钳	倒角去毛刺	二车间		钳台	锉刀	15	4.5
16	钻	钻锁销孔，去孔内毛刺	二车间		钻床	钻夹具，塞规，钻头，可调铰刀	30	4
17	钻	钻通气孔，去孔内毛刺	二车间		钻床	钻夹具，钻头，铰刀	15	0.5
18	热处理	叉槽两侧面高频淬火	十车间					
19	钳	校正叉脚高低	二车间		钳台	测量工具	15	6.5
20	磨	磨叉脚两端面	二车间		专用磨床	磨夹具，专用检具	15	4
21	镀铬		外协					
22	钳	校正叉脚高低	二车间		钳台	专用检具	15	3.5
23	磨	磨叉脚两端面	二车间		专用磨床	磨夹具，专用检具	15	4.5
24	磨	磨叉脚开挡	二车间		专用磨床	磨夹具，卡规	15	3
25	检验	最终检验	质管科					
26	入库	清洗，上油						
					设计（日期）	审核（日期）	标准化（日期）	会签（日期）
标记	处数	更改文件号 签字 日期	标记 处数	更改文件号 签字 日期				

4.3 工 序 卡

表 4-2 工序卡 1

	机械加工工序卡片	产品型号		零(部件)图号	K02		
		产品名称		零(部件)名称	变速叉	共 17 页	第 1 页

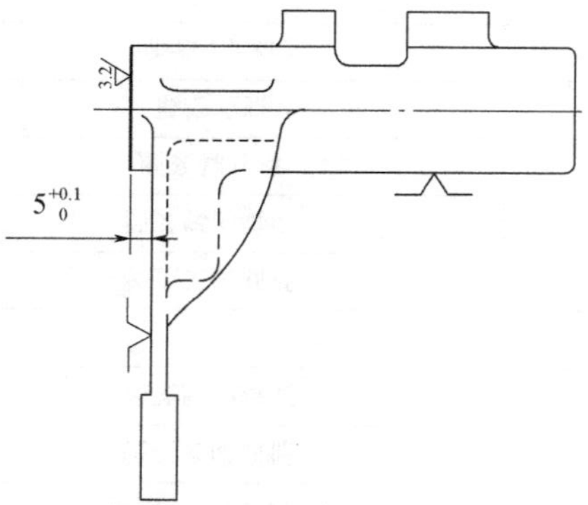

车间	工序号	工序名	材料牌号
二	6	铣	ZG45
毛坯种类	毛坯外形尺寸	每毛坯可制件数	每台件数
铸件		1	1
设备名称	设备型号	设备编号	同时加工
车床	C616		1

夹具编号	夹具名称	切削液	
$K02J_1$	铣夹具		
工位器具编号	工位器具名称	工序工时/min	
		准终	单件
	深度尺、铣刀	45	1.5

工步号	工步内容	工艺装备	主轴转速 /($r \cdot s^{-1}$)	切削速度 /($m \cdot s^{-1}$)	进给量 /($mm \cdot r^{-1}$)	背吃刀量 /mm	进给次数	工步工时/s 机动	工步工时/s 辅助
	铣浇冒口面			60	手动		1		

										设计(日期)	审核(日期)	标准化(日期)	会签(日期)	
标记	处数	更改文件号	签字	日期	标记	处数	更改文件号	签字	日期					

表 4-3　工序卡 2

机械加工工序卡片	产品型号		零(部件)图号	K02		
	产品名称		零(部件)名称	变速叉	共 17 页	第 2 页

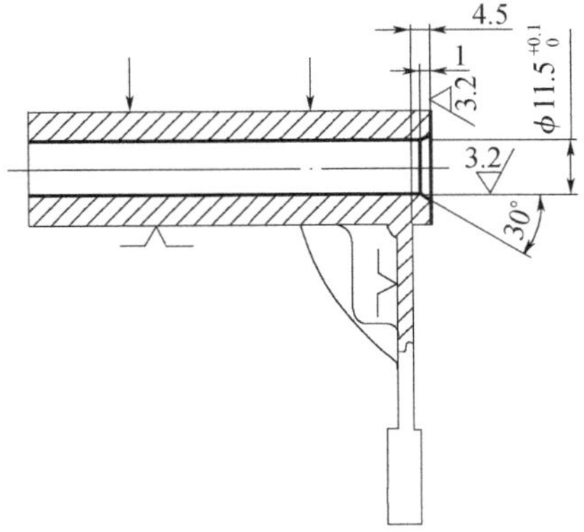

车间	工序号	工序名	材料牌号
二	7	车	ZG45
毛坯种类	毛坯外形尺寸	每毛坯可制件数	每台件数
铸件		1	1
设备名称	设备型号	设备编号	同时加工
六角车床	C336-1		1

夹具编号	夹具名称	切削液	
$K02J_2$	车夹具		
工位器具编号	工位器具名称	工序工时/min	
		准终	单件
	卡板、圆孔塞规、中心钻、锪钻、钻头、铰刀	60	5

工步号	工步内容	工艺装备	主轴转速 /$(r \cdot s^{-1})$	切削速度 /$(m \cdot s^{-1})$	进给量 /$(mm \cdot r^{-1})$	背吃刀量 /mm	进给次数	工步工时/s	
								机动	辅助
1	车端面,钻孔			720	手动		1		
2	钻孔			720	0.23				
3	铰孔				手动				

										设计(日期)	审核(日期)	标准化(日期)	会签(日期)	
标记	处数	更改文件号	签字	日期	标记	处数	更改文件号	签字	日期					

表 4-4　工序卡 3

机械加工工序卡片	产品型号		零(部件)图号	K02		
	产品名称		零(部件)名称	变速叉	共 17 页	第 3 页

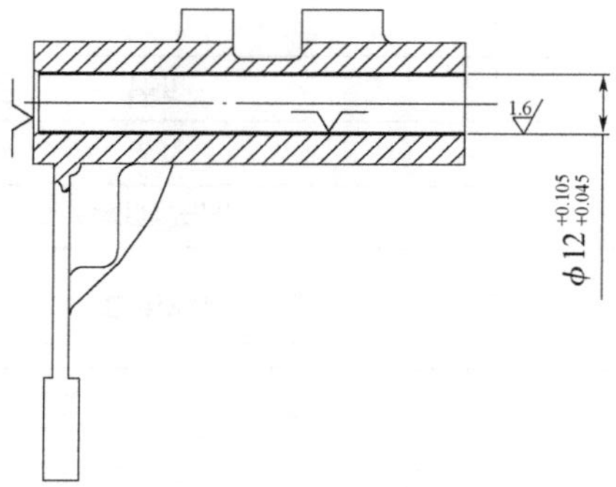

车间	工序号	工序名	材料牌号
二	8	拉	ZG45
毛坯种类	毛坯外形尺寸	每毛坯可制件数	每台件数
铸件		1	1
设备名称	设备型号	设备编号	同时加工
拉床	L6110		1

夹具编号	夹具名称	切削液	
$K02J_3$	拉床夹具		
工位器具编号	工位器具名称	工序工时/min	
		准终	单件
	圆孔塞规、圆孔拉刀	60	3.5

工步号	工步内容	工艺装备	主轴转速 $/(r \cdot s^{-1})$	切削速度 $/(m \cdot s^{-1})$	进给量 $/(mm \cdot r^{-1})$	背吃刀量 /mm	进给次数	工步工时/s 机动	工步工时/s 辅助
1	第一次拉孔			1.8			1		
2	第二次拉孔			1.8			1		

标记	处数	更改文件号	签字	日期	标记	处数	更改文件号	签字	日期	设计(日期)	审核(日期)	标准化(日期)	会签(日期)

表 4-5　工序卡 4

机械加工工序卡片	产品型号		零(部件)图号	K02			
	产品名称		零(部件)名称	变速叉	共 17 页	第 4 页	

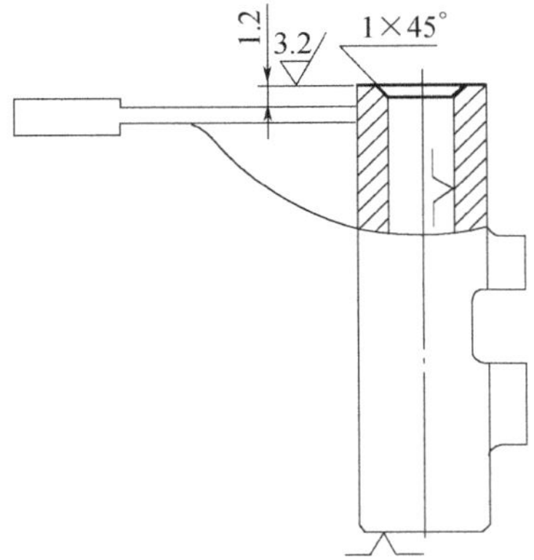

车间	工序号	工序名	材料牌号
二	10	钻	ZG45
毛坯种类	毛坯外形尺寸	每毛坯可制件数	每台件数
铸件		1	1
设备名称	设备型号	设备编号	同时加工
钻床	Z525		1

夹具编号	夹具名称	切削液	
$K02J_4$	锪端面夹具		
工位器具编号	工位器具名称	工序工时/min	
		准终	单件
	卡板、立铣刀、锪钻	30	1.5

工步号	工步内容	工艺装备	主轴转速 /($r \cdot s^{-1}$)	切削速度 /($m \cdot s^{-1}$)	进给量 /($mm \cdot r^{-1}$)	背吃刀量 /mm	进给次数	工步工时/s 机动	工步工时/s 辅助
1	锪端面			150	手动				
2	孔口倒角			150	手动				

										设计(日期)	审核(日期)	标准化(日期)	会签(日期)	
标记	处数	更改文件号	签字	日期	标记	处数	更改文件号	签字	日期					

表 4-6　工序卡 5

机械加工工序卡片	产品型号		零(部件)图号	K02	
	产品名称		零(部件)名称	变速叉	共 17 页　第 5 页

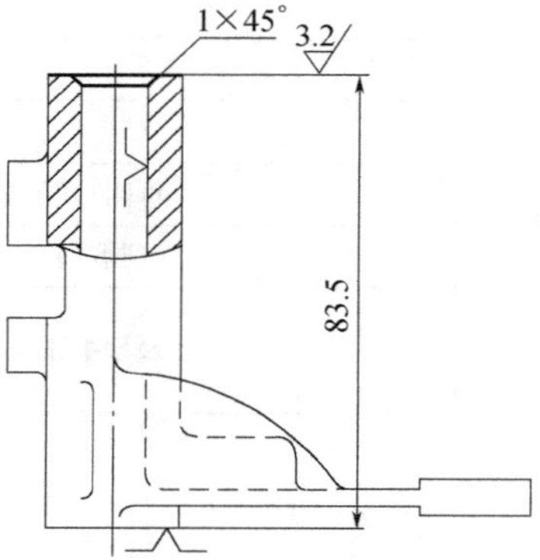

车间	工序号	工序名	材料牌号
二	11	钻	ZG45
毛坯种类	毛坯外形尺寸	每毛坯可制件数	每台件数
铸件		1	1
设备名称	设备型号	设备编号	同时加工
钻床	Z525		1

夹具编号	夹具名称	切削液	
$K02J_4$	锪端面夹具		
工位器具编号	工位器具名称	工序工时/min	
		准终	单件
	卡板、立铣刀、锪钻	30	1.5

工步号	工步内容	工艺装备	主轴转速 /$(r \cdot s^{-1})$	切削速度 /$(m \cdot s^{-1})$	进给量 /$(mm \cdot r^{-1})$	背吃刀量 /mm	进给次数	工步工时/s 机动	工步工时/s 辅助
1	锪另一端面			150	手动				
2	孔口倒角			150	手动				

										设计(日期)	审核(日期)	标准化(日期)	会签(日期)	
标记	处数	更改文件号	签字	日期	标记	处数	更改文件号	签字	日期					

表 4-7　工序卡 6

机械加工工序卡片	产品型号		零(部件)图号	K02		
	产品名称		零(部件)名称	变速叉	共 17 页	第 6 页

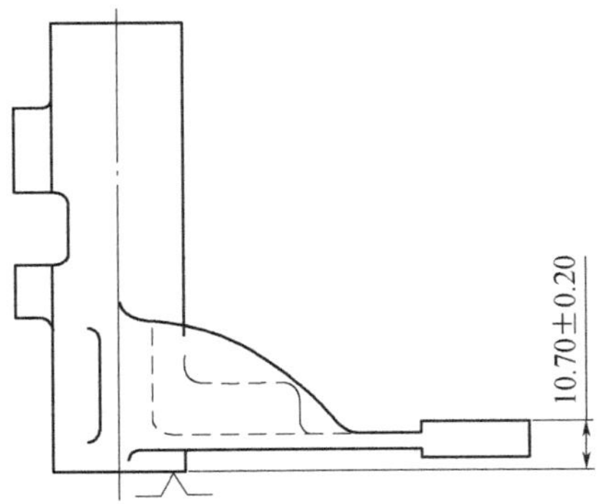

车间	工序号	工序名	材料牌号
二	12	钳	ZG45
毛坯种类	毛坯外形尺寸	每毛坯可制件数	每台件数
铸件		1	1
设备名称	设备型号	设备编号	同时加工
钳台			1

夹具编号	夹具名称	切削液	
	虎钳		
工位器具编号	工位器具名称	工序工时/min	
		准终	单件
	测量座、高度千分尺	15	5

工步号	工步内容	工艺装备	主轴转速 /(r·s^{-1})	切削速度 /(m·s^{-1})	进给量 /(mm·r^{-1})	背吃刀量 /mm	进给次数	工步工时/s 机动	工步工时/s 辅助
	校正叉脚高低								

										设计(日期)	审核(日期)	标准化(日期)	会签(日期)
标记	处数	更改文件号	签字	日期	标记	处数	更改文件号	签字	日期				

表 4-8 工序卡 7

机械加工工序卡片	产品型号		零(部件)图号	K02		
	产品名称		零(部件)名称	变速叉	共 17 页	第 7 页

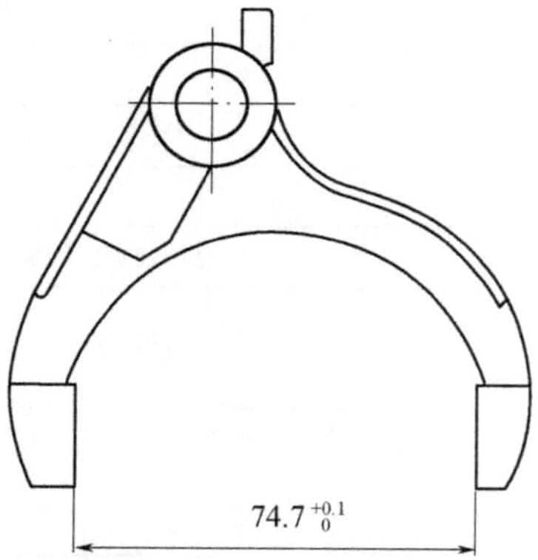

车间	工序号	工序名	材料牌号
二	13	钳	ZG45
毛坯种类	毛坯外形尺寸	每毛坯可制件数	每台件数
铸件		1	1
设备名称	设备型号	设备编号	同时加工
钳台			1

夹具编号	夹具名称	切削液	
	虎钳		
工位器具编号	工位器具名称	工序工时/min	
		准终	单件
	卡尺	15	1.5

工步号	工步内容	工艺装备	主轴转速 /(r·s^{-1})	切削速度 /(m·s^{-1})	进给量 /(mm·r^{-1})	背吃刀量 /mm	进给次数	工步工时/s 机动	工步工时/s 辅助
	校正叉脚开挡								

										设计(日期)	审核(日期)	标准化(日期)	会签(日期)
标记	处数	更改文件号	签字	日期	标记	处数	更改文件号	签字	日期				

表 4-9 工序卡 8

机械加工工序卡片	产品型号		零(部件)图号	K02			
	产品名称		零(部件)名称	变速叉	共 17 页	第 8 页	

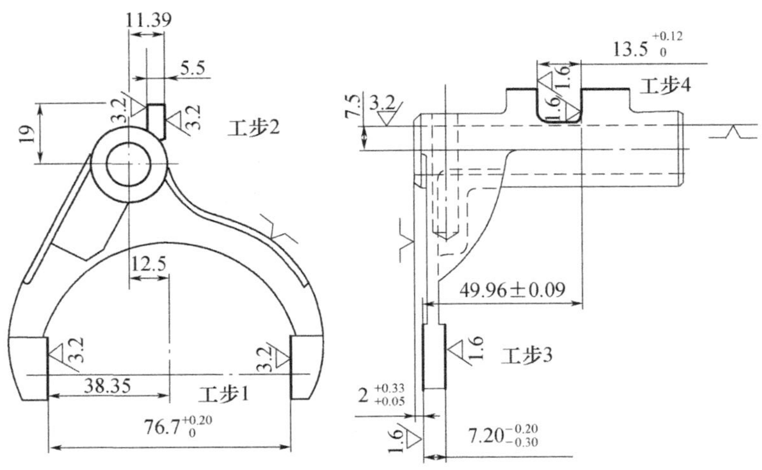

车间	工序号	工序名	材料牌号
二	14	铣	ZG45
毛坯种类	毛坯外形尺寸	每毛坯可制件数	每台件数
铸件		1	1
设备名称	设备型号	设备编号	同时加工
专用铣床			1

夹具编号	夹具名称	切削液	
$K02J_5$	铣夹具		
工位器具编号	工位器具名称	工序工时/min	
		准终	单件
	卡尺、卡规、塞规、三面刃铣刀	60	14

工步号	工步内容	工艺装备	主轴转速 /($r\cdot s^{-1}$)	切削速度 /($m\cdot s^{-1}$)	进给量 /($mm\cdot r^{-1}$)	背吃刀量 /mm	进给次数	工步工时/s 机动	工步工时/s 辅助
1	铣叉口面						1		
2	铣 5.5mm 平面						1		
3	铣 $7.2^{-0.2}_{-0.3}$mm 平面						1		
4	铣 $13.5^{+0.14}_{+0.08}$mm 槽						1		

										设计(日期)	审核(日期)	标准化(日期)	会签(日期)	
标记	处数	更改文件号	签字	日期	标记	处数	更改文件号	签字	日期					

表 4-10　工序卡 9

机械加工工序卡片	产品型号		零(部件)图号	K02		
	产品名称		零(部件)名称	变速叉	共 17 页	第 9 页

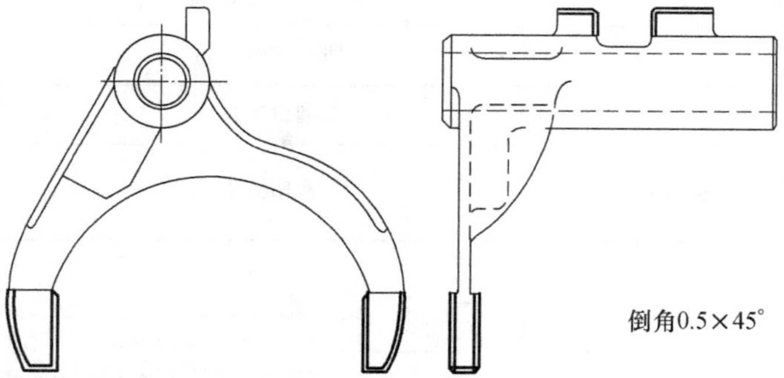

车间	工序号	工序名	材料牌号
二	15	钳	ZG45
毛坯种类	毛坯外形尺寸	每毛坯可制件数	每台件数
铸件		1	1
设备名称	设备型号	设备编号	同时加工
钳台			1

夹具编号	夹具名称	切削液	
工位器具编号	工位器具名称	工序工时/min	
		准终	单件
	锉刀	15	4.5

工步号	工步内容	工艺装备	主轴转速/(r·s^{-1})	切削速度/(m·s^{-1})	进给量/(mm·r^{-1})	背吃刀量/mm	进给次数	工步工时/s 机动	工步工时/s 辅助
	倒角去毛刺								

										设计(日期)	审核(日期)	标准化(日期)	会签(日期)	
标记	处数	更改文件号	签字	日期	标记	处数	更改文件号	签字	日期					

表 4-11　工序卡 10

机械加工工序卡片	产品型号		零(部件)图号	K02		
	产品名称		零(部件)名称	变速叉	共 17 页	第 10 页

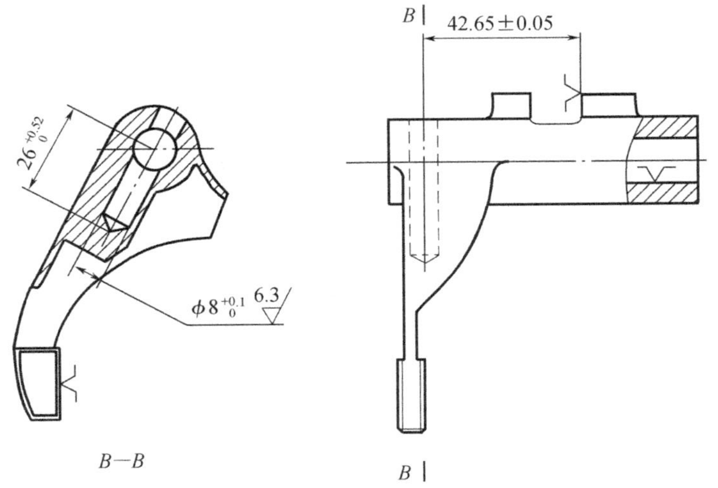

车间	工序号	工序名	材料牌号
二	16	钻	ZG45
毛坯种类	毛坯外形尺寸	每毛坯可制件数	每台件数
铸件		1	1
设备名称	设备型号	设备编号	同时加工
钻床	Z525		1

夹具编号	夹具名称	切削液	
$K02J_6$	钻夹具		
工位器具编号	工位器具名称	工序工时/min	
		准终	单件
	塞规、钻头、可调铰刀	30	4

工步号	工步内容	工艺装备	主轴转速 /$(r \cdot s^{-1})$	切削速度 /$(m \cdot s^{-1})$	进给量 /$(mm \cdot r^{-1})$	背吃刀量 /mm	进给次数	工步工时/s 机动	工步工时/s 辅助
1	钻 $\phi 8^{+0.1}_{0}$ mm 孔			460	手动		1		
2	去孔内毛刺								

										设计(日期)	审核(日期)	标准化(日期)	会签(日期)
标记	处数	更改文件号	签字	日期	标记	处数	更改文件号	签字	日期				

表 4-12　工序卡 11

机械加工工序卡片	产品型号		零(部件)图号	K02		
	产品名称		零(部件)名称	变速叉	共 17 页	第 11 页

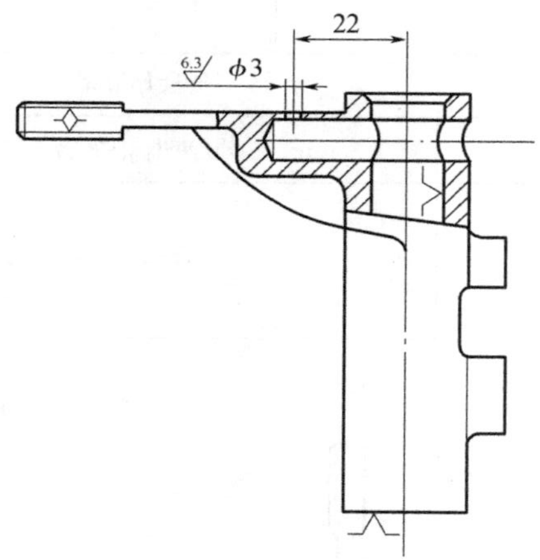

车间	工序号	工序名	材料牌号	
二	17	钻	ZG45	
毛坯种类	毛坯外形尺寸	每毛坯可制件数	每台件数	
铸件		1	1	
设备名称	设备型号	设备编号	同时加工	
钻床	Z4000		1	
夹具编号		夹具名称	切削液	
$K02J_7$		钻夹具		
工位器具编号		工位器具名称	工序工时/min	
			准终	单件
		塞规、钻头、铰刀	15	0.5

工步号	工步内容	工艺装备	主轴转速 /(r·s^{-1})	切削速度 /(m·s^{-1})	进给量 /(mm·r^{-1})	背吃刀量 /mm	进给次数	工步工时/s 机动	工步工时/s 辅助
1	钻通气孔								
2	去孔内毛刺								

										设计(日期)	审核(日期)	标准化(日期)	会签(日期)	
标记	处数	更改文件号	签字	日期	标记	处数	更改文件号	签字	日期					

表 4-13　工序卡 12

机械加工工序卡片	产品型号		零(部件)图号	K02			
	产品名称		零(部件)名称	变速叉	共 17 页	第 12 页	

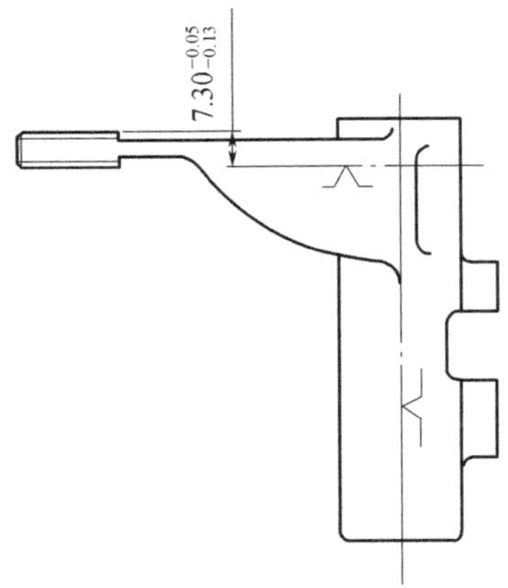

车间	工序号	工序名	材料牌号	
二	19	钳	ZG45	
毛坯种类	毛坯外形尺寸	每毛坯可制件数	每台件数	
铸件		1	1	
设备名称	设备型号	设备编号	同时加工	
钳台			1	
夹具编号		夹具名称	切削液	
工位器具编号		工位器具名称	工序工时/min	
			准终	单件
		测量工具	15	6.5

工步号	工步内容	工艺装备	主轴转速 /(r·s^{-1})	切削速度 /(m·s^{-1})	进给量 /(mm·r^{-1})	背吃刀量 /mm	进给次数	工步工时/s 机动	工步工时/s 辅助
	校正叉脚高低								

										设计(日期)	审核(日期)	标准化(日期)	会签(日期)	
标记	处数	更改文件号	签字	日期	标记	处数	更改文件号	签字	日期					

表 4-14 工序卡 13

机械加工工序卡片	产品型号		零(部件)图号	K02		
	产品名称		零(部件)名称	变速叉	共 17 页	第 13 页

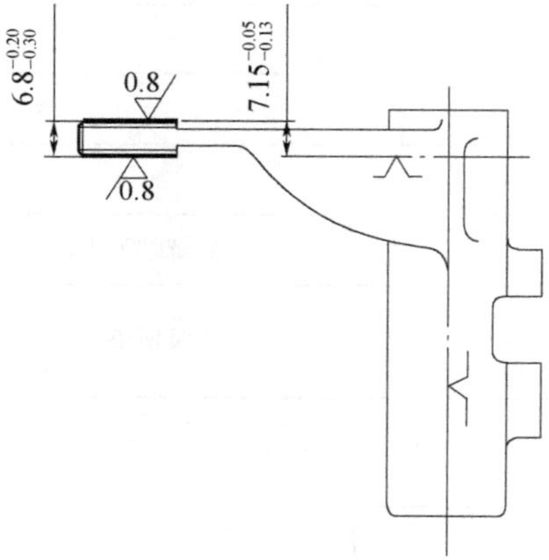

车间	工序号	工序名	材料牌号
二	20	磨	ZG45
毛坯种类	毛坯外形尺寸	每毛坯可制件数	每台件数
铸件		1	1
设备名称	设备型号	设备编号	同时加工
专用磨床			1

夹具编号	夹具名称	切削液	
$K02J_8$	磨夹具		
工位器具编号	工位器具名称	工序工时/min	
		准终	单件
	测量工具、千分尺	15	4

工步号	工步内容	工艺装备	主轴转速 /$(r \cdot s^{-1})$	切削速度 /$(m \cdot s^{-1})$	进给量 /$(mm \cdot r^{-1})$	背吃刀量 /mm	进给次数	工步工时/s	
								机动	辅助
1	磨叉脚上端面								
2	磨叉脚下端面								

										设计(日期)	审核(日期)	标准化(日期)	会签(日期)	
标记	处数	更改文件号	签字	日期	标记	处数	更改文件号	签字	日期					

表 4-15　工序卡 14

机械加工工序卡片	产品型号		零(部件)图号	K02		
	产品名称		零(部件)名称	变速叉	共 17 页	第 14 页

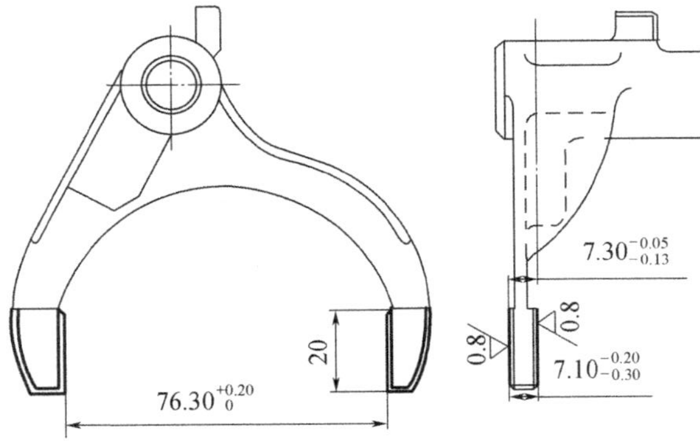

车间	工序号	工序名	材料牌号
外协	21	镀铬	ZG45
毛坯种类	毛坯外形尺寸	每毛坯可制件数	每台件数
铸件		1	1
设备名称	设备型号	设备编号	同时加工
			1

夹具编号	夹具名称	切削液	
工位器具编号	工位器具名称	工序工时/min	
		准终	单件

工步号	工步内容	工艺装备	主轴转速 /$(r \cdot s^{-1})$	切削速度 /$(m \cdot s^{-1})$	进给量 /$(mm \cdot r^{-1})$	背吃刀量 /mm	进给次数	工步工时/s	
								机动	辅助

										设计(日期)	审核(日期)	标准化(日期)	会签(日期)	
标记	处数	更改文件号	签字	日期	标记	处数	更改文件号	签字	日期					

表 4-16 工序卡 15

机械加工工序卡片	产品型号		零(部件)图号	K02		
	产品名称		零(部件)名称	变速叉	共 17 页	第 15 页

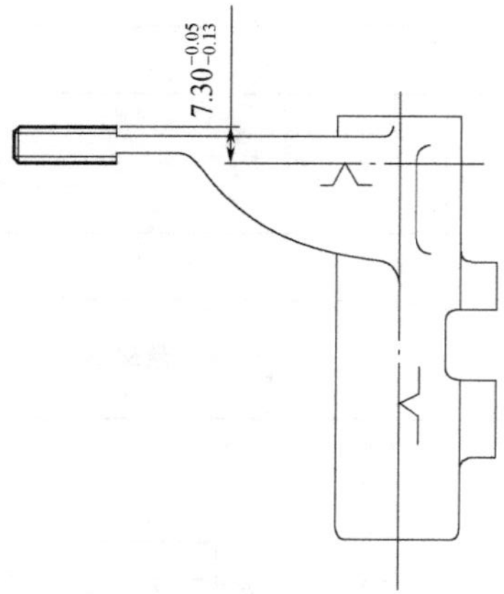

车间	工序号	工序名	材料牌号
二	22	钳	ZG45
毛坯种类	毛坯外形尺寸	每毛坯可制件数	每台件数
铸件		1	1
设备名称	设备型号	设备编号	同时加工
钳台			1

夹具编号	夹具名称	切削液	
工位器具编号	工位器具名称	工序工时/min	
		准终	单件
	测量工具	15	3.5

工步号	工步内容	工艺装备	主轴转速 /(r·s^{-1})	切削速度 /(m·s^{-1})	进给量 /(mm·r^{-1})	背吃刀量 /mm	进给次数	工步工时/s 机动	工步工时/s 辅助
	校正叉脚高低								

标记	处数	更改文件号	签字	日期	标记	处数	更改文件号	签字	日期	设计(日期)	审核(日期)	标准化(日期)	会签(日期)

表 4-17 工序卡 16

机械加工工序卡片	产品型号		零(部件)图号	K02		
	产品名称		零(部件)名称	变速叉	共 17 页	第 16 页

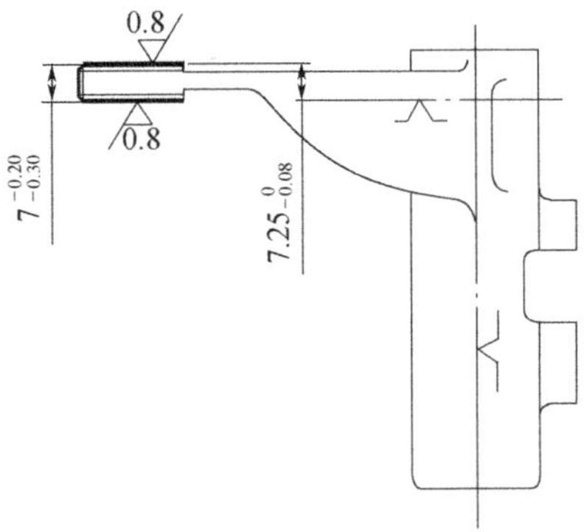

车间	工序号	工序名	材料牌号	
二	23	磨叉脚上、下端面	ZG45	
毛坯种类	毛坯外形尺寸	每毛坯可制件数	每台件数	
铸件		1	1	
设备名称	设备型号	设备编号	同时加工	
专用磨床			1	
夹具编号	夹具名称		切削液	
$K02J_8$	磨夹具			
工位器具编号	工位器具名称		工序工时/min	
			准终	单件
	测量工具、千分尺		15	4.5

工步号	工步内容	工艺装备	主轴转速 /(r·s^{-1})	切削速度 /(m·s^{-1})	进给量 /(mm·r^{-1})	背吃刀量 /mm	进给次数	工步工时/s 机动	工步工时/s 辅助
1	磨叉脚上端面								
2	磨叉脚下端面								

										设计(日期)	审核(日期)	标准化(日期)	会签(日期)	
标记	处数	更改文件号	签字	日期	标记	处数	更改文件号	签字	日期					

表 4-18　工序卡 17

机械加工工序卡片	产品型号		零(部件)图号	K02		
	产品名称		零(部件)名称	变速叉	共 17 页	第 17 页

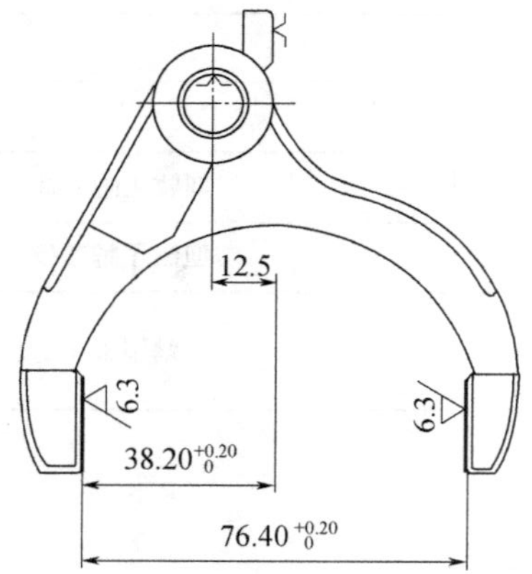

车间	工序号	工序名	材料牌号
二	24	磨	ZG45
毛坯种类	毛坯外形尺寸	每毛坯可制件数	每台件数
铸件		1	1
设备名称	设备型号	设备编号	同时加工
专用磨床			1

夹具编号	夹具名称	切削液	
$K02J_9$	磨夹具		
工位器具编号	工位器具名称	工序工时/min	
		准终	单件
	卡规	15	3

工步号	工步内容	工艺装备	主轴转速 /$(r \cdot s^{-1})$	切削速度 /$(m \cdot s^{-1})$	进给量 /$(mm \cdot r^{-1})$	背吃刀量 /mm	进给次数	工步工时/s 机动	工步工时/s 辅助
	磨叉脚开挡								

										设计(日期)	审核(日期)	标准化(日期)	会签(日期)	
标记	处数	更改文件号	签字	日期	标记	处数	更改文件号	签字	日期					

4.4 检验工序卡

表 4-19 检验工序卡

××××厂	产品类型	零件名称	零件图号	工序内容	工序号	过程卡编号
		变速叉	K02	最终检验	25	

序号	检验项目	尺寸或技术条件	检查方法说明(或简图表示)
1	变速差轴孔孔径 d	$\phi12^{+0.105}_{+0.040}$mm	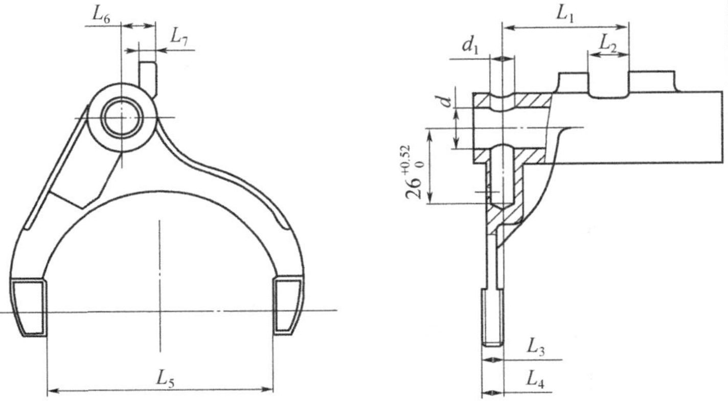
	变速叉轴孔表面粗糙度 Ra 值	1.6μm	
2	锁销孔孔径 d_1	$\phi8^{+0.1}_{0}$mm	
3	锁销孔深度	$26^{+0.52}_{0}$mm	
4	叉口宽 L_2	$13.5^{+0.12}_{0}$mm	
	叉口两侧表面粗糙度 Ra 值	1.6μm	
5	叉口至锁销孔距 L_1	42.65mm±0.05mm	
6	锁销孔至叉角距 L_4	$7.25^{0}_{-0.02}$mm	
7	叉角厚度 L_3	$7^{-0.2}_{-0.3}$mm	
	叉角两侧叉表面粗糙度 Ra 值	0.8μm	
8	叉角两侧面对 d 孔的跳动	0.1mm	
9	叉口宽 L_5	$76.4^{+0.2}_{0}$mm	
10	叉口外侧距 L_6	11.5mm	
11	叉口厚度 L_7	5.5mm	
12	叉口 5.5mm 两侧表面粗糙度 Ra 值	3.2μm	
13	外观	不得有锐角毛边和遗漏工序及坯件缩孔等缺陷	

备注		编制		会签		日期
		核对		批准		

第 5 章　各种加工方法的经济精度及表面粗糙度

5.1　典型表面加工的经济精度及表面粗糙度

表 5-1　内圆表面加工的经济精度与表面粗糙度

序号	加工方法	经济精度	表面粗糙度 $Ra/\mu m$	适用范围
1	钻	IT12~IT13	12.5	加工未淬火钢及铸铁的实心毛坯,也可用于加工有色金属(但表面粗糙度稍粗大),孔径<15~20mm
2	钻→铰	IT8~IT10	3.2~1.6	
3	钻→粗铰→精铰	IT7~IT8	1.6~0.8	
4	钻→扩	IT10~IT11	12.5~6.3	同上,但孔径>15~20mm
5	钻→扩→粗铰→精铰	IT7~IT8	1.6~0.8	
6	钻→扩→铰	IT8~IT9	3.2~1.6	
7	钻→扩→机铰→手铰	IT6~IT7	0.4~0.1	
8	钻→(扩)→拉	IT7~IT9	1.6~0.1	大批量生产,精度视拉刀精度而定
9	粗镗(或扩孔)	IT11~IT13	12.5~6.3	毛坯是未淬火钢及铸件,毛坯有孔
10	粗镗(粗扩)→半精镗(精扩)	IT9~IT10	3.2~1.6	
11	扩(镗)→铰	IT9~IT10	3.2~1.6	
12	粗镗(扩)→半精镗(精扩)→精镗(铰)	IT7~IT8	1.6~0.8	
13	镗→拉	IT7~IT9	1.6~0.1	
14	粗镗(扩)→半精镗(精扩)→精镗→浮动镗刀块精镗	IT6~IT7	0.8~0.4	
15	粗镗→半精镗→磨孔	IT7~IT8	0.8~0.2	淬火钢或非淬火钢
16	粗镗(扩)→半精镗→粗磨→精磨	IT6~IT7	0.2~0.1	
17	粗镗→半精镗→精镗→金刚镗	IT6~IT7	0.4~0.05	有色金属精加工
18	钻→(扩)→粗铰→精铰→珩磨 钻→(扩)→拉→珩磨 粗镗→半精镗→精镗→珩磨	IT6~IT7	0.2~0.025	黑色金属高精度大孔的加工
19	以研磨代替上述方案中的珩磨	IT6 级以上	0.1 以下	
20	钻(粗镗)→扩(半精镗)→精镗→金刚镗→脉冲滚挤	IT6~IT7	0.1	有色金属及铸件上的小孔

表 5-2 外圆表面加工的经济精度与表面粗糙度

序号	加工方法	经济精度	表面粗糙度 $Ra/\mu m$	适用范围
1	粗车	IT11~IT13	12.5~6.3	适用于淬火钢以外的各种金属
2	粗车→半精车	IT8~IT10	6.3~3.2	
3	粗车→半精车→精车	IT6~IT9	1.6~0.8	
4	粗车→半精车→精车→滚压(或抛光)	IT6~IT8	0.2~0.025	
5	粗车→半精车→磨削	IT6~IT8	0.8~0.4	适用于淬火钢、未淬火钢
6	粗车→半精车→粗磨→精磨	IT5~IT7	0.4~0.1	
7	粗车→半精车→粗磨→精磨→超精加工	IT5~IT6	0.1~0.012	
8	粗车→半精车→精车→精磨→研磨	IT5 级以上	<0.1	
9	粗车→半精车→粗磨→精磨→超精磨(或镜面磨)	IT5 级以上	<0.05	
10	粗车→半精车→精车→金刚石车	IT5~IT6	0.2~0.025	适用于有色金属

表 5-3 平面加工的经济精度与表面粗糙度

序号	加工方法	经济精度	表面粗糙度 $Ra/\mu m$	适用范围
1	粗车	IT10~IT11	12.5~6.3	未淬硬钢、铸铁、有色金属端面加工
2	粗车→半精车	IT8~IT9	6.3~3.2	
3	粗车→半精车→精车	IT6~IT7	1.6~0.8	
4	粗车→半精车→磨削	IT7~IT9	0.8~0.2	钢、铸铁端面加工
5	粗刨(粗铣)	IT12~IT14	12.5~6.3	不淬硬的平面
6	粗刨(粗铣)→半精刨(半精铣)	IT11~IT12	6.3~1.6	
7	粗刨(粗铣)→精刨(精铣)	IT7~IT9	6.3~1.6	
8	粗刨(粗铣)→半精刨(半精铣)→精刨(精铣)	IT7~IT8	3.2~1.6	
9	粗铣→拉	IT6~IT9	0.8~0.2	大量生产未淬硬的小平面
10	粗刨(粗铣)→精刨(精铣)→宽刃刀精刨	IT6~IT7	0.8~0.2	未淬硬的钢件、铸铁件及有色金属件
11	粗刨(粗铣)→半精刨(半精铣)→精刨(精铣)→宽刃刀低速精刨	IT5	0.8~0.2	
12	粗刨(粗铣)→精刨(精铣)→刮研	IT5~IT6	0.8~0.1	
13	粗刨(粗铣)→半精刨(半精铣)→精刨(精铣)→刮研			
14	粗刨(粗铣)→精刨(精铣)→磨削	IT6~IT7	0.8~0.2	淬硬或未淬硬的黑色金属工件
15	粗刨(粗铣)→半精刨(半精铣)→精刨(精铣)→磨削	IT5~IT6	0.4~0.2	
16	粗铣→精铣→磨削→研磨	IT5 级以上	<0.1	

表 5-4　花键加工的经济精度(/mm)

花键的最大直径	轴				孔			
	用磨制的滚铣刀		成形磨		拉削		推削	
	花键宽	底圆直径	花键宽	底圆直径	花键宽	底圆直径	花键宽	底圆直径
18~30	0.025	0.05	0.013	0.027	0.013	0.018	0.008	0.012
>30~50	0.040	0.075	0.015	0.032	0.016	0.026	0.009	0.015
>50~80	0.050	0.10	0.017	0.042	0.016	0.030	0.012	0.019
>80~120	0.075	0.125	0.019	0.045	0.019	0.035	0.012	0.023

表 5-5　齿形加工的经济精度

加工方法		精度等级 GB 10095—88
多头滚刀滚齿($m=1\sim20$mm)		8~10
单头滚刀滚齿($m=1\sim20$mm)	AAA	6
	AA	7
	滚刀精度等级:A	8
	B	9
	C	10
圆盘形插齿刀插齿($m=1\sim20$mm)	AA	6
	插齿刀精度等级:A	7
	B	8

加工方法		精度等级 GB 10095—88
圆盘形剃齿刀剃齿($m=1\sim20$mm)	剃齿刀精度等级:A	5
	B	6
	C	7
磨齿	成形砂轮仿形法	5~6
	盘形砂轮展成法	3~6
	两个盘形砂轮展成法(马格法)	3~6
	蜗杆砂轮展成法	4~6
用铸铁研磨轮研齿		5~6

表 5-6　齿轮、花键加工的表面粗糙度

加工方法	表面粗糙度 Ra/μm	加工方法	表面粗糙度 Ra/μm
粗滚	3.2~1.6	拉	3.2~1.6
精滚	1.6~0.8	剃	0.8~0.2
精插	1.6~0.8	磨	0.8~0.1
精刨	3.2~0.8	研	0.4~0.2

表 5-7　圆锥形孔加工的经济精度

加工方法		公差等级	
		锥孔	深锥孔
扩孔	粗扩	IT11	
	精扩	IT9	
镗孔	粗镗	IT9	IT9~IT11
	精镗	IT7	

加工方法		公差等级	
		锥孔	深锥孔
铰孔	机动	IT7	IT7~IT9
	手动	高于 IT7	
磨孔	高于 IT7	高于 IT7	IT7
研磨孔	IT6	IT6	IT6~IT7

注:表面粗糙度参照表 5-1 内圆表面加工相应加工方法选取

表 5-8　米制螺纹加工的经济精度和表面粗糙度

加工方法		螺纹公差带（GB/T 197—1981）	表面粗糙度 $Ra/\mu m$	加工方法		螺纹公差带（GB/T 197—1981）	表面粗糙度 $Ra/\mu m$
车螺纹	外螺纹	4h~6h	6.3~0.8	梳形刀车螺纹	外螺纹	4h~6h	0.6~0.8
	内螺纹	5H~7H			内螺纹	5H~7H	
圆板牙套螺纹		6h~8h	3.2~0.8	梳形铣刀铣螺纹		6h~8h	
丝锥攻内螺纹		4H~7H		旋风铣螺纹		6h~8h	
带圆梳刀自动张开式板牙		4h~6h		搓丝板搓螺纹		6h	1.6~0.8
				滚丝模滚螺纹		4h~6h	1.6~0.2
带径向或切向梳刀自动张开式板牙		6h		砂轮磨螺纹		4h 以上	0.8~0.2
				研磨螺纹		4h	0.8~0.05

注：外螺纹公差带代号中的“h”，换为“g”，不影响公差大小

5.2　常用加工方法的形状和位置经济精度

表 5-9　直线度、平面度的经济精度

加工方法	超精密加工	精密加工		精加工	半精加工	粗加工
	超精磨、精研、精密刮	精密磨、研磨、精刮	精密车、磨、刮	精车、铣、刨、拉、粗磨	半精车、铣刨插	各种粗加工方法
公差等级	IT1~IT2	IT3~IT4	IT5~IT6	IT7~IT8	IT9~IT10	IT11~IT12

表 5-10　圆度、圆柱度的经济精度

加工方法	超精密加工	精密加工	精加工	半精加工	粗加工
	研磨、精密磨、精密金刚镗	精密车、精密镗、精密磨、金刚镗、研磨、珩磨	精车、精镗、珩磨、拉、精铰	半精车、镗、铰、拉、精扩及钻	粗车及镗、钻
公差等级	IT1~IT2	IT3~IT4	IT5~IT6	IT7~IT8	IT9~IT10

表 5-11　平行度、倾斜度、垂直度的经济精度

加工方法	超精密加工	精密加工	精加工	半精加工	粗加工
	超精研、精密磨、精刮、金刚石加工	精密车、研磨、精磨、刮、珩	精车、镗、铣、刨、磨、刮、珩、坐标镗	半精车、镗、铣、刨、粗磨、导套钻、铰	各种粗加工方法
公差等级	IT1~IT2	IT3~IT4	IT5~IT7	IT8~IT10	IT11~IT12

表 5-12　同轴度、圆跳动、全跳动的经济精度

加工方法	超精密加工	精密加工	精加工	半精加工	粗加工
	研磨、精密磨、金刚石加工、珩磨	精密车、精密磨、内圆磨（一次安装）、珩磨、研磨	精车、磨、内圆磨及镗（一次安装加工）	半精车、镗、铰、拉、粗磨	粗车、镗、钻
公差等级	IT1~IT2	IT3~IT4	IT5~IT6	IT7~IT9	IT10~IT12

5.3 常用机床加工的形状和位置精度

表 5-13 车床加工的经济精度

机床类型	最大加工直径/mm	圆度/mm	圆柱度/长度/(mm/mm)	平面度(凹入)/直径/(mm/mm)
卧式车床	250 320 400	0.01	0.015/100	0.015/≤200 0.02/≤300 0.025/≤400
	500 630 800	0.015	0.025/300	0.03/≤500 0.04/≤600 0.05/≤700
精密车床	250,400,320,500	0.005	0.01/150	0.01/200
高精度车床	250,320,400	0.001	0.002/100	0.002/100
立式车床	≤1000	0.01	0.02	0.04
车床上镗孔		两孔轴心线的距离误差或自孔轴心线到平面的距离误差/mm		
按划线		1.0~3.0		
在角铁式夹具上		0.1~0.3		

表 5-14 钻床加工的经济精度(/mm)

加工精度 加工方法	垂直孔轴心线的垂直度	垂直孔轴心线的位置度	两平行孔轴心线的距离误差或自孔轴心线到平面的距离误差	钻孔与端面的垂直度
按划线钻孔	0.5~1.0/100	0.5~2	0.5~1.0	0.3/100
用钻模钻孔	0.1/100	0.5	0.1~0.2	0.1/100

表 5-15 铣床加工的经济精度

机床类型	加工范围	平面度/mm	平行度		垂直度(加工面相互间)/(mm/mm)
			加工面对基面/(mm/mm)	两侧加工面之间/mm	
升降台铣床	立式 卧式	0.02 0.02	0.03 0.03	—	0.02/100 0.02/100
工作台不升降铣床	立式 卧式	0.02 0.02	0.03 0.03	—	0.02/100 0.02/100

（续）

机床类型	加工范围		平面度/mm	平行度		垂直度（加工面相互间）/(mm/mm)
				加工面对基面/(mm/mm)	两侧加工面之间/mm	
龙门铣床	加工长度/m	≤2	—	0.03	0.02	0.02/300
		>2~5		0.04	0.03	
		<5~10		0.05	0.05	
		<10		0.08	0.08	
摇臂铣床			0.02	0.03		0.02/100
铣床上镗孔			镗垂直孔轴心线的垂直度/(mm/mm)		镗垂直孔轴心线的位置度/(mm/mm)	
回转工作台			0.02~0.05/100		0.1~0.2	
回转分度头			0.05~0.1/100		0.3~0.5	

5.4 各种加工方法的加工经济精度

表 5-16 各种加工方法的加工经济精度

加工方法		经济精度	加工方法		经济精度
外圆表面	粗车	IT11~IT13	内孔表面	钻孔	IT12~IT13
	半精车	TI8~IT10		钻头扩孔	IT11
	精车	IT7~IT8		粗扩	IT12~IT13
	细车	IT5~IT6		精扩	IT10~IT11
	粗磨	IT8~IT9		一般铰孔	IT10~IT11
	精磨	IT6~IT7		精铰	IT7~IT9
	细磨	IT5~IT6		细铰	IT6~IT7
	研磨	IT5		粗拉毛孔	IT10~IT11
平面	粗车端面	IT11~IT13		精拉	IT7~IT9
	精车端面	IT7~IT9		粗镗	IT11~IT13
	细车端面	IT6~IT8		精镗	IT7~IT9
	粗铣	IT9~IT13		金刚镗	IT5~IT7
	精铣	IT7~IT11		粗磨	IT9
	细铣	IT6~IT9		精磨	IT7~IT8
	拉	IT6~IT9		细磨	IT6
	粗磨	IT7~IT10		研、珩	IT6
	精磨	IT6~IT9			
	细磨	IT5~IT7			
	研磨	IT5			

5.5 标准公差值

表 5-17 标准公差值

基本尺寸/mm		公差等级																			
		IT01	IT0	IT1	IT2	IT3	IT4	IT5	IT6	IT7	IT8	IT9	IT10	IT11	IT12	IT13	IT14	IT15	IT16	IT17	IT18
大于	至	/μm													/mm						
—	3	0.3	0.5	0.8	1.2	2	3	4	6	10	14	25	40	60	0.10	0.14	0.25	0.40	0.60	1.0	1.4
3	6	0.4	0.6	1	1.5	2.5	4	5	8	12	18	30	48	75	0.12	0.18	0.30	0.48	0.75	1.2	1.8
6	10	0.4	0.6	1	1.5	2.5	4	6	9	15	22	36	58	90	0.15	0.22	0.36	0.58	0.90	1.5	2.2
10	18	0.5	0.8	1.2	2	3	5	8	11	18	27	43	70	110	0.18	0.27	0.43	0.70	1.10	1.8	2.7
18	30	0.6	1	1.5	2.5	4	6	9	13	21	33	52	84	130	0.21	0.33	0.52	0.84	1.30	2.1	3.3
30	50	0.6	1	1.5	2.5	4	7	11	16	25	39	62	100	160	0.25	0.39	0.62	1.00	1.60	2.5	3.9
50	80	0.8	1.2	2	3	5	8	13	19	30	46	74	120	190	0.30	0.46	0.74	1.20	1.90	3.0	4.6
80	120	1	1.5	2.5	4	6	10	15	22	35	54	87	140	220	0.35	0.54	0.87	1.40	2.20	3.5	5.4
120	180	1.2	2	3.5	5	8	12	18	25	40	63	100	160	250	0.40	0.63	1.00	1.60	2.50	4.0	6.3
180	250	2	3	4.5	7	10	14	20	29	46	72	115	185	290	0.46	0.72	1.15	1.85	2.90	4.6	7.2
250	315	2.5	4	6	8	12	16	23	32	52	81	130	210	320	0.52	0.81	1.30	2.10	3.20	5.2	8.1
315	400	3	5	7	9	13	18	25	36	57	89	140	230	360	0.57	0.89	1.40	2.30	3.60	5.7	8.9
400	500	4	6	8	10	15	20	27	40	63	97	155	250	400	0.63	0.97	1.55	2.50	4.00	6.3	9.7
500	630	4.5	6	9	11	16	22	30	44	70	110	175	280	440	0.70	1.10	1.75	2.80	4.40	7.0	11.0
630	800	5	7	10	13	18	25	35	50	80	125	200	320	500	0.80	1.25	2.00	3.20	5.00	8.0	12.5
800	1000	5.5	8	11	15	21	29	40	56	90	140	230	360	560	0.90	1.40	2.30	3.60	5.60	9.0	14.0
1000	1250	6.5	9	13	18	24	34	46	66	105	165	260	420	660	1.05	1.65	2.60	4.20	6.60	10.5	16.5
1250	1600	8	11	15	21	29	40	54	78	125	195	310	500	780	1.25	1.95	3.10	5.60	7.80	12.5	19.5
1600	2000	9	13	18	25	35	48	65	92	150	230	370	600	920	1.50	2.30	3.70	6.00	9.20	15.0	23.0
2000	2500	11	15	22	30	41	57	77	110	175	280	440	700	1100	1.75	2.80	4.40	7.00	11.00	17.5	28.0
2500	3150	13	18	26	36	50	69	93	135	210	330	540	860	1350	2.10	3.30	5.40	8.60	13.50	21.0	33.0

注:基本尺寸小于 1mm 时,无 IT14~IT18

第 6 章　课程设计示例

6.1　零件的工艺分析及生产类型的确定

6.1.1　零件的作用

零件是 CA6140 车床主轴箱中运动输入Ⅰ轴上的一个离合齿轮(图 6-1),它位于轴的右端,用于接通或断开主轴的反转传动路线。该零件的 ϕ68K7mm 孔与两个滚动轴承的外圈相配合,ϕ71mm 沟槽为弹簧挡圈卡槽,ϕ94mm 孔容纳其他零件,通过 4 个 16mm 槽口控制齿轮转动,6×1.5mm 沟槽和 4×ϕ5mm 孔用于通入冷却润滑油。

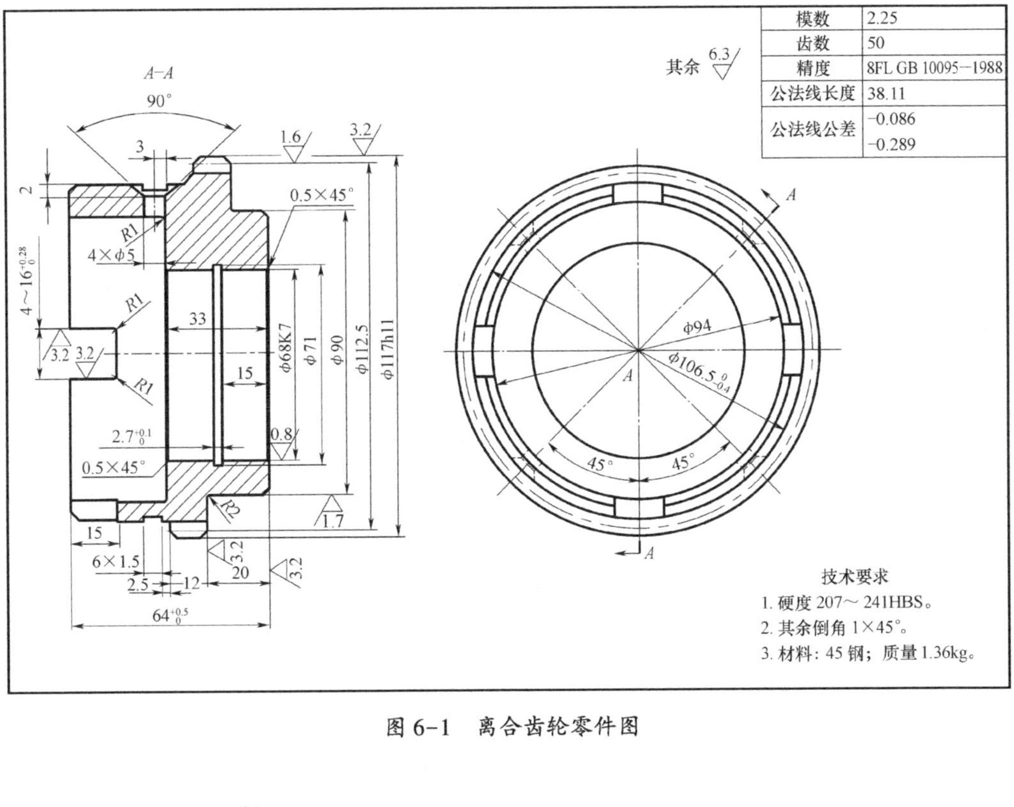

图 6-1　离合齿轮零件图

6.1.2　零件的工艺分析

零件的视图正确、完整,尺寸、公差及技术要求齐全。但基准孔 ϕ68K7mm 要求 Ra0.8μm 有些偏高。一般 8 级精度的齿轮,其基准孔要求 Ra1.6μm 即可。

该零件属盘套类回转体零件,它的所有表面均需切削加工,各表面的加工精度和表面粗糙度都不难获得。4 个 16mm 槽口相对 ϕ68K7mm 孔的轴线互成 90°垂直分布,其径向设计基准是

ϕ68K7mm 孔的轴线，轴向设计基准是 ϕ90mm 外圆柱的右端平面。4×ϕ5mm 孔在 6×1.5mm 沟槽内，孔中心线距沟槽一侧面的距离为 3mm，由于加工时不能选用沟槽的侧面为定位基准，要精确地保证上述要求则比较困难，但这些小孔为油孔，位置要求不高，只要钻到沟槽之内接通油路即可，加工不成问题。应该说，这个零件的工艺性较好。

6.1.3 零件的生产类型

零件年产量 $Q=2000$ 台/年，$n=1$ 件/台；结合生产实际，备用率 α 和废品率 β 分别取为 10%和 1%。代入公式得该零件的生产量为

$$N=Qn(1+10\%)(1+1\%)=2000\times1\times(1+10\%)\times(1+1\%)=2222(\text{件}/\text{年})$$

零件是机床上的齿轮，质量为 1.36kg，属轻型零件，生产类型为中批生产。

6.2 选择毛坯、确定毛坯尺寸、设计毛坯图

6.2.1 选择毛坯

该零件材料为 45 钢。考虑到车床在车削螺纹工作中经常要正、反向旋转，该零件在工作过程中经常承受交变载荷及冲击性载荷，因此应该选用锻件，使金属纤维尽量不被切断，保证零件工作可靠。由于零件年产量为 2222 件，属批量生产，而且零件的轮廓尺寸不大，可采用模锻成形。从提高生产率和保证加工精度上考虑也是应该的。

6.2.2 锻件机械加工余量、毛坯尺寸和公差的相关因素

钢质模锻件的公差及机械加工余量按 GB/T 12362—2003 确定。要确定毛坯的尺寸公差及机械加工余量，应先确定如下各项因素。

(1) 锻件公差等级。由该零件的功用和技术要求，确定其锻件公差为普通级。

(2) 锻件质量 m_f。根据零件成品质量 1.36kg，估算 $m_f=2.2$kg。

(3) 锻件形状复杂系数 S。

该锻件为圆形，假设其最大直径为 ϕ121mm，长 68mm，可计算出锻件外轮廓包容体质量为

$$m_N=\frac{\pi}{4}\times121^2\times68\times7.85\times10^{-6}=6.138(\text{kg})$$

由

$$S=\frac{m_f}{m_N}$$

得

$$S=\frac{2.2}{6.138}=0.358$$

查本书锻件相关内容中“锻件形状复杂系数 S 分级表”，由于 0.358 介于 0.32 和 0.63 之间，得到该零件的形状复杂系数 S 属 S_2 级。

(4) 锻件材质系数 M。由于该零件材料为 45 钢，是碳的质量分数小于 0.65%的碳素钢，查本书锻件相关内容可知该锻件的材质系数属 M_1 级。

(5) 零件表面粗糙度。由零件图知，除 ϕ68K7mm 孔为 Ra0.8μm 以外，其余各加工表面 $Ra \geq 1.6\mu m$。

6.2.3 确定锻件机械加工余量

根据锻件质量、零件表面粗糙度和形状复杂系数查本书锻件相关内容，可查得锻件单边余量在厚度方向为 1.7~2.2mm，水平方向亦为 1.7~2.2mm，即锻件各外径的单面余量为 1.7~2.2mm，各轴向尺寸的单面余量亦为 1.7~2.2mm。锻件中心两孔的单面余量按表查得为 2.5mm。

6.2.4 确定锻件毛坯尺寸

上面查得的加工余量适用于机械加工表面粗糙度 $Ra \geq 1.6\mu m$。$Ra < 1.6\mu m$ 的表面，余量要适当增大。

分析本零件，除 ϕ68K7mm 孔为 Ra0.8μm 以外，其余各加工表面为 $Ra \geq 1.6\mu m$，因此这些表面的毛坯尺寸只需将零件的尺寸加上所查得的余量值即可(由于有的表面只需粗加工，这时可取所查数据中的小值。当表面需经粗加工和半精加工时，可取其较大值)。ϕ68K7mm 孔需精加工达到 Ra0.8μm，参考磨孔余量(见本书光盘"加工余量"相关内容)确定精镗孔单面余量为 0.5mm。

综上所述，确定毛坯尺寸见表 6-1。

表 6-1 离合齿轮毛坯(锻件)尺寸(/mm)

零件尺寸	单面加工余量	锻件尺寸	零件尺寸	单面加工余量	锻件尺寸
ϕ117h11	2	ϕ121	64	2 及 1.7	67.7
ϕ106.50	1.75	ϕ110	20	2 及 2	20
ϕ90	2	ϕ94	12	2 及 1.7	15.7
ϕ94	2.5	ϕ89	ϕ94 孔深 31	1.7 及 1.7	31
ϕ68K7	3	ϕ62			

6.2.5 确定锻件毛坯尺寸公差

锻件毛坯尺寸公差根据锻件质量、材质系数和形状复杂系数从本书毛坯尺寸公差内容中查得。本零件毛坯尺寸允许偏差见表 6-2。

表 6-2 离合齿轮毛坯(锻件)尺寸允许偏差(/mm)

锻件尺寸	偏差	锻件尺寸	偏差
ϕ121	+1.7 -0.8	ϕ62(ϕ54)	+0.6 -1.4
ϕ110	+1.5 -0.7	20	±0.9
		31	±1.0
ϕ94	+1.5 -0.7	15.7	+1.2 -0.4
ϕ89	+0.7 -1.5	67.7	+1.7 -0.5

6.2.6 设计毛坯图

1. 确定圆角半径

锻件的内外圆角半径查阅本书毛坯尺寸公差中锻件圆角半径表相关内容可确定。本锻件各部分的 $H/B<2$，故按表中第一行公式。为简化起见，本锻件的内、外圆角半径分别取相同数值，以台阶高度 $H=16\sim25$mm 进行确定。结果如下

外圆角半径　　　　　　　　$r=6$mm

内圆角半径　　　　　　　　$R=3$mm

以上所取的圆角半径数值能保证各表面的加工余量。

2. 确定模锻斜度

本锻件由于上、下模镗深度不相等，模锻斜度应以模镗较深的一侧计算。

$$\frac{L}{B}=\frac{110}{110}=1,\frac{H}{B}=\frac{32}{110}=0.291$$

查阅本书毛坯尺寸公差相关内容可确定外模锻斜度 $\alpha=5°$，内模锻斜度加大，取$\beta=7°$。

3. 确定分模位置

由于毛坯是 $H<D$ 的圆盘类锻件，应采取轴向分模，这样可冲内孔，使材料利用率得到提高。为了便于起模及便于发现上、下模在模锻过程中错移，选择最大直径即齿轮处的对称平面为分模面，分模线为直线，属平直分模线。

4. 确定毛坯的热处理方式

钢质齿轮毛坯经锻造后应安排正火，以消除残余的锻造应力，使不均匀的金相组织通过重新结晶而得到细化、均匀的组织，从而改善加工性。

图 6-2 所示为本零件的毛坯图。

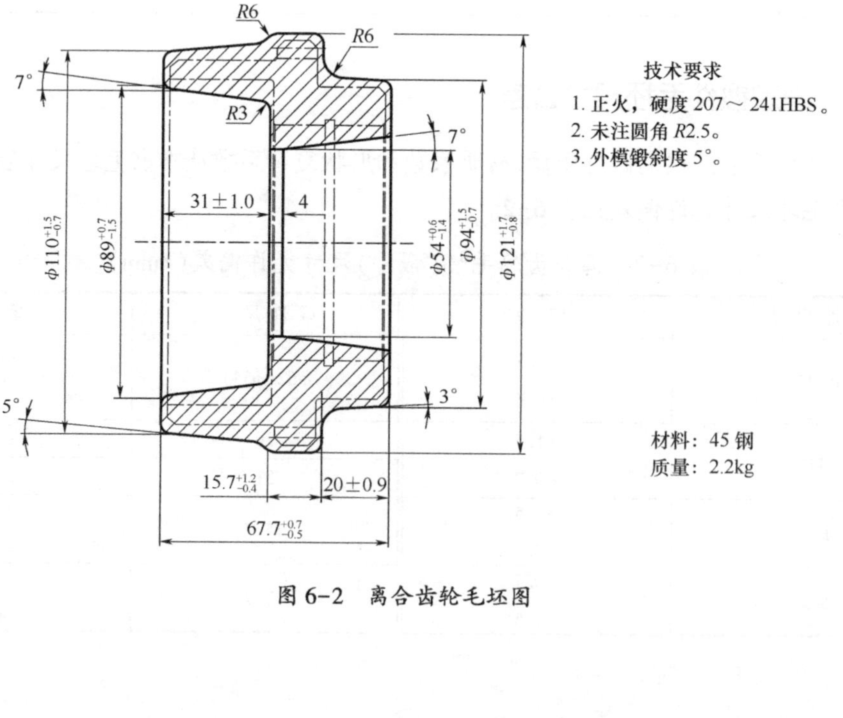

图 6-2　离合齿轮毛坯图

6.3 选择加工方法，制定工艺路线

6.3.1 定位基准的选择

本零件是带孔的盘状齿轮，孔是设计基准（亦是装配基准和测量基准），为避免由于基准不重合而产生的误差，应选孔为定位基准，即遵循“基准重合”的原则。具体而言，即选 ϕ68K7mm 孔及一端面作为精基准。

由于本齿轮全部表面都需加工，而孔作为精基准应先进行加工，因此应选外圆及一端面为粗基准。最大外圆上有分模面，表面不平整、有飞边等缺陷，定位不可靠，故不能选为粗基准。

6.3.2 零件表面加工方法的选择

本零件的加工面有外圆、内孔、端面、齿面、槽及小孔等，材料为 45 钢。以公差等级和表面粗糙度要求，查阅工艺手册中零件表面加工方法、加工经济精度与表面粗糙度相关内容，其加工方法选择如下：

（1）ϕ90mm 外圆面。为未注公差尺寸，根据 GB 1800—79 规定其公差等级按 IT14，表面粗糙度 Ra3.2μm，需进行粗车和半精车。

（2）齿圈外圆面。公差等级为 IT11，表面粗糙度 Ra3.2μm，需粗车和半精车。

（3）$\phi106.5_{-0.4}^{\ 0}$mm 外圆面。公差等级为 IT12，表面粗糙度 Ra6.3μm，粗车即可。

（4）ϕ68K7mm 内孔。公差等级为 IT7，表面粗糙度 Ra0.8μm，毛坯孔已锻出，为未淬火钢，加工方法可采取粗镗、半精镗之后用精镗、拉孔或磨孔都能满足加工要求。由于拉孔适用于大批量生产，磨孔适用于单件小批量生产，故本零件宜采用粗镗、半精镗和精镗。

（5）ϕ94mm 内孔。为未注公差尺寸，公差等级按 IT14，表面粗糙度 Ra6.3μm，毛坯孔已锻出，只需粗镗即可。

（6）端面。本零件的端面为回转体端面，尺寸精度要求不高，表面粗糙度 Ra3.2μm 及 Ra6.3μm 两种要求。要求 Ra3.2μm 的端面可粗车和半精车，要求 Ra6.3μm 的端面，经粗车即可。

（7）齿面。齿轮模数为 2.25，齿数为 50，精度 8FL，表面粗糙度 Ra1.6μm，采用 A 级单头滚刀滚齿即能达到要求。

（8）槽。槽宽和槽深的公差等级分别为 IT13 和 IT14，表面粗糙度分别为 Ra3.2μm 和 Ra6.3μm，需采用三面刃铣刀，粗铣、半精铣。

（9）ϕ5mm 小孔。采用复合钻头一次钻出即可。

6.3.3 制订工艺路线

齿轮的加工工艺路线一般是先进行齿坯的加工，再进行齿面加工。齿坯加工包括各圆柱表面及端面的加工。按照先加工基准面及先粗后精的原则，该零件加工可按下述工艺路线进行。

工序Ⅰ：以 ϕ106.5mm 处外圆及端面定位，粗车另一端面，粗车外圆 ϕ90mm 及台阶面，粗车外圆 ϕ117mm，粗镗孔 ϕ68mm。

工序Ⅱ：以粗车后的 ϕ90mm 外圆及端面定位，粗车另一端面，粗车外圆 $\phi106_{-0.4}^{\ 0}$mm 及台阶面，车 6mm×1.5mm 沟槽，粗镗 ϕ94mm 孔，倒角。

工序Ⅲ：以粗车后的 $\phi106_{-0.4}^{\ 0}$mm 外圆及端面定位，半精车另一端面，半精车外圆 ϕ90mm 及台阶面，半精车外圆 ϕ117mm，半精镗 ϕ68mm 孔，倒角。

加工齿面是以孔 ϕ68K7mm 为定位基准，为了更好地保证它们之间的位置精度，齿面加工之前，先精镗孔。

工序Ⅳ：以 ϕ90mm 外圆及端面定位，精镗 ϕ68K7mm 孔，镗孔内的沟槽，倒角。

工序Ⅴ：以 ϕ68K7mm 孔及端面定位，滚齿。

4 个沟槽与 4 个小孔为次要表面，加工应安排在最后。考虑定位方便，应该先铣槽后钻孔。

工序Ⅵ：以 ϕ68K7mm 孔及端面定位，粗铣 4 个槽。

工序Ⅶ：以 ϕ68K7mm 孔、端面及粗铣后的一个槽定位，半精铣 4 个槽。

工序Ⅷ：以 ϕ68K7mm 孔、端面及一个槽定位，钻 4 个小孔。

工序Ⅸ：钳工去毛刺。

工序Ⅹ：终检。

6.4 工序设计

6.4.1 选择加工设备与工艺装备

1. 选择机床

根据不同的工序选择机床，相关内容参考第一章第三节所列工艺手册中常用金属切削机床的技术参数部分。

(1) 工序Ⅰ、Ⅱ、Ⅲ是粗车和半精车。各工序的工步数不多，成批生产不要求很高的生产率，故选用卧式车床就能满足要求。本零件外廓尺寸不大，精度要求不是很高，选用最常用的 C620-1 型卧式车床即可。

(2) 工序Ⅳ为精镗孔。由于加工的零件外廓尺寸不大，又是回转体，宜在车床上镗孔。由于要求的精度较高，表面粗糙度值较小，需选用较精密的车床才能满足要求，因此选用 C616A 型卧式车床。

(3) 工序Ⅴ滚齿。从加工要求及尺寸大小考虑，选 Y3150 型滚齿机较合适。

(4) 工序Ⅵ和Ⅶ是用三面刃铣刀粗铣及半精铣槽，应选卧式铣床。考虑本零件属成批生产，所选机床使用范围较广为宜，选常用的 X62 型铣床能满足加工要求。

(5) 工序Ⅷ钻 4 个 ϕ5mm 的小孔，可采用专用的分度夹具在立式钻床上加工，故选 Z525 型立式钻床。

2. 选择夹具

本零件除粗铣、半精铣槽和钻小孔工序需要专用夹具外，其他各工序使用通用夹具即可。前 4 道车床工序用三爪自定心卡盘，滚齿工序用心轴。

3. 选择刀具

根据不同的工序选择刀具，相关内容查阅本书光盘刀具部分。

(1) 在车床上加工的工序,一般都选用硬质合金车刀和镗刀。加工钢质零件采用 YT 类硬质合金,粗加工用 YT5,半精车用 YT15,精加工用 YT30。为提高生产率及经济性,应选用可转位车刀(GB 5343.1—1985, GB 5343.2—1985)。切槽刀宜选用高速钢。

(2) 关于滚齿,查阅本书各种加工方法的经济精度中齿轮部分,采用 A 级单头滚刀能达到 8 级精度。滚刀选择可查阅本书“刀具技术参数”相关部分,这里选模数为 2.25mm 的Ⅱ型 A 级精度滚刀(GB 6083—1985)。

(3) 铣刀选镶齿三面刃铣刀(JB/T 7953—1999)。零件要求铣切深度为 15mm,查阅本书光盘刀具部分可知铣刀的直径应为 100~160mm。因此所选铣刀:半精铣工序铣刀直径 $d=125$mm,宽 $L=16$mm,孔径 $D=32$mm,齿数 $z=20$;粗铣由于留有双面余量 3mm(参见李益民的机械制造工艺设计简明手册凹槽加工余量),槽宽加工到 13mm,该标准铣刀无此宽度需特殊订制,铣刀规格为 $d=125$mm,$L=13$mm,$D=32$mm,$z=20$。

(4) 钻 ϕ5mm 小孔,由于带有 90°的倒角,可采用复合钻一次钻出。

4. 选择量具

本零件属成批生产,一般情况下尽量采用通用量具。根据零件表面的精度要求、尺寸和形状特点,查阅本书光盘中的量具部分,选择如下:

(1) 选择各外圆加工面的量具。本零件各外圆加工面的量具见表 6-3。

表 6-3　外圆加工面所用量具　　单位:mm

工序	加工面尺寸	尺寸公差	量具
Ⅰ	ϕ118.5	0.54	读数值 0.02、测量范围 0~150 游标卡尺
	ϕ91.5	0.87	
Ⅱ	ϕ106.5	0.4	
Ⅲ	ϕ90	0.87	读数值 0.05、测量范围 0~150 游标卡尺
	ϕ117	0.22	读数值 0.01、测量范围 100~125 外径千分尺

加工 ϕ91.5mm 外圆面可用分度值 0.05mm 的游标卡尺进行测量,但由于与加工 ϕ118.5mm 外圆面是在同一工序中进行,故用表中所列的一种量具即可。

(2) 选择加工孔用量具。ϕ68K7mm 孔经粗镗、半精镗、精镗 3 次加工。粗镗至 $\phi65^{+0.19}_{0}$mm,半精镗至 $\phi67^{+0.09}_{0}$mm。

① 粗镗孔 $\phi65^{+0.19}_{0}$mm,公差等级为 IT11,查阅本书光盘中的量具部分,选读数值 0.01mm、测量范围 50~125mm 的内径千分尺即可。

② 半精镗孔 $\phi67^{+0.09}_{0}$mm,公差等级约为 IT9,查阅本书光盘中的量具部分,可选读数值 0.01mm、测量范围 50~100mm 的内径百分表。

③ 精镗 ϕ68K7mm 孔,由于精度要求高,加工时每个工件都需进行测量,宜选用极限量规。查阅本书光盘中的量具部分,确定孔径可选三牙锁紧式圆柱塞规(GB/T 6322—1986)。

(3) 选择加工轴向尺寸所用量具。加工轴向尺寸所用量具见表 6-4。

表 6-4　加工轴向尺寸所用量具　单位:mm

工　序	尺寸及公差	量　具
Ⅰ	$66.4_{-0.34}^{0}$	读数值 0.02、测量范围 0~150 游标卡尺
	$20_{0}^{+0.21}$	
Ⅱ	$64.7_{-0.34}^{0}$	
	$32_{0}^{+0.25}$	
	$31_{0}^{+0.52}$	
Ⅲ	$20_{0}^{+0.08}$	读数值 0.01、测量范围 0~25 游标卡尺
	$64_{-0.1}^{0}$	读数值 0.01、测量范围 50~75 外径千分尺

(4) 选择加工槽所用量具。槽经粗铣、半精铣两次加工。槽宽及槽深的尺寸公差的等级粗铣时均为 IT14;半精铣时,槽宽为 IT13,槽深为 IT14,均可选用读数值为 0.02mm、测量范围 0mm~150mm 的游标卡尺进行测量。

(5) 选择滚齿工序所用量具。滚齿工序在加工时测量公法线长度即可。查阅本书光盘中的量具部分可选分度值为 0.01mm、测量范围 25~50mm 的公法线千分尺(GB/T 1217—1986)。

6.4.2　确定工序尺寸

1. 确定圆柱面的工序尺寸

圆柱表面多次加工的工序尺寸与加工余量有关。前面已确定各圆柱面的总加工余量(毛坯余量),应将毛坯余量分为各工序加工余量,然后由后往前计算工序尺寸。中间工序尺寸的公差按加工方法的经济精度确定。

本零件各圆柱表面的工序加工余量、工序尺寸、公差和表面粗糙度见表 6-5。

表 6-5　圆柱表面的工序加工余量、工序尺寸、公差和表面粗糙度　单位:mm

加工表面	工序双边余量			工序尺寸公差			表面粗糙度/μm		
	粗	半精	精	粗	半精	精	粗	半精	精
φ117h11 外圆	2.5	1.5	—	$\phi118.5_{-0.54}^{0}$	$\phi117_{-0.22}^{0}$	—	$Ra6.3$	$Ra3.2$	
$\phi106.5_{-0.4}^{0}$外圆	3.5	—	—	$\phi106.5_{-0.4}^{0}$	—	—	$Ra6.3$		
φ90 外圆	2.5	1.5	—	φ91.5	φ90	—	$Ra6.3$	$Ra3.2$	
φ94 孔	5			φ94			$Ra6.3$		
φ68K7 孔	3	2	1	$\phi65_{0}^{+0.19}$	$\phi67_{0}^{+0.074}$	$\phi68_{-0.021}^{+0.009}$	$Ra6.3$	$Ra1.6$	$Ra0.8$

2. 确定轴向工序尺寸

本零件各工序的轴向尺寸如图 6-3 所示。

(1) 确定各加工表面的工序加工余量。本零件各端面的工序加工余量见表 6-6。

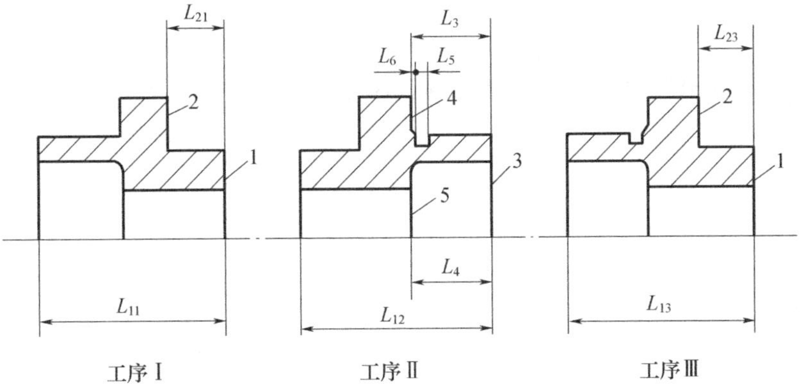

图 6-3 工序轴向尺寸

表 6-6 各端面的工序加工余量 单位:mm

工 序	加工表面	总加工余量	工序加工余量
Ⅰ	1	2	Z11 = 1.3
	2	2	Z21 = 1.3
Ⅱ	3	1.7	Z32 = 1.7
	4	1.7	Z42 = 1.7
	5	1.7	Z52 = 1.7
Ⅲ	1	2	Z13 = 0.7
	2	2	Z23 = 0.7

(2) 确定工序尺寸 L_{13}、L_{23}、L_5 及 L_6。该尺寸在工序中应达到零件图样的要求,则

$$L_{13} = 64^{+0.5}_{0}\text{mm}(\text{尺寸公差暂定})$$

$$L_{23} = 20\text{mm}, L_5 = 6\text{mm}, L_6 = 2.5\text{mm}$$

(3) 确定工序尺寸 L_{12}、L_{11} 及 L_{21}。该尺寸只与加工余量有关,则

$$L_{12} = L_{13} + Z_{13} = 64 + 0.7 = 64.7\text{mm}$$

$$L_{11} = L_{12} + Z_{32} = 64.7 + 1.7 = 66.4\text{mm}$$

$$L_{21} = L_{23} + Z_{13} - Z_{23} = 20 + 0.7 - 0.7 = 20\text{mm}$$

(4) 确定工序尺寸 L_3。尺寸 L_3 需解工艺尺寸链才能确定。工艺尺寸链如图 6-4 所示。

图 6-4 中 L_7 为零件图样上要求保证的尺寸 12mm。L_7 为未注公差尺寸,其公差等级按 IT14,查公差表得公差值为 0.43mm,则 $L_7 = 12^{\ 0}_{-0.43}$mm。

根据尺寸链计算公式,有

$$L_7 = L_{13} - L_{23} - L_3$$

$$L_3 = L_{13} - L_{23} - L_7 = 64 - 20 - 12 = 32\text{mm}$$

$$T_7 = T_{13} + T_{23} + T_3$$

按前面所定的公差 T_{13} = 0.5mm,而 T_7 = 0.43mm,不能满足尺寸公差的关系式,必须缩小 T_{13} 的数值。现按加工方法的经济精度确定:

$$T_{13} = 0.1\text{mm},\ T_{23} = 0.08\text{mm},\ T_3 = 0.25\text{mm}$$

则

$$T_{13}+T_{23}+T_3=0.1+0.08+0.25=0.43\text{mm}=T_7$$

决定组成环的极限偏差时，留 L_3 作为调整尺寸，L_{13} 按外表面、L_{23} 按内表面决定其极限偏差，则

$$L_{13}=64_{-0.1}^{\ 0}\text{mm}\ ,L_{23}=20_{\ 0}^{+0.08}\text{mm}$$

L_7、L_{13} 及 L_{23} 的中间偏差为

$$\Delta_7=-0.215\text{mm},\Delta_{13}=-0.05\text{mm},\Delta_{23}=+0.04\text{mm}$$

L_3 的中间偏差为

$$\Delta_3=\Delta_{13}-\Delta_{23}-\Delta_7=-0.05-(+0.04)-(-0.215)=+0.125\text{mm}$$

$$ESL_3=\Delta_3+\frac{T_3}{2}=0.125+\frac{0.25}{2}=+0.25\text{mm}$$

$$EIL_3=\Delta_3-\frac{T_3}{2}=0.125-\frac{0.25}{2}=0\text{mm}$$

$$L_3=32_{\ 0}^{+0.25}\text{mm}$$

(5) 确定工序尺寸 L_4。工序尺寸 L_4 也需解工艺尺寸链才能确定。工序尺寸链如图 6-5 所示。

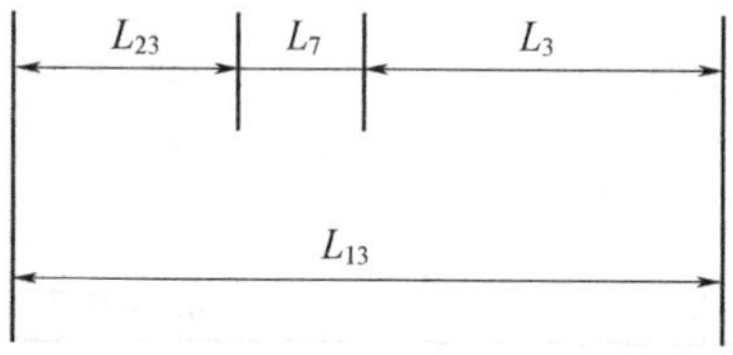

图 6-4　含尺寸 L_3 的工艺尺寸链

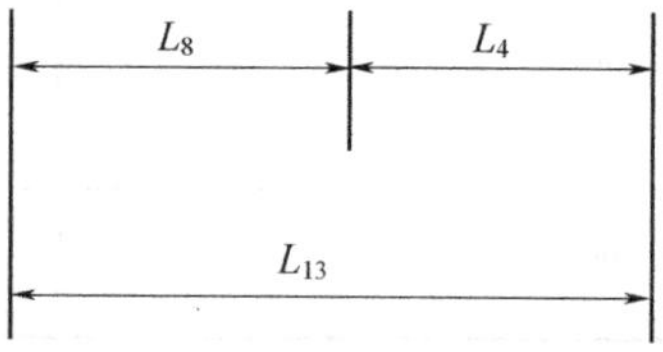

图 6-5　含尺寸 L_4 的工艺尺寸链

图 6-5 中 L_8 为零件图样上要求保证的尺寸 33mm。其公差等级按 IT14，查表为 0.62mm，则 $L_8=33_{-0.62}^{\ 0}\text{mm}$。解工艺尺寸链得 $L_4=31_{\ 0}^{+0.52}\text{mm}$。

(6) 确定工序尺寸 L_{11}、L_{12} 及 L_{21}。按加工方法的经济精度及偏差入体原则，得 $L_{11}=66.4_{-0.34}^{\ 0}\text{mm}$，$L_{12}=64.7_{-0.34}^{\ 0}\text{mm}$，$L_{21}=20_{\ 0}^{+0.21}\text{mm}$。

(7) 确定铣槽的工序尺寸。半精铣可达到零件图样的要求，则该工序槽宽为 $16_{\ 0}^{+0.28}\text{mm}$，槽深 15mm。粗铣时，为半精铣留有加工余量：槽宽双边余量为 3mm，槽深余量为 2mm。则粗铣工序槽宽为 13mm，槽深为 13mm。

6.5　确定切削用量及基本时间

切削用量包括背吃刀量 a_p、进给量 f 和切削速度 v。确定顺序是先确定 a_p、f，再确定 v。

6.5.1　工序 I 切削用量及基本时间的确定

1. 切削用量

本工序为粗车(车端面、外圆及镗孔)。已知加工材料为 45 钢，$\sigma_b=670\text{MPa}$，锻件，有外皮；机床为 C620-1 型卧式车床，工件装卡在三爪自定心卡盘中。

(1) 确定粗车外圆 $\phi118.5_{-0.54}^{0}$mm 的切削用量。所选刀具为 YT5 硬质合金可转位车刀。由于 C620-1 车床的中心高为 200mm(参见本书光盘中"常用机床的主要技术参数"相关内容),又根据本书光盘"查表法确定切削用量"中车刀刀杆及刀片尺寸相关内容,选刀杆尺寸 $B\times H=16\text{mm}\times25\text{mm}$,刀片厚度为 4.5mm,再根据"查表法确定切削用量"中车刀切削部分的几何形状相关内容,选择车刀几何形状为卷屑槽倒棱型前刀面,前角$\gamma_0=12°$,后角 $\alpha_0=6°$,主偏角 $\kappa_r=90°$,副偏角 $\kappa_r'=10°$,刃倾角 $\lambda_s=0°$,刀尖圆弧半径 $\gamma_\varepsilon=0.8$mm。

① 确定背吃刀量 a_p。确定双边余量为 2.5mm,显然 a_p 为单边余量,$a_p=\dfrac{2.5}{2}=1.25$mm。

② 确定进给量f。查阅本书光盘"查表法确定切削用量"中硬质合金及高速钢车刀粗车外圆和端面的进给量内容, 在粗车钢料、刀杆尺寸为 16mm×25mm、$a_p\leqslant3$mm、工件直径为100~400mm 时,$f=0.6\sim1.2$mm/r,再按 C620-1 车床的进给量(查阅本书光盘中"常用机床的主要技术参数"相关内容),选择$f=0.65$mm/r。

确定的进给量需满足车床进给机构强度的要求,故需进行校验。

根据艾兴、肖诗纲的《切削用量简明手册》,C620-1 车床进给机构允许的进给力 $F_{max}=3530$N。

根据本书光盘"切削用量及其计算"中"切削过程切削力计算公式",当钢料 $\sigma_b=570\sim670$MPa、$a_p\leqslant2$mm、$f\leqslant0.75$mm/r、$\kappa_r=45°$、$v=65$m/min(预计)时,求得进给力 $F_f=760$N。

根据本书光盘"切削用量及其计算"中"切削过程切削力计算公式"、"切削力修正系数"相关内容,求得实际进给力为

$$F_f=760\times1.17=889.2\text{N}$$

$F_f<F_{max}$,所选的进给量$f=0.65$mm/r 可用。

③ 选择车床磨钝标准及耐用度。根据本书光盘"查表法确定切削用量"中"车刀磨钝标准及耐用度"内容,车刀后刀面最大磨损量取为 1mm,可转位车刀耐用度 $T=30$min。

④ 确定切削速度 v。根据本书光盘"切削用量及其计算"中"车削时切削速度的计算公式",当用 YT15 硬质合金车刀加工 $\sigma_b=600\sim700$MPa 钢料、$a_p\leqslant3$mm、$f\leqslant0.75$mm/r 时,切削速度 $v=109$m/min。

考虑本书光盘"切削用量及其计算"中"修正系数",进一步求得修正值,即

$$v=109\times0.8\times0.65\times0.81\times1.15=52.8\text{m/min}$$

$$n=\frac{1000v}{\pi d}=\frac{1000\times52.5}{\pi\times121}=138.9\text{r/min}$$

按 C620-1 车床的转速(查阅本书光盘"常用机床的主要技术参数"中卧式车床主轴转速相关内容),选择 $n=120\text{r/min}=2\text{r/s}$,则实际切削速度 $v=45.6$m/min。

⑤ 校验机床功率。根据本书光盘"切削用量及其计算"中"切削过程切削功率计算公式",当 $\sigma_b=580\sim970$MPa、HBS=166~277、$a_p\leqslant2$mm、$f\leqslant0.75$mm/r、$v=46$m/min 时,求得切削功率 $P_c=1.7$kW。

考虑"切削用量及其计算"中的修正系数,求得实际切削时的功率 $P_c=0.72$kW。

根据艾兴、肖诗纲的《切削用量简明手册》,C620-1 型卧式车床主轴各级转速的力学性能参数相关内容,当 $n=120$r/min 时,机床主轴允许功率 $P_E=5.9$kW。$P_c<P_E$,故所选切削用量可

在 C620-1 车床上进行。

最后的切削用量为

$$a_p = 1.25\text{mm}, f = 0.65\text{mm/r}, n = 120\text{r/min}, v = 45.6\text{m/min}$$

（2）确定粗车外圆 $\phi91.5$mm、端面及台阶面的切削用量。采用车外圆 $\phi118.5$mm 的刀具加工这些表面。加工余量皆可一次走刀切除，车外圆 $\phi91.5$mm 的 $a_p=1.25$mm，端面及台阶面的 $a_p=1.3$mm。车外圆 $\phi91.5$mm 的 $f=0.65$mm/r，车端面及台阶面的 $f=0.52$mm/r。主轴转速与车外圆 $\phi118.5$mm 相同。

（3）确定粗镗 $\phi65^{+0.19}_{0}$mm 孔的切削用量。所选刀具为 YT5 硬质合金、直径为 20mm 的圆形镗刀。

① 确定背吃刀量 a_p。双边余量为 3mm，显然 a_p 为单边余量，$a_p=\frac{3}{2}=1.5$mm。

② 确定进给量 f。查阅本书光盘"查表法确定切削用量"中硬质合金及高速钢镗刀镗孔的进给量内容，当粗镗钢料、镗刀直径为 20mm、$a_p\leqslant 2$mm、镗刀伸出长度为 100mm 时，$f=0.15$mm/r～0.30mm/r，按C620-1车床的进给量（查阅本书光盘"常用机床的主要技术参数"中的相关内容），选择 $f=0.20$mm/r。

③ 确定切削速度 v。查阅本书光盘"切削用量及其计算"中车削时切削速度的计算内容，按公式计算切削速度为

$$v = \frac{C_v}{T^m a_p^{x_v} f^{y_v}} k_v$$

式中，$C_v=291$，$m=0.2$，$x_v=0.15$，$y_v=0.2$，$T=60$min，$k_v=0.9\times0.8\times0.65=0.468$，则

$$v = \frac{291}{60^{0.2}\times 1.5^{0.15}\times 0.2^{0.2}}\times 0.468 = 78\text{m/min}$$

$$n = \frac{1000v}{\pi d} = \frac{1000\times 78}{\pi\times 65} = 382\text{r/min}$$

按 C620-1 车床的转速，选择 $n=370$r/min。

2. 基本时间

（1）确定粗车外圆 $\phi91.5$mm 的基本时间。本书"工时定额的确定"中"车削和镗削机动时间计算公式"，车外圆基本时间为

$$T_{j1} = \frac{L}{fn} i = \frac{l + l_1 + l_2 + l_3}{fn} i$$

式中，$l=20$mm，$l_1=\frac{a_p}{\tan\kappa_r}+(2\sim3)$，$\kappa_r=90°$，$l_1=2$mm，$l_2=0$，$l_3=0$，$f=0.65$mm/r，$n=2.0$r/s，$i=1$，则

$$T_{j1} = \frac{20+2}{0.65\times2} = 17\text{s}$$

（2）粗车外圆 $\phi118.50^{0}_{-0.54}$mm 的基本时间为

$$T_{j2} = \frac{l + l_1 + l_2 + l_3}{fn} i$$

式中，$l=14.4$mm，$l_1=0$，$l_2=4$mm，$l_3=0$，$f=0.65$mm/r，$n=2.0$r/s，$i=1$，则

$$T_{j2} = \frac{14.4+4}{0.65\times 2} = 15\text{s}$$

(3) 粗车端面的基本时间参见本书“工时定额的确定”中“车削和镗削机动时间计算公式”,有

$$T_{j3}=\frac{L}{fn}i, L=\frac{d-d_1}{2}+l_1+l_2+l_3$$

式中,$d=94$mm,$d_1=62$mm,$l_1=2$mm,$l_2=4$mm,$l_3=0$,$f=0.52$mm/r,$n=2.0$r/s,$i=1$,则

$$T_{j3}=\frac{16+2+4}{0.52\times 2}=22\text{s}$$

(4) 粗车台阶面的基本时间为

$$T_{j4}=\frac{L}{fn}i,\ L=\frac{d-d_1}{2}+l_1+l_2+l_3$$

式中,$d=121$mm,$d_1=91.5$mm,$l_1=0$,$l_2=4$mm,$l_3=0$,$f=0.52$mm/r,$n=2.0$r/s,$i=1$,则

$$T_{j4}=\frac{14.75+4}{0.52\times 2}=18\text{s}$$

(5) 选镗刀的主偏角 $\kappa_r=45°$,粗镗 $\phi65^{+0.19}_{0}$mm 孔的基本时间为

$$T_{j5}=\frac{l+l_1+l_2+l_3}{fn}i$$

式中, $l=35.4$mm,$l_1=3.5$mm,$l_2=4$mm,$l_3=0$,$f=0.2$mm/r,$n=6.17$r/s,$i=1$,则

$$T_{j5}=\frac{35.4+3.5+4}{0.2\times 6.17}=35\text{s}$$

(6) 确定工序的基本时间为

$$T_j=\sum_{i=1}^{5}T_{ji}=17+15+22+18+35=107\text{s}$$

6.5.2 工序Ⅱ切削用量及基本时间的确定

本工序仍为粗车(车端面、外圆、台阶面,镗孔,车沟槽及倒角)。已知条件与工序Ⅰ相同。车端面、外圆及台阶面可采用与工序Ⅰ相同的可转位车刀。镗刀选 YT5 硬质合金、主偏角 $\kappa_r=90°$、直径为 20mm 的圆形镗刀。车沟槽采用高速钢成形切槽刀。

采用工序Ⅰ确定切削用量的方法,得本工序的切削用量及基本时间见表 6-7。

表 6-7 工序Ⅱ切削用量及基本时间

工 步	a_p/mm	$f/(\text{mm}\cdot\text{r}^{-1})$	$v/(\text{m}\cdot\text{s}^{-1})$	$n/(\text{r}\cdot\text{s}^{-1})$	T_i/s
粗车端面	1.7	0.52	0.69	2	16
粗车外圆 ϕ106.5mm	1.75	0.65	0.69	2	25
粗车台阶面	1.7	0.52	0.74	2	8
镗孔及台阶面	2.5 及 1.7	0.2	1.13	3.83	69
车沟槽		手动	0.17	0.5	
倒角		手动	0.69	2	

6.5.3 工序Ⅲ切削用量及基本时间的确定

1. 切削用量

本工序为半精加工(车端面、外圆、镗孔及倒角)。已知条件与粗加工工序相同。

（1）确定半精车外圆 $\phi117_{-0.22}^{0}$mm 的切削用量。所选刀具为 YT15 硬质合金可转位车刀。车刀形状、刀杆尺寸及刀片厚度均与粗车相同。根据本书“查表法确定切削用量”中“车刀切削部分的几何形状”相关内容，确定车刀几何形状为，$\gamma_0=12°$，$\alpha_0=8°$，$\kappa_r=90°$，$\kappa_r'=5°$，$\lambda_s=0°$，$\gamma_\varepsilon=0.5$mm。

① 确定背吃刀量。$a_p=\frac{1.5}{2}=0.75$mm。

② 确定进给量 f。根据本书光盘中硬质合金外圆车刀半精车的进给量内容，按 C620-1 车床的进给量（参见本书机床技术参数部分），选择 $f=0.3$mm/r。由于是半精车加工，切削力较小，故不需校验机床进给机构强度。

③ 选择车刀磨钝标准及耐用度。根据本书光盘“查表法确定切削用量”中“车刀磨钝标准及耐用度”内容，车刀后刀面最大磨损量取为 0.4mm，耐用度 $T=30$min。

④ 确定切削速度 v。根据光盘中“切削速度”相关内容，当用 YT15 硬质合金车刀加工 $\sigma_b=600\sim700$MPa 钢料、$a_p\leqslant1.4$mm、$f\leqslant0.38$mm/r 时，切削速度 $v=156$m/min。

根据第 14 章中所述“切削速度”修正系数计算方法，求得修正值

$$v=156\times0.81\times1.15=145.3\text{m/min}$$

$$n=\frac{1000v}{\pi d}=\frac{1000\times145.3}{\pi\times118.5}=390\text{r/min}$$

按 C620-1 车床的转速（参见本书机床技术参数部分），选择 $n=380$r/min$=6.33$r/s，则实际切削速度 $v=2.33$m/min。

半精加工机床功率可不校验。

最后决定的切削用量为

$$a_p=0.75\text{mm}, f=0.3\text{mm/r}, n=380\text{r/min}=6.33\text{r/s}, v=2.33\text{m/s}=141.6\text{m/min}$$

（2）确定半精车外圆 $\phi90$mm、端面及台阶面的切削用量。采用半精车外圆 $\phi117$mm 的刀具加工这些表面。车外圆 $\phi90$mm 的 $a_p=0.75$mm，端面及台阶面的 $a_p=0.7$mm。车外圆 $\phi90$mm、端面及台阶面的 $f=0.3$mm/r，$n=380$r/min$=6.33$r/s。

（3）确定半精镗孔 $\phi67_{0}^{+0.074}$mm 的切削用量。所选刀具为 YT15 硬质合金、主偏角 $\kappa_r=45°$、直径为 20mm 的圆形镗刀。其耐用度 $T=60$min。

① $a_p=\frac{2}{2}=1$mm。

② $f=0.1$mm/r。

③ $v=\frac{291}{60^{0.2}\times1^{0.15}\times0.1^{0.2}}\times0.9=183$m/min。

$n=\frac{1000\times183}{\pi\times67}=869.4$r/min。

选择 C620-1 车床的转速 $n=760$r/min$=12.7$r/s，则实际切削速度 $v=2.67$m/s。

2. 基本时间（参见本书工时定额的确定部分）

（1）半精车外圆 $\phi117$mm 的基本时间为

$$T_{j1}=\frac{12+4}{0.3\times6.33}=9\text{s}$$

(2) 半精车外圆 ϕ90mm 的基本时间为

$$T_{j2}=\frac{20+2}{0.3\times6.33}=12\text{s}$$

(3) 半精车端面的基本时间为

$$T_{j3}=\frac{13.25+2+4}{0.3\times6.33}=11\text{s}$$

(4) 半精车台阶面的基本时间为

$$T_{j4}=\frac{14.25}{0.3\times6.33}=10\text{s}$$

(5) 半精镗 ϕ67mm 孔的基本时间为

$$T_{j5}=\frac{33+3.5+4}{0.1\times12.7}=32.5\text{s}$$

6.5.4 工序Ⅳ切削用量及基本时间的确定

1. 切削用量

本工序为精镗 $\phi68^{+0.009}_{-0.021}$mm 孔、镗沟槽及倒角。

(1) 确定精镗 ϕ68mm 孔的切削用量。所选刀具为 YT30 硬质合金、主偏角 $\kappa_r=45°$、直径为 20mm 的圆形镗刀。其耐用度 $T=60$min。

① $a_p=\frac{68-67}{2}=0.5$mm。

② $f=0.04$mm/r。

③ $v=\frac{291}{60^{0.2}\times0.5^{0.15}\times0.04^{0.2}}\times0.9\times1.4=5.52$m/min;

$n=\frac{1000\times5.52}{\pi\times68}=1598.6$r/min。

根据 C616A 车床的转速表(查阅本书机床技术参数部分),选择 $n=1400$r/min $=23.3$r/s,则实际切削速度 $v=4.98$m/s。

(2) 确定镗沟槽的切削用量。选用高速钢切槽刀,采用手动进给,主轴转速 $n=40$r/min $=0.67$r/s,切削速度 $v=0.14$m/s。

2. 基本时间

精镗 ϕ68mm 孔的基本时间为

$$T_j=\frac{33+3.5+4}{0.04\times23.3}=44\text{s}$$

6.5.5 工序Ⅴ切削用量及基本时间的确定

1. 切削用量

本工序为滚齿,选用标准的高速钢单头滚刀,模数 $m=2.25$mm,直径 ϕ63mm,可以采用一次走刀切至全深。工件齿面要求表面粗糙度为 $Ra1.6\mu m$,根据本书光盘中滚齿进给量相关内容,选择工件每转滚刀轴向进给量 $f_a=0.8\sim1mm/r$。按 Y3150 型滚齿机进给量(查阅本书机床技术参数中滚齿机相关内容)选 $f_a=0.83mm/r$。

查阅本书光盘中“切削用量及其计算”中齿轮刀具切削速度计算公式,确定齿轮滚刀的切削速度为

$$v = \frac{C_v}{T^{m_v} f_a^{y_v} m^{x_v}} k_v$$

式中,$C_v=364$,$T=240min$,$m_v=0.5$,$f_a=0.83mm/r$,$m=2.25mm$,$y_v=0.85$,$x_v=-0.5$,$k_v=0.8\times0.8=0.64$,则

$$v = \frac{364}{240^{0.5}\times0.83^{0.85}\times2.25^{-0.5}}\times0.64 = 26.4m/min$$

$$n = \frac{1000v}{\pi d} = \frac{1000\times26.4}{\pi\times63} = 133r/min$$

根据 Y3150 型滚齿机主轴转速(查阅本书机床技术参数中滚齿机相关内容),选 $n=135r/min=2.25r/s$。实际切削速度为 $v=0.45m/s$。

加工时的切削功率为(参见本书“切削用量及其计算”中齿轮加工时切削功率的计算相关内容)

$$P_c = \frac{C_{P_c} f^{y_{P_c}} m^{x_{P_c}} d^{u_{P_c}} z^{q_{P_c}} v}{10^3} k_{P_c}$$

式中,$C_{P_c}=124$,$y_{P_c}=0.9$,$x_{P_c}=1.7$,$u_{P_c}=-1.0$,$q_{P_c}=0$,$k_{P_c}=1.2$,$f=0.83mm/r$,$m=2.25mm$,$d=63mm$,$z=50$,$v=26.7m/min$,则

$$P_c = \frac{124\times0.83^{0.9}\times2.25^{1.7}\times63^{-1.0}50^{\circ}\times26.7}{10^3}\times1.2 = 0.21kW$$

Y3150 型滚齿机的主电动机功率 $P_E=3kW$(参见本书滚齿机技术参数相关内容)。因 $P_c<P_E$,故所选择的切削用量可在该机床上使用。

2. 基本时间

根据本书第 16 章时间定额中机动时间计算的相关内容,用滚刀滚圆柱齿轮的基本时间为

$$T_j = \frac{\left(\frac{B}{\cos\beta}+l_1+l_2\right)z}{qnf_a}$$

式中,$B=12mm$,$\beta=0^{\circ}$,$z=50$,$q=1$,$n=1.72r/s$,$f_a=0.83mm/r$,

$$l_1 = \sqrt{h(d-h)}+(2\sim3) = \sqrt{5.06\times(63-5.06)}+2 = 19mm, l_2 = 3mm$$

则

$$T_j = \frac{(12+19+3)\times50}{1.72\times0.83} = 1191s$$

6.5.6 工序Ⅵ切削用量及基本时间的确定

1. 切削用量

本工序为粗铣槽,所选刀具为高速钢三面刃铣刀。铣刀直径 $d=125mm$,宽度 $L=13mm$,齿

数 $z=20$。根据本书“查表法确定切削用量”中“铣刀切削部分的几何形状”相关内容选择铣刀的基本形状。由于加工钢料的 σ_b 在600~700MPa范围内，故选前角 $\gamma_0=15°$，后角 $\alpha_0=12°$（周齿），$\alpha_0=6°$（端齿）。已知铣削宽度 $a_e=13mm$，铣削深度 $a_p=13mm$。机床选用X62型卧式铣床。共铣4个槽。

（1）确定每齿进给量 f_z。根据本书“查表法确定切削用量”中高速钢端铣刀、圆柱铣刀和盘铣刀加工时进给量相关内容，X62型卧式铣床的功率为7.5kW（参见本书“机床技术参数”），工艺系统刚性中等，细齿盘铣刀加工钢料，查得每齿进给量 $f_z=0.06\sim0.1mm/z$。现取 $f_z=0.07mm/z$。

（2）选择铣刀磨钝标准及耐用度。根据本书光盘“查表法确定切削用量”中“磨钝标准及耐用度”内容，用高速钢盘铣刀粗加工钢料，铣刀刀齿后刀面最大磨损量为0.6mm；铣刀直径 $d=125mm$，耐用度 $T=120min$。

（3）确定切削速度和工作台每分钟进给量 f_{Mz}。参见本书“切削用量及其计算”中铣削时切削速度的计算相关内容）计算，即

$$v=\frac{C_v d^{q_v}}{T^m a_p^{x_v} f_z^{y_v} a_e^{u_v} z^{p_v}} k_v$$

式中，$C_v=48$，$q_v=0.25$，$x_v=0.1$，$y_v=0.2$，$u_v=0.3$，$P_v=0.1$，$m=0.2$，$T=120min$，$a_p=13mm$，$f_z=0.07mm/z$，$a_e=13mm$，$z=20$，$d=125mm$，$k_v=1.0$，则

$$v=\frac{48\times125^{0.25}}{120^{0.2}\times13^{0.1}\times0.07^{0.2}\times13^{0.3}\times20^{0.1}}=27.86m/min$$

$$n=\frac{1000\times27.86}{\pi\times125}=70.9r/min$$

根据X62型卧式铣床主轴转速表（参见本书“机床技术参数”），选择 $n=60r/min=1r/s$，则实际切削速度 $v=0.39m/s$，工作台每分钟进给量为

$$f_{Mz}=0.07\times20\times60=84mm/min$$

根据X62型卧式铣床工作台进给量表（参见本书“机床技术参数”），选择 $f_{Mz}=75mm/min$，则实际的每齿进给量 $f_z=\frac{75}{20\times60}=0.063mm/z$。

（4）验机床功率。根据计算公式（参见本书第14章铣削时切削力、转矩和功率的计算相关内容），铣削时的功率（单位kW）为

$$P_c=\frac{F_c v}{1000}$$

$$F_c=\frac{C_F a_p^{x_F} f_z^{y_F} a_e^{u_F} z}{d^{q_F} n^{w_F}} k_{F_c}$$

式中，$C_F=650$，$x_F=0.10$，$y_F=0.72$，$u_F=0.86$，$w_F=0$，$q_F=0.86$，$a_p=13mm$，$f_z=0.063mm/z$，$a_e=13mm$，$z=20$，$d=125mm$，$n=60r/min$，$k_{F_c}=0.63$（切削条件改变时，切削力修正系数），则

$$F_c=\frac{650\times13^{1.0}\times0.063^{0.72}\times13^{0.86}\times20}{125^{0.86}\times60^{\circ}}\times0.63=2076.8N$$

$$v=0.39m/s$$

$$P_c = \frac{2076.8 \times 0.39}{1000} = 0.81\text{kW}$$

X62 铣床主电动机的功率为 7.5kW(参见本书“机床技术参数”),故所选切削用量可以采用。所确定的切削用量 $f_z = 0.063\text{mm/z}$, $f_{Mz} = 75\text{mm/min}$, $n = 60\text{r/min}$, $v = 0.39\text{m/s}$。

2. 基本时间(参见本书第 16 章)

根据李益民的机械制造工艺设计简明手册中铣削机动时间公式,三面刃铣刀铣槽的基本时间为

$$T_j = \frac{l + l_1 + l_2}{f_{Mz}}$$

式中, $l = 7.5\text{mm}$, $l_1 = \sqrt{a_e(d-a_e)} + (1\sim3)$, $a_e = 13\text{mm}$, $d = 125\text{mm}$, $l_1 = 40\text{mm}$, $l_2 = 4\text{mm}$, $f_{Mz} = 75\text{mm/min}$, $i=4$,则

$$T_j = \frac{7.5 + 40 + 4}{75} \times 4 = 2.75\text{min} = 165\text{s}$$

6.5.7 工序Ⅶ切削用量及基本时间的确定

1. 切削用量

本工序为半精铣槽,所选刀具为高速钢错齿三面刃铣刀。$d = 125\text{mm}$, $L = 16\text{mm}$, $z = 20$。机床亦选用 X62 型卧式铣床。

(1) 确定每齿进给量 f_z。本工序要求保证的表面粗糙度为 $Ra3.2\mu\text{m}$(侧槽面),每转进给量 $f_r = 0.5\sim1.2\text{mm/r}$,现取 $f_r = 0.6\text{mm/r}$,则

$$f_z = \frac{0.6}{20} = 0.03\text{mm/z}$$

(2) 选择铣刀磨钝标准及耐用度。根据本书光盘“查表法确定切削用量”中“磨钝标准及耐用度”内容,铣刀刀齿后刀面最大磨损量为 0.25mm;耐用度 $T = 120\text{min}$。

(3) 确定切削速度和工作台每分钟进给量 f_{Mz}。查阅本书光盘“切削用量及其计算”中铣削时切削速度的计算相关内容,按公式计算,得

$$v = 0.97\text{m/s}, n = 2.47\text{r/s} = 148\text{r/min}$$

根据 X62 型卧式铣床主轴转速表(参见本书“机床技术参数”),选择 $n = 150\text{r/min} = 2.5\text{r/s}$,实际切削速度 $v = 0.98\text{m/s}$,工作台每分钟进给量 $f_{Mz} = 90\text{mm/min}$。

根据 X62 型卧式铣床工作台进给量表(参见本书“机床技术参数”),选择 $f_{Mz} = 95\text{mm/min}$,则实际的每齿进给量 $f_z = 0.032\text{mm/z}$。

2. 基本时间

按公式计算基本时间为

$$T_j = \frac{7.5 + 43 + 4}{95} \times 4 = 2.3\text{min} = 138\text{s}$$

6.5.8 工序Ⅷ切削用量及基本时间的确定

1. 切削用量

本工序为钻孔,刀具选用高速钢复合钻头,直径 $d = 5\text{mm}$;钻 4 个通孔;使用切削液。

(1) 确定进给量f。由于孔径和深度均很小,宜采用手动进给。

(2) 选择钻头磨钝标准及耐用度。根据本书光盘“查表法确定切削用量”中“磨钝标准及耐用度”内容,取钻头后刀面最大磨损量为0.8mm;耐用度T=15min。

(3) 确定切削速度v。根据本书第15章高速钢钻头钻孔时的进给量相关内容,暂定进给量f=0.16mm/r。查得v=17m/min,n=1082r/min。根据Z525立式钻床说明书选择主轴实际转速。

2. 基本时间

钻4个ϕ5mm深12mm的通孔,基本时间约为20s。

将前面进行的工作所得的结果,填入工艺文件。

6.6 夹具设计

本夹具(图6-6)是工序Ⅵ用三面刃铣刀纵向进给粗铣4×16mm槽口的专用夹具,在X62W卧式铣床上加工离合齿轮一个端面上的两条互成90°的十字槽。

1. 定位方案

工件以另一端面及ϕ68K7mm孔为定位基准,采用平面与定位销组合定位方案,在定位盘10的短圆柱面及台阶面上定位,其中台阶平面限制三个自由度,短圆柱面限制两个自由度,共限制了5个自由度。槽口在圆周上无位置要求,该自由度不需限制。

2. 夹紧机构

根据生产率要求,运用手动夹紧可以满足。采用二位螺旋压板联动夹紧机构,通过拧紧右侧夹紧螺母15使一对压板同时压紧工件,实现夹紧,有效提高了工作效率。压板夹紧力主要作用是防止工件在铣削力作用下产生倾覆和振动,手动螺旋夹紧是可靠的,可免除夹紧力计算。

3. 对刀装置

采用直角对刀块及平面塞尺对刀。选用JB/T 8031.3—1999直角对刀块17通过对刀块座21固定在夹具体上,保证对刀块工作面始终处在平行于走刀路线的方向上,这样便不受工件转位的影响。确定对刀块的对刀面与定位元件定位表面之间的尺寸,水平方向尺寸为13/2mm(槽宽1/2尺寸)+5mm(塞尺厚度)=11.5mm,其公差取工件相应尺寸公差的1/3。由于槽宽尺寸为自由公差,查标准公差表IT14级公差值为0.43mm,则水平尺寸公差取0.43mm×1/3mm=0.14mm,对称标注为(11.5±0.07)mm,同理确定垂直方向的尺寸为(44±0.1)mm(塞尺厚度亦为5mm)。

4. 夹具与机床连接元件

采用两个标准定位键A18h8 JB/T 8016—1999,固定在夹具体底面的同一直线位置的键槽中,用于确定铣床夹具相对于机床进给方向的正确位置,并保证定位键的宽度与机床工作台T形槽相匹配的要求。

5. 夹具体

工件的定位元件和夹紧元件由连接座6连接起来,连接座定位固定在分度盘23上,而分度装置和对刀装置均定位固定在夹具体1上,这样该夹具便有机连接起来,实现定位、夹紧、对刀和分度等功能。夹具体零件图见图6-7。

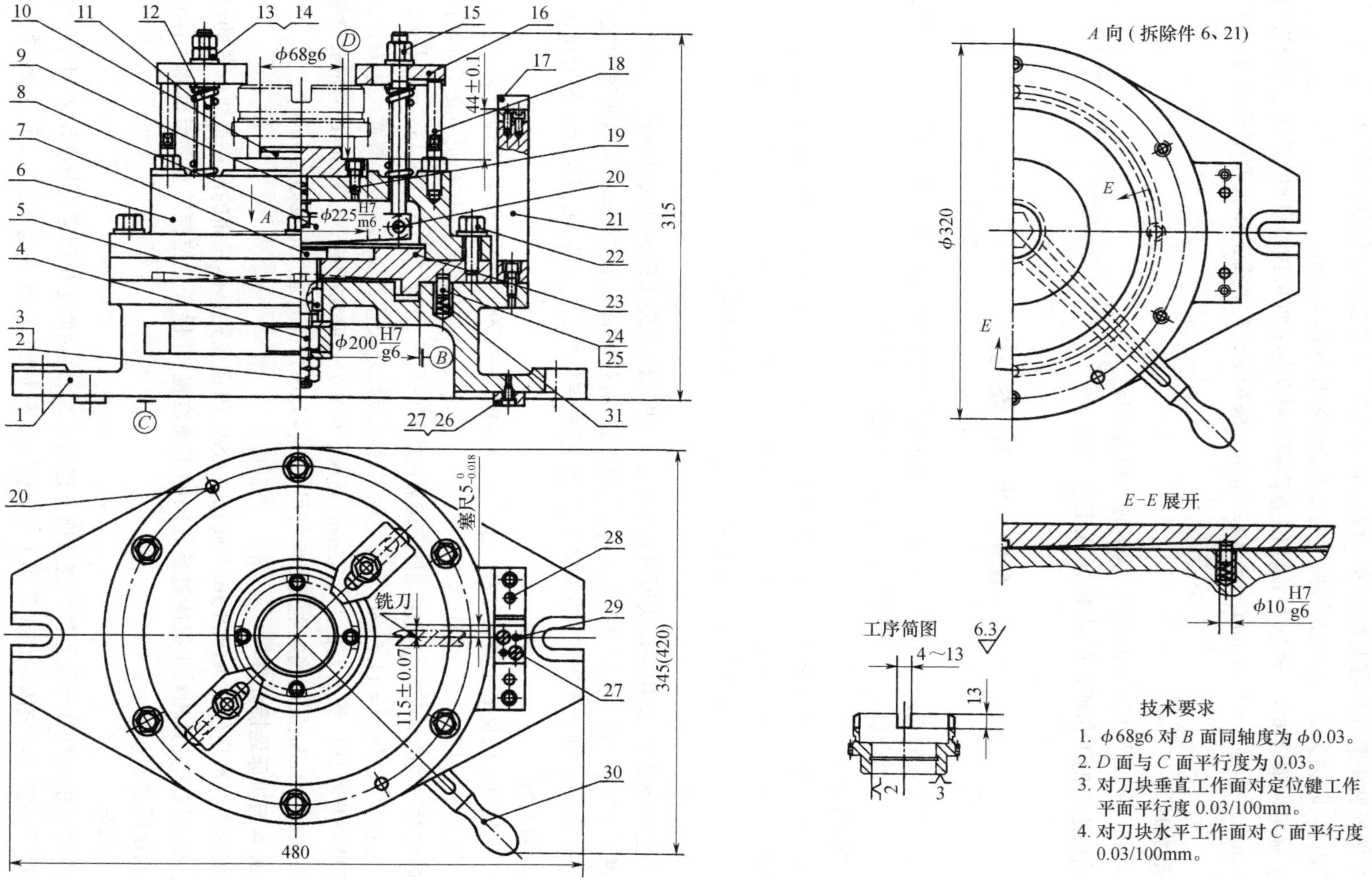

技术要求

1. ϕ68g6 对 B 面同轴度为 ϕ0.03。
2. D 面与 C 面平行度为 0.03。
3. 对刀块垂直工作面对定位键工作平面平行度 0.03/100mm。
4. 对刀块水平工作面对 C 面平行度 0.03/100mm。

图 6–6 铣槽夹具

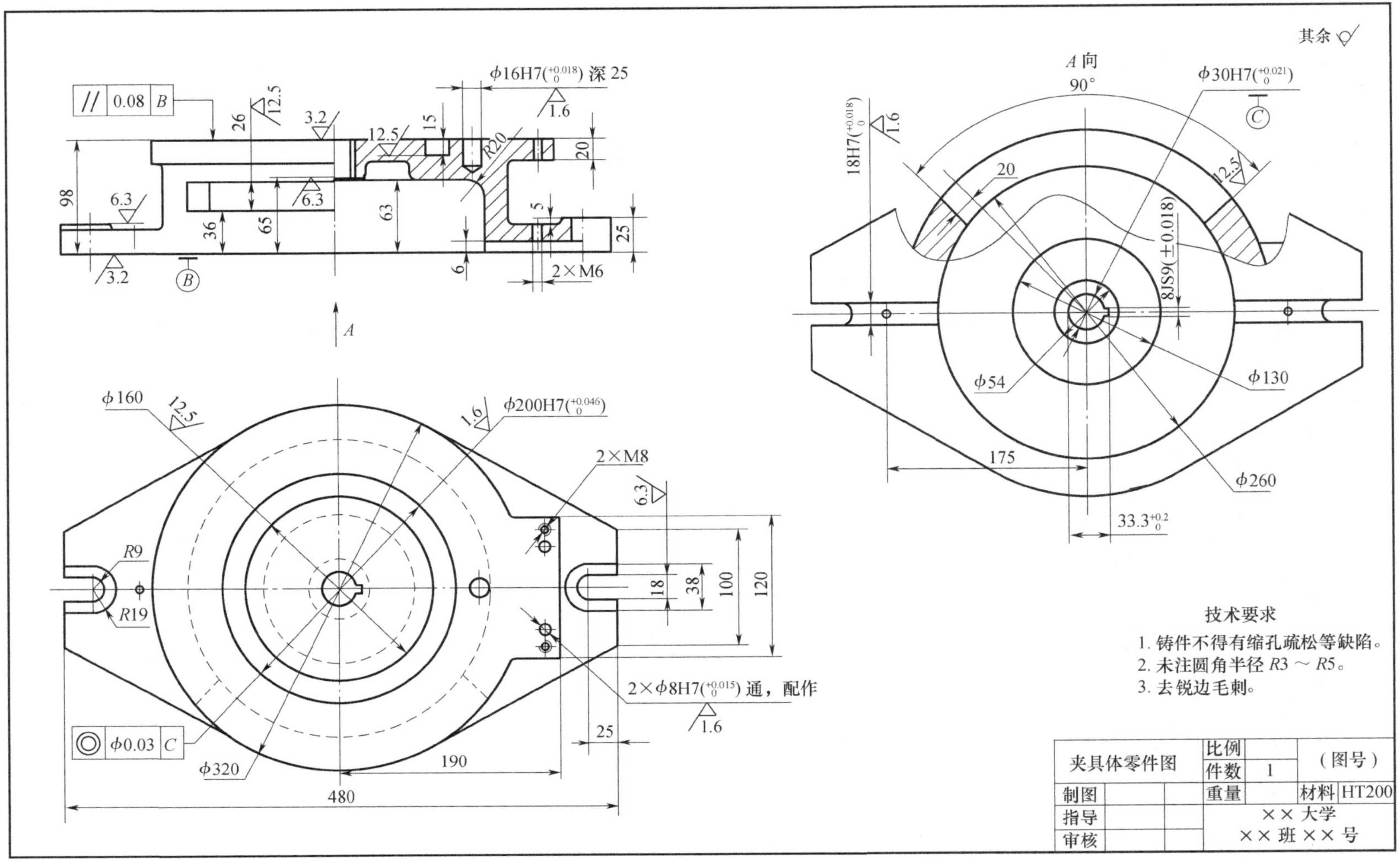
其余
A 向
90°
φ30H7($^{+0.021}_{0}$)
C
18H7($^{+0.018}_{0}$)
1.6
20
12.5
8JS9(±0.018)
φ54
φ130
175
φ260
33.3$^{+0.2}_{0}$
// 0.08 B
φ16H7($^{+0.018}_{0}$) 深 25
1.6
26
12.5
3.2
12.5
15
R20
20
98
6.3
6.3
36
65
63
5
25
6
2×M6
3.2
B
A
φ160
12.5
1.6
φ200H7($^{+0.046}_{0}$)
2×M8
6.3
R9
R19
18
38
100
120
2×φ8H7($^{+0.015}_{0}$) 通，配作
1.6
25
◎ φ0.03 C
φ320
190
480
技术要求
1. 铸件不得有缩孔疏松等缺陷。
2. 未注圆角半径 R3 ~ R5。
3. 去锐边毛刺。
夹具体零件图
比例
件数 1
(图号)
重量
材料 HT200
制图
指导
审核
×× 大学
×× 班 ×× 号

图 6-7 夹具体零件图

6. 使用说明

安装工件时,松开右边铰链螺栓上的螺母 15,将两块压板 16 后撤,把工件装在定位盘 10 上,再将两块压板 16 前移,然后旋紧螺母 15,通过杠杆 8 联动使两块压板 16 同时夹紧工件。为了使压板和走刀路线在 4 个工位不发生干涉,压板与走刀路线成 45°角布置。

当一条槽加工完毕后,扳手 30 顺时针转动,使分度盘 23 与夹具体 1 之间松开。分度盘下端沿圆周方向分布有 4 条长度为 1/4 周长的斜槽。然后逆时针转动分度盘,在斜槽面的推压下,使对定销 24 逐渐退入夹具体的衬套孔中,当分度盘转过 90°位置时,对定销依靠弹簧力量弹出,落入第二条斜槽中,再反靠分度盘使对定销与槽壁贴紧,逆时针转动扳手 30 把分度盘紧定在夹具体上,即可加工另一条槽。由于分度盘上 4 条槽为单向升降,因此,分度盘也只能单向旋转分度。

7. 结构特点

该夹具结构简单,操作方便。但分度精度受到 4 条斜槽制造精度的限制,故适用于加工要求不高的场合。

夹具上装有直角对刀块 17,可使夹具在一批零件的加工之前很好的对刀(与塞尺配合使用);同时,夹具体底面上的一对定位键可使整个夹具在机床工作台上有一正确的安装位置,以利于铣削加工。

本夹具调整对刀块位置、增添周向定位机构,即可用于下一道工序,成为在 X62W 卧式铣床上精铣槽口的专用夹具(表 6-8),使离合齿轮的十字槽最终成型。

表 6-8　铣槽夹具零件明细

31	衬套	1	45 钢	40HRC~45HRC
30	扳手	1	ZG45	
29	圆柱销	2		5×16 GB 119—1986
28	圆柱销	2		8×35 GB 119—1986
27	螺钉	4		M6×16 GB/T 65—2000
26	定位键	2		A 18h8 JB/T 8016—1999
25	压缩弹簧	1	65Mn	
24	对定销	1	T7 钢	50HRC~55HRC
23	分度盘	1	45 钢	40HRC~45HRC
22	六角头螺栓	6		M12×35 GB 5780—1986
21	对刀块座	1	HT200	
20	圆柱销	4		10×35 GB 119—1986
19	内六角圆柱头螺钉	6		M8×20 GB 70—1985

（续）

18	支撑螺杆	2	45 钢	35HRC～40HRC
17	直角对刀块	1		JB/T 8031.3—1999
16	压板	2	45 钢	35HRC～40HRC
15	带肩六角螺母	1	45 钢	M12 JB/T 8004.1—1999
14	平垫圈	9		12 GB 95—1985
13	六角螺母	4		M12 GB 6170—1986
12	铰链螺栓	2	45 钢	35HRC～40HRC
11	压缩弹簧	2	65Mn	
10	定位盘	1	45 钢	45HRC～50HRC
9	球头轴	1	45 钢	35HRC～40HRC
8	杠杆	1	45 钢	35HRC～40HRC
7	中心轴	1	45 钢	调质 28HRC～32HRC
6	连接座	1	HT200	
5	平键	1		8×18 GB 1096—1979
4	六角螺母	1		M20 GB 6170—1986
3	大垫圈	2		20 GB 96—1985
2	螺母	2		M20 GB 6172—1986
1	夹具体	1	HT200	
序号	名称	件数	材料	备注

<table>
<tr><td colspan="3" rowspan="2">离合齿轮铣槽夹具</td><td>比例</td><td>1:1</td><td colspan="2" rowspan="2">（图号）</td></tr>
<tr><td>件数</td><td></td></tr>
<tr><td>设计</td><td></td><td>（日期）</td><td>重量</td><td></td><td>共一张</td><td>第一张</td></tr>
<tr><td>审核</td><td></td><td></td><td></td><td></td><td colspan="2" rowspan="2">（单位名称）</td></tr>
<tr><td>批准</td><td></td><td></td><td></td><td></td></tr>
</table>

6.7 工艺过程卡和工序卡

离合齿轮机械加工工艺过程卡和工序卡见表 6-9～表 6-17。

表 6-9　机械加工工艺过程卡片

机械加工工艺过程卡片	产品型号	CA6140	零(部件)图号			
	产品名称	车床	零(部件)名称	离合齿轮	共 1 页	第 1 页

材料牌号	45 钢	毛坯种类	模锻件	毛坯外形尺寸	ϕ121mm×68mm	每毛坯可制件数	1	每台件数	1	备注	

工序号	工序名称	工序内容	车间	工段	设备	工艺设备	工时/s 准终	工时/s 单件
Ⅰ	粗车	粗车小端面、外圆 ϕ90mm、ϕ117mm 及台阶面，粗镗孔 ϕ68mm			C620-1 卧式车床	三爪自定心卡盘		107
Ⅱ	粗车	粗车大端面、外圆 ϕ106.5mm 及台阶面、沟槽，粗镗 ϕ94mm 孔，倒角			C620-1 卧式车床	三爪自定心卡盘		118
Ⅲ	半精车	半精车小端面、外圆 ϕ90mm、ϕ117mm 及台阶面，半精镗孔 ϕ68mm，倒角			C620-1 卧式车床	三爪自定心卡盘		74
Ⅳ	精镗	精镗孔 ϕ68mm，镗沟槽 ϕ71mm，倒角 0.5×45°			C616A 卧式车床	三爪自定心卡盘		44
Ⅴ	滚齿	滚齿达图样要求			Y3150 滚齿机	心轴		1191
Ⅵ	粗铣	粗铣 4 个槽口			X62 卧式铣床	专用夹具		165
Ⅶ	半精铣	半精铣 4 个槽口			X62 卧式铣床	专用夹具		138
Ⅷ	钻孔	钻 4×ϕ5mm 孔			Z518 立式钻床	专用夹具		
Ⅸ	去毛刺	去除全部毛刺			钳工台			
Ⅹ	终检	按零件图样要求全面检查						

										设计(日期)	审核(日期)	标准化(日期)	会签(日期)		
标记	处数	更改文件号	签字	日期	标记	处数	更改文件号	签字	日期						

表 6-10　机械加工工序 I 卡片

机械加工工序卡片	产品型号	CA6140	零(部件)图号			
	产品名称	车床	零(部件)名称	离合齿轮	共 10 页	第 1 页

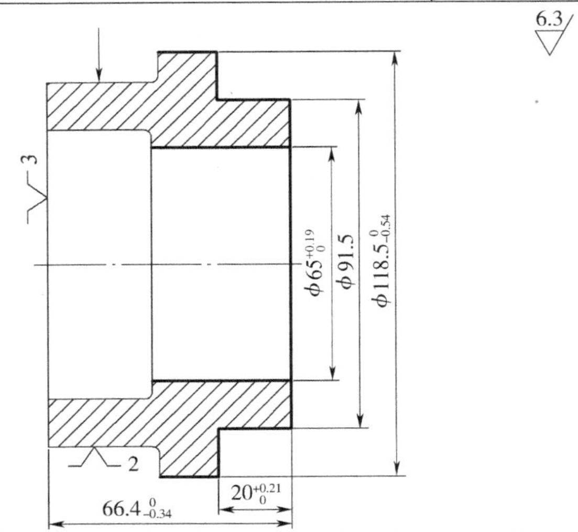

车间	工序号	工序名	材料牌号
	I	粗车	45 钢
毛坯种类	毛坯外形尺寸	每毛坯可制件数	每台件数
模锻件	ϕ121mm×68mm	1	1
设备名称	设备型号	设备编号	同时加工件数
卧式车床	C620-1		1
夹具编号	夹具名称	切削液	
	三爪自定心卡盘		
工位器具编号	工位器具名称	工序工时/s	
		准终	单件
			107

工步号	工步内容	工艺装备	主轴转速 /(r·s^{-1})	切削速度 /(m·s^{-1})	进给量 /(mm·r^{-1})	背吃刀量 /mm	进给次数	工步工时/s 机动	工步工时/s 辅助
1	车小端面,保持尺寸 $66.4^{0}_{-0.34}$mm	YT5 90° 偏刀、YT5 镗刀、游标卡尺、内径百分尺	2.0	0.59	0.52	1.3	1	22	
2	车外圆 ϕ91.5mm		2.0	0.59	0.65	1.25	1	17	
3	车台阶面,保持尺寸 $20^{+0.21}_{0}$mm		2.0	0.76	0.52	1.3	1	18	
4	车外圆 $\phi118.5^{0}_{-0.54}$mm		2.0	0.76	0.65	1.25	1	15	
5	镗孔 $\phi65^{+0.19}_{0}$mm		6.17	1.26	0.2	1.5	1	35	

										设计(日期)	审核(日期)	标准化(日期)	会签(日期)
标记	处数	更改文件号	签字	日期	标记	处数	更改文件号	签字	日期				

表 6-11　机械加工工序Ⅱ卡片

机械加工工序卡片	产品型号	CA6140	零(部件)图号			
	产品名称	车床	零(部件)名称	离合齿轮	共 10 页	第 2 页

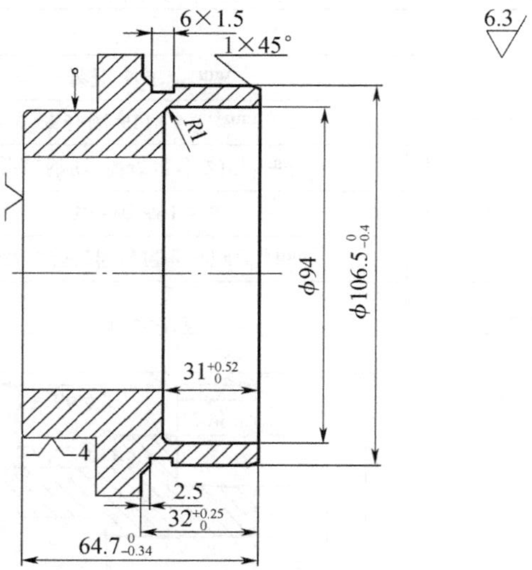

车间	工序号	工序名	材料牌号
	Ⅱ	粗车	45 钢
毛坯种类	毛坯外形尺寸	每毛坯可制件数	每台件数
模锻件	ϕ121mm×68mm	1	1
设备名称	设备型号	设备编号	同时加工件数
卧式车床	C620-1		1

夹具编号	夹具名称	切削液	
	三爪自定心卡盘		
工位器具编号	工位器具名称	工序工时/s	
		准终	单件
			118

工步号	工步内容	工艺装备	主轴转速 /($r \cdot s^{-1}$)	切削速度 /($m \cdot s^{-1}$)	进给量 /($mm \cdot r^{-1}$)	背吃刀量 /mm	进给次数	工步工时/s 机动	工步工时/s 辅助
1	车大端面,保持尺寸 64.7$_{-0.34}^{0}$mm	YT5 90°偏刀、45° 外圆车刀、YT5 镗刀、高速钢切槽刀、游标卡尺	2.0	0.69	0.52	1.7	1	16	
2	车外圆 ϕ106.5$_{-0.4}^{0}$mm		2.0	0.69	0.65	1.75	1	25	
3	车台阶面,保持尺寸 32$_{0}^{+0.25}$mm		2.0	0.74	0.52	1.7	1	8	
4	镗孔 ϕ94mm 及台阶面,保持尺寸 31$_{0}^{+0.52}$mm		3.83	1.13	0.2	2.5 及 1.7	1	69	
5	车沟槽,保持尺寸 2.5mm 及 6×1.5mm		0.5	0.17	手动		1		
6	倒角 1×45°		2.0	0.69	手动		1		

										设计(日期)	审核(日期)	标准化(日期)	会签(日期)	
标记	处数	更改文件号	签字	日期	标记	处数	更改文件号	签字	日期					

表 6-12　机械加工工序Ⅲ卡片

机械加工工序卡片	产品型号	CA6140	零(部件)图号			
	产品名称	车床	零(部件)名称	离合齿轮	共 10 页	第 1 页

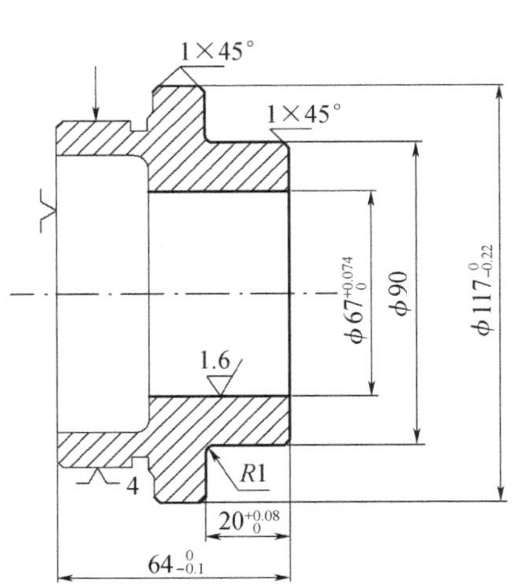

车间	工序号	工序名	材料牌号
	Ⅲ	半精车	45 钢
毛坯种类	毛坯外形尺寸	每毛坯可制件数	每台件数
模锻件	ϕ121mm×68mm	1	1
设备名称	设备型号	设备编号	同时加工件数
卧式车床	C620-1		1

夹具编号	夹具名称	切削液	
	三爪自定心卡盘		
工位器具编号	工位器具名称	工序工时/s	
		准终	单件
			74

工步号	工步内容	工艺装备	主轴转速 /(r·s^{-1})	切削速度 /(m·s^{-1})	进给量 /(mm·r^{-1})	背吃刀量 /mm	进给次数	工步工时/s 机动	工步工时/s 辅助
1	车端面,保持尺寸 $64^{0}_{-0.1}$mm	YT15 90°偏刀、倒角刀、YT15 镗刀、游标卡尺、内径百分表、外径百分尺、深度百分尺	6.33	1.79	0.3	0.7	1	11	
2	车外圆 ϕ90mm		6.33	1.79	0.3	0.75	1	12	
3	车台阶面,保持尺寸 $20^{+0.08}_{0}$mm		6.33	2.33	0.3	0.7	1	10	
4	车外圆 $\phi 117^{0}_{-0.22}$mm		6.33	2.33	0.3	0.75	1	9	
5	镗孔 $\phi 67^{+0.074}_{0}$mm		12.7	2.67	0.1	1	1	32	
6	倒角 1×45°		6.33		手动				

										设计(日期)	审核(日期)	标准化(日期)	会签(日期)	
标记	处数	更改文件号	签字	日期	标记	处数	更改文件号	签字	日期					

表 6-13　机械加工工序Ⅳ卡片

机械加工工序卡片	产品型号	CA6140	零(部件)图号			
	产品名称	车床	零(部件)名称	离合齿轮	共 10 页	第 1 页

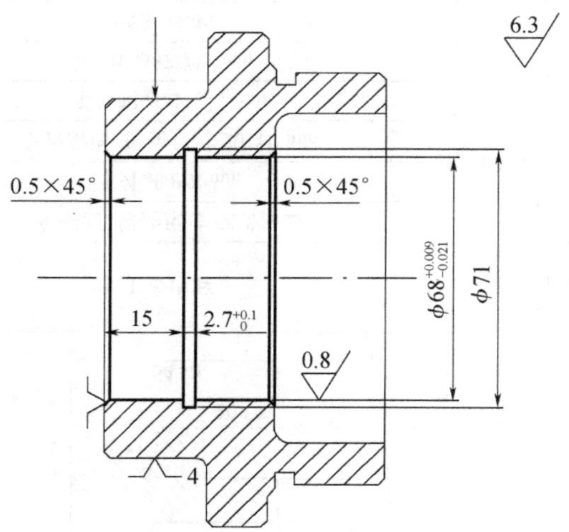

车间	工序号	工序名	材料牌号
	Ⅳ	精镗	45 钢
毛坯种类	毛坯外形尺寸	每毛坯可制件数	每台件数
模锻件	ϕ121mm×68mm	1	1
设备名称	设备型号	设备编号	同时加工件数
卧式车床	C616A		1

夹具编号	夹具名称	切削液	
	三爪自定心卡盘		
工位器具编号	工位器具名称	工序工时/s	
		准终	单件
			44

工步号	工步内容	工艺装备	主轴转速 /($r \cdot s^{-1}$)	切削速度 /($m \cdot s^{-1}$)	进给量 /($mm \cdot r^{-1}$)	背吃刀量 /mm	进给次数	工步工时/s 机动	工步工时/s 辅助
1	精镗孔 $\phi68^{+0.069}_{-0.021}$mm	YT30 高速钢切槽刀、精镗刀、倒角刀、圆柱塞规	23.3	4.98	0.04	0.5	1		
2	镗沟槽 ϕ71mm,保持宽 $2.7^{+0.1}_{0}$mm		0.67	0.14	手动		1		
3	倒角 0.5×45°		0.67	0.14	手动				

										设计(日期)	审核(日期)	标准化(日期)	会签(日期)	
标记	处数	更改文件号	签字	日期	标记	处数	更改文件号	签字	日期					

表 6-14 机械加工工序V卡片

机械加工工序卡片	产品型号	CA6140	零(部件)图号			
	产品名称	车床	零(部件)名称	离合齿轮	共 10 页	第 1 页

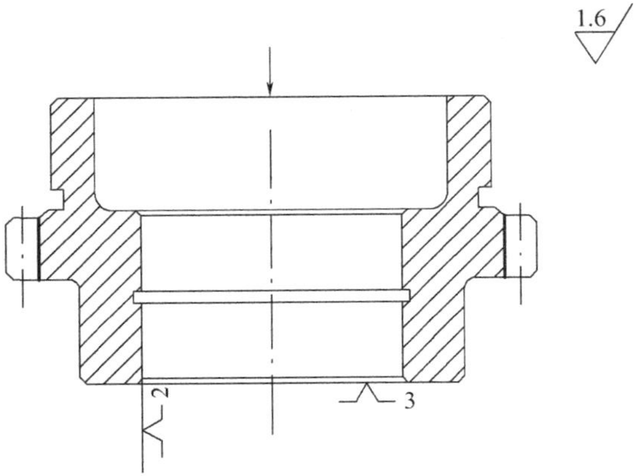

车间	工序号	工序名	材料牌号
	V	滚齿	45 钢
毛坯种类	毛坯外形尺寸	每毛坯可制件数	每台件数
模锻件	ϕ121mm×68mm	1	1
设备名称	设备型号	设备编号	同时加工件数
滚齿机	Y3150		1

夹具编号	夹具名称	切削液	
	心轴		
工位器具编号	工位器具名称	工序工时/s	
		准终	单件
			1191

工步号	工步内容	工艺装备	主轴转速 /($r\cdot s^{-1}$)	切削速度 /($m\cdot s^{-1}$)	进给量 /($mm\cdot r^{-1}$)	走刀长度 /mm	进给次数	工步工时/s 机动	工步工时/s 辅助
1	滚齿达到图纸要求	齿轮滚刀 $m=2.25$、公法线百分尺	2.25	0.45	0.83	34	1	1191	

										设计(日期)	审核(日期)	标准化(日期)	会签(日期)	
标记	处数	更改文件号	签字	日期	标记	处数	更改文件号	签字	日期					

表 6-15　机械加工工序Ⅵ卡片

机械加工工序卡片	产品型号	CA6140	零(部件)图号			
	产品名称	车床	零(部件)名称	离合齿轮	共 10 页	第 6 页

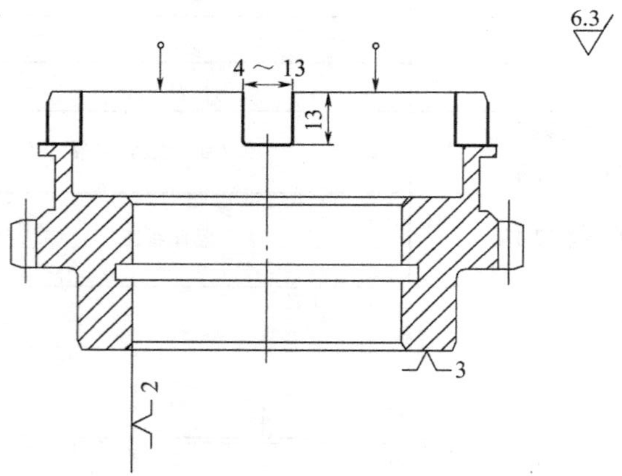

车间	工序号	工序名	材料牌号
	Ⅵ	粗铣	45 钢
毛坯种类	毛坯外形尺寸	每毛坯可制件数	每台件数
模锻件	ϕ121mm×68mm	1	1
设备名称	设备型号	设备编号	同时加工件数
卧式铣床	X62		1

夹具编号	夹具名称	切削液	
	专用夹具		
工位器具编号	工位器具名称	工序工时/s	
		准终	单件
			165

工步号	工步内容	工艺装备	主轴转速 /($r \cdot s^{-1}$)	切削速度 /($m \cdot s^{-1}$)	进给量 /($mm \cdot r^{-1}$)	背吃刀量 /mm	进给次数	工步工时/s 机动	工步工时/s 辅助
1	在四个工位上铣槽，保证槽宽 13mm、深 13mm	高速钢错齿三面刃铣刀 ϕ125mm，游标卡尺	1.0	0.39	0.063	1.3	4	165	

										设计(日期)	审核(日期)	标准化(日期)	会签(日期)
标记	处数	更改文件号	签字	日期	标记	处数	更改文件号	签字	日期				

表 6-16　机械加工工序Ⅶ卡片

机械加工工序卡片	产品型号	CA6140	零(部件)图号			
	产品名称	车床	零(部件)名称	离合齿轮	共 10 页	第 1 页

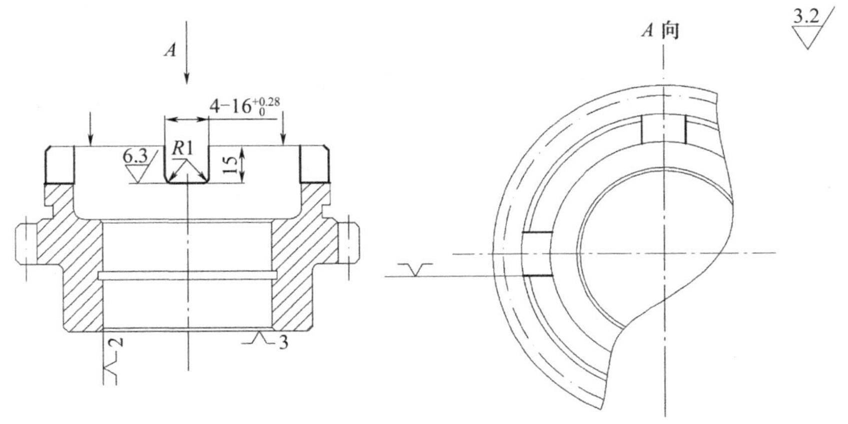

车间	工序号	工序名	材料牌号
	Ⅶ	半精铣	45 钢
毛坯种类	毛坯外形尺寸	每毛坯可制件数	每台件数
模锻件	ϕ121mm×68mm	1	1
设备名称	设备型号	设备编号	同时加工件数
卧式铣床	X62		1

夹具编号	夹具名称	切削液	
	专用夹具		
工位器具编号	工位器具名称	工序工时/s	
		准终	单件
			138

工步号	工步内容	工艺装备	主轴转速 /(r·s^{-1})	切削速度 /(m·s^{-1})	进给量 /(mm·r^{-1})	背吃刀量 /mm	进给次数	工步工时/s 机动	工步工时/s 辅助
1	在 4 个工位上铣槽,保证槽宽 $16^{+0.28}_{0}$mm,深 15mm	高速钢错齿三面刃铣刀 ϕ125mm、游标卡尺	2.5	0.98	0.032	3	4	138	

										设计(日期)	审核(日期)	标准化(日期)	会签(日期)	
标记	处数	更改文件号	签字	日期	标记	处数	更改文件号	签字	日期					

表 6-17　机械加工工序Ⅷ卡片

机械加工工序卡片	产品型号	CA6140	零(部件)图号			
	产品名称	车床	零(部件)名称	离合齿轮	共 10 页	第 8 页

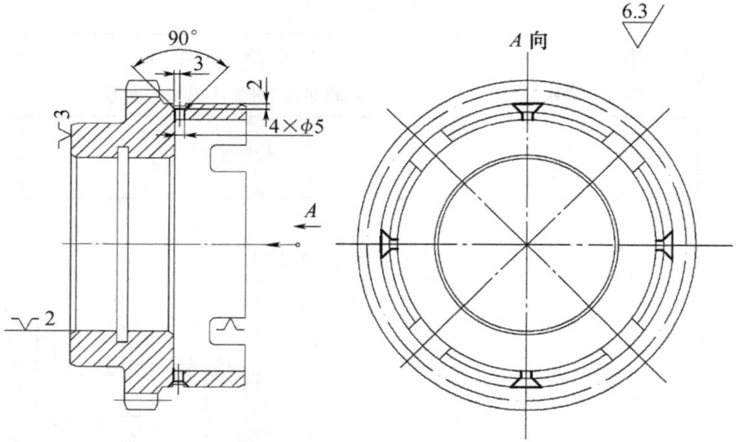

车间	工序号	工序名	材料牌号
	Ⅷ	钻孔	45 钢
毛坯种类	毛坯外形尺寸	每毛坯可制件数	每台件数
模锻件	ϕ121mm×68mm	1	1
设备名称	设备型号	设备编号	同时加工件数
立式钻床	Z518		1

夹具编号	夹具名称	切削液	
	专用夹具		
工位器具编号	工位器具名称	工序工时/s	
		准终	单件

工步号	工步内容	工艺装备	主轴转速 /($r \cdot s^{-1}$)	切削速度 /($m \cdot s^{-1}$)	进给量 /($mm \cdot r^{-1}$)	背吃刀量 /mm	进给次数	工步工时/s 机动	工步工时/s 辅助
1	在 4 个工位上钻孔 ϕ5mm	复合钻头 ϕ5mm 及 90°角	18	0.28	手动	2.5	4		

										设计(日期)	审核(日期)	标准化(日期)	会签(日期)	
标记	处数	更改文件号	签字	日期	标记	处数	更改文件号	签字	日期					

第 7 章　课程设计题目选编

题目 1

零件名称:主轴箱轴。材料:45 钢。生产类型:中批。

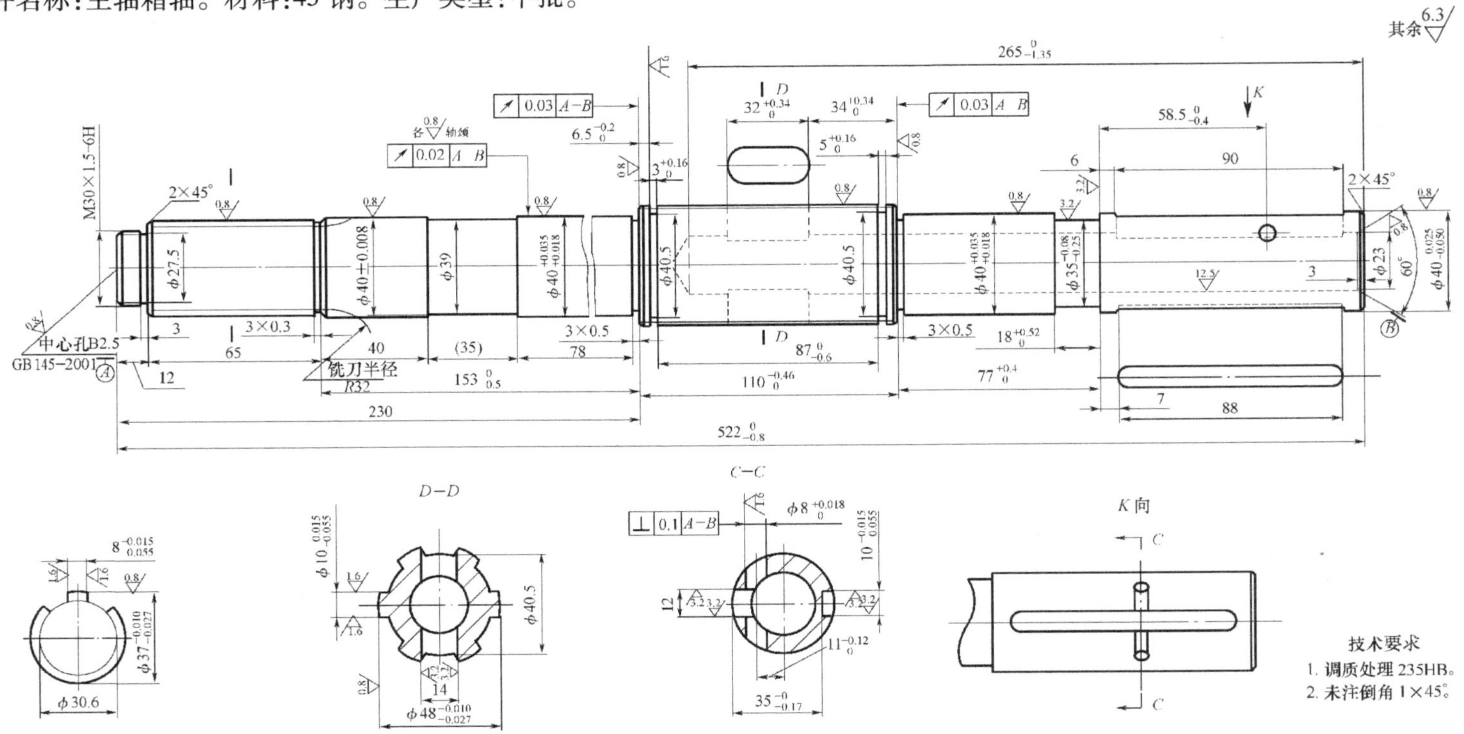

图 7-1　主轴箱轴简图

题目 2

零件名称:进给箱轴。材料:45Cr。生产类型:中批。

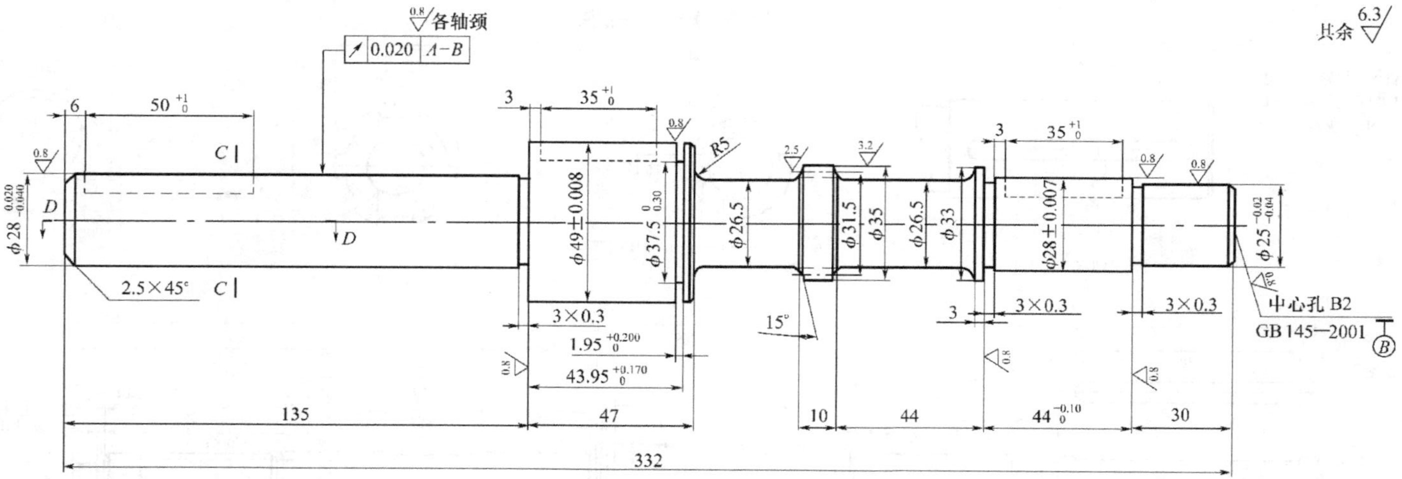

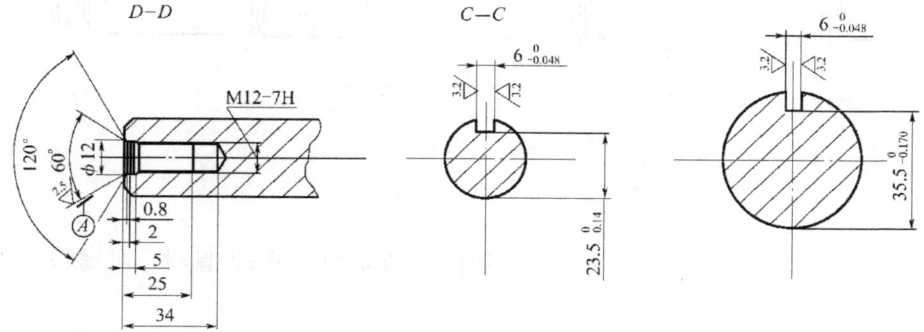

模数	1.75
齿数	18
压力角	20°
精度等级	7
齿圈径向跳动	0.032
齿向公差	0.010
公法线变动公差	0.017
公法线长度	$8.19^{-0.050}_{-0.090}$
卡入齿数	2

技术要求

1. 调质处理235HB。
2. 齿部局部淬火硬度54HRC。
3. 未注倒角 1×45°。

图 7-2　进给箱轴简图

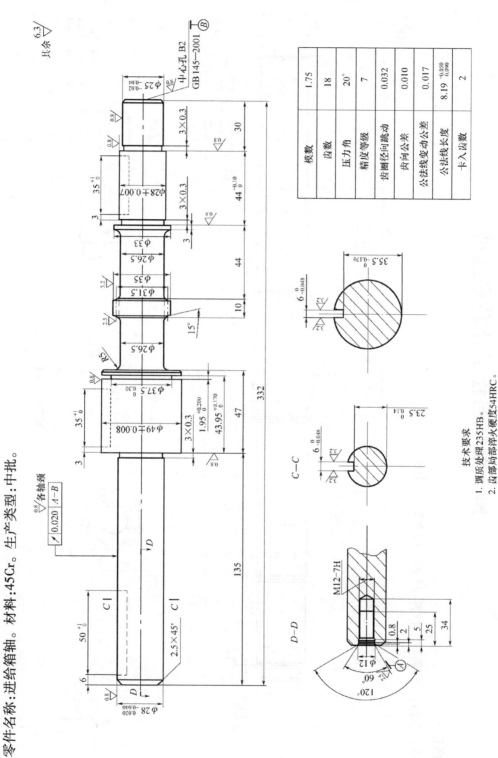

题目 3

零件名称:结合子。材料:45 钢。生产类型:小批。

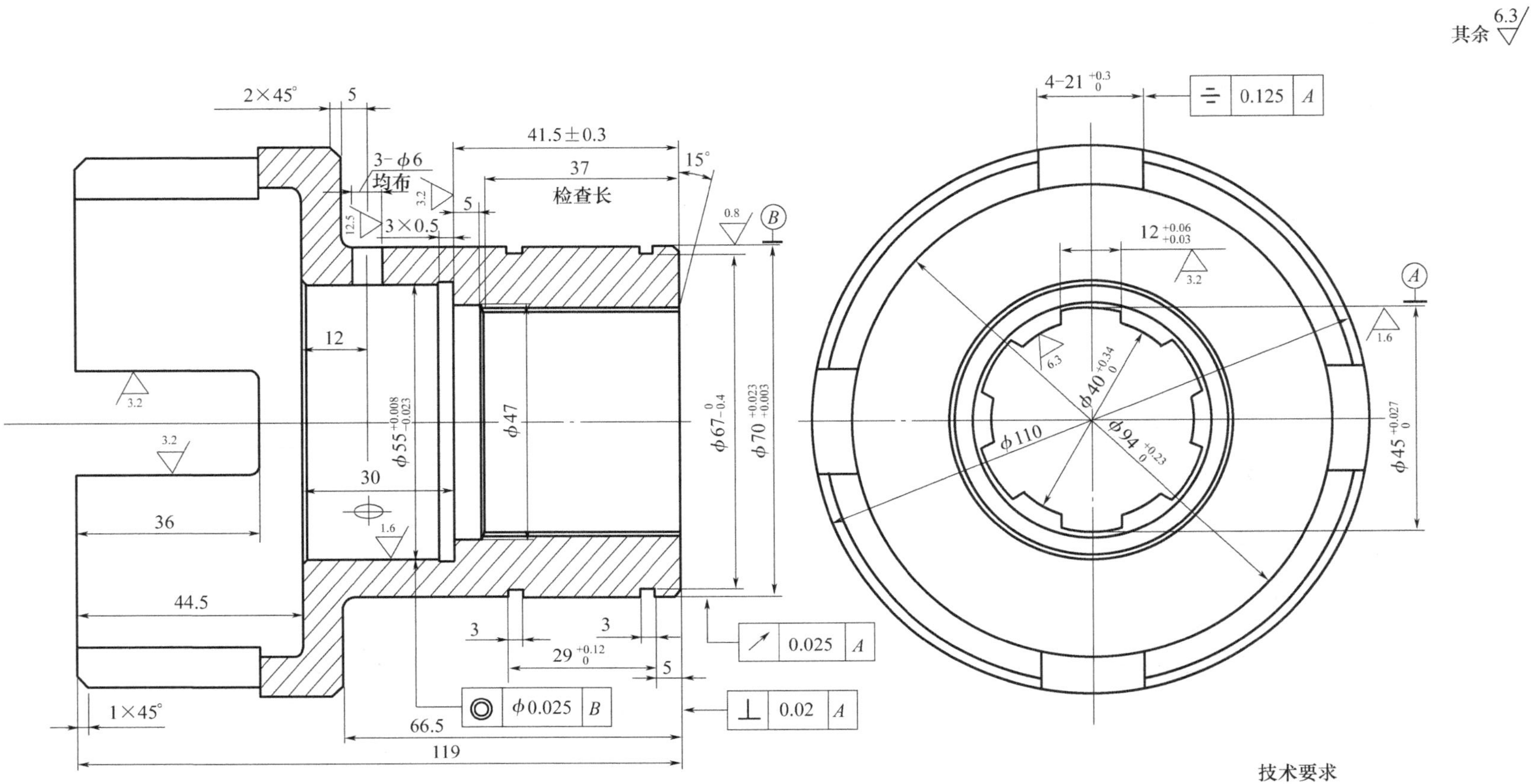

技术要求

4-21$^{+0.3}_{0}$槽处局部淬火硬度52HRC。

图 7-3　结合子简图

题目 4

零件名称:齿轮套。材料:45 钢。生产类型:中批。

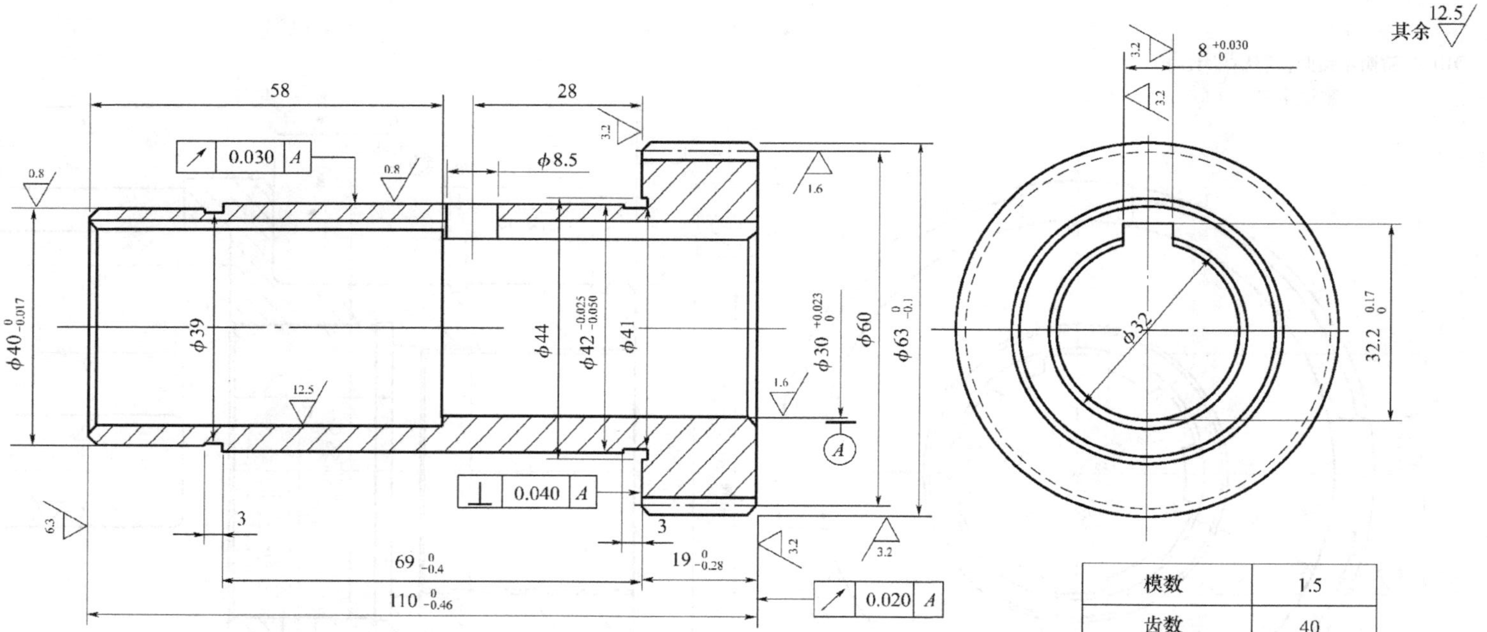

模数	1.5
齿数	40
压力角	20°
精度等级	8
齿圈径向跳动	0.065
齿向公差	0.021
公法线变动公差	0.038
公法线长度	$20.77^{-0.06}_{-0.10}$
卡入齿数	5

图 7-4　齿轮套简图

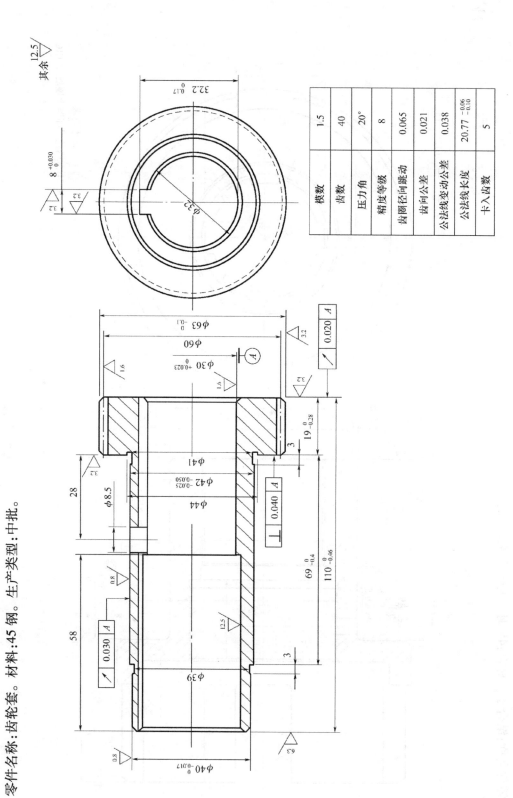

题目 5

零件名称:卡盘体。材料:HT300。生产类型:大批。

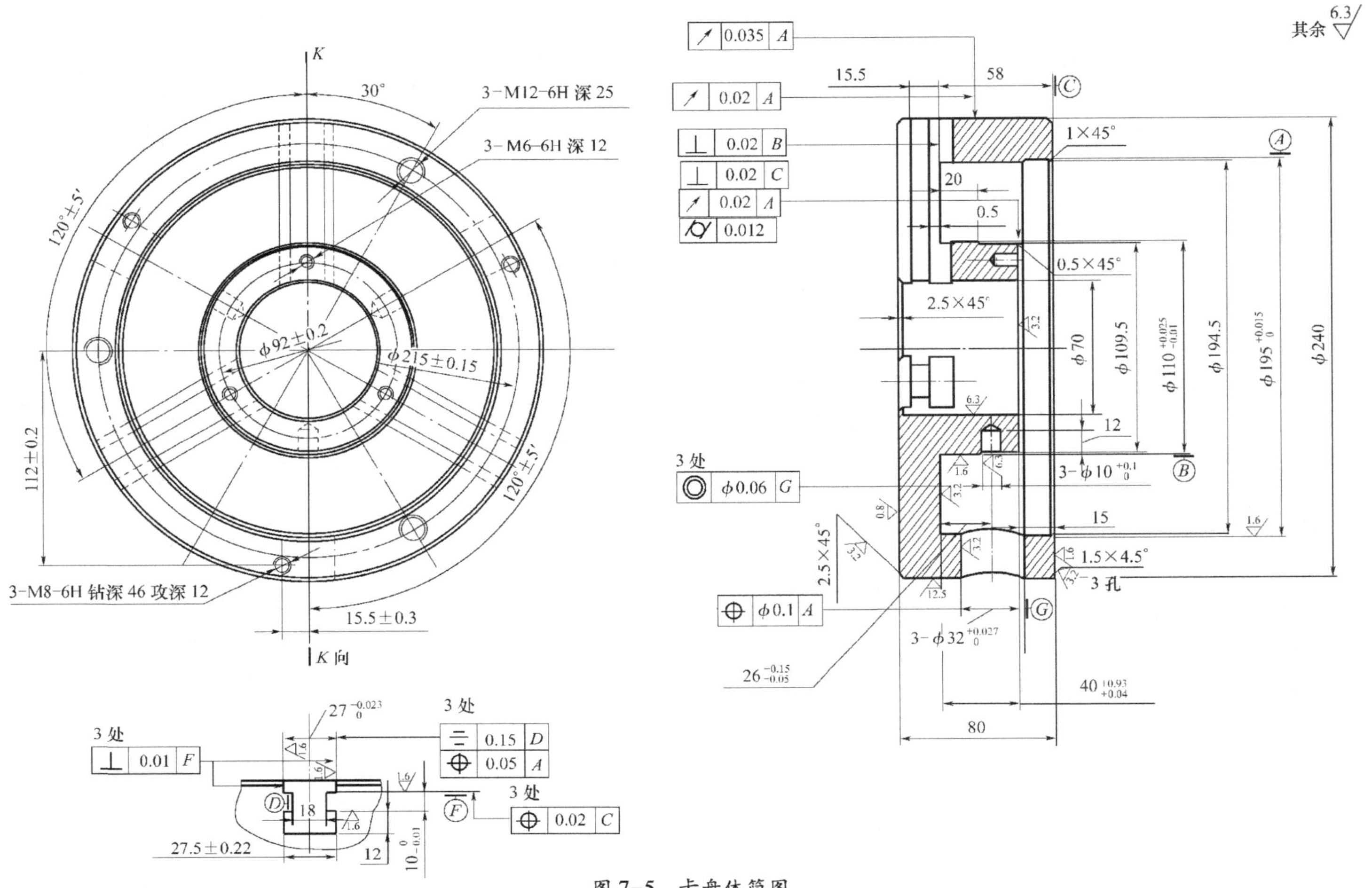

图 7-5　卡盘体简图

题目 6

零件名称：机油泵体。材料：HT200。生产类型：大批。

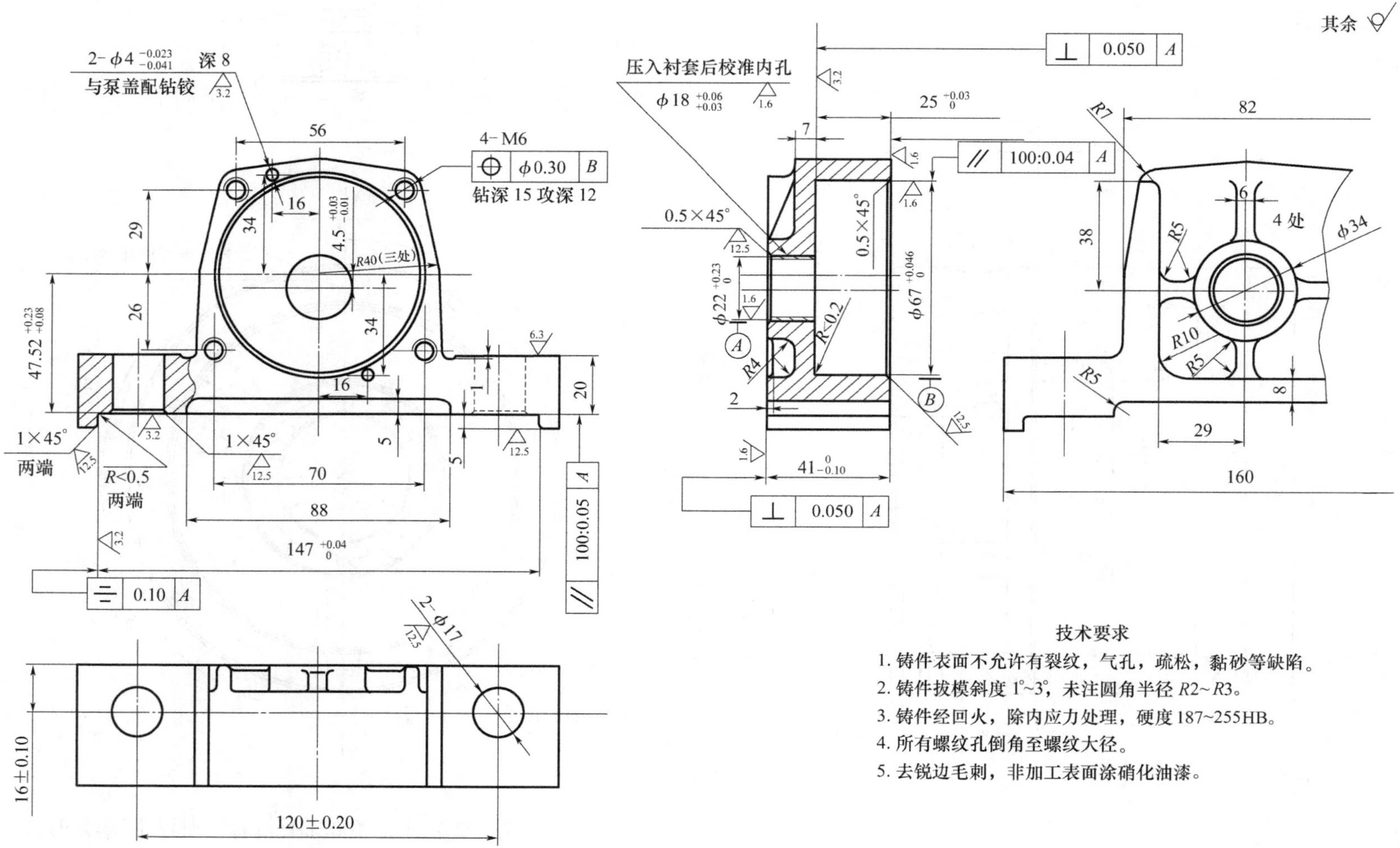

技术要求

1. 铸件表面不允许有裂纹，气孔，疏松，黏砂等缺陷。
2. 铸件拔模斜度 1°~3°，未注圆角半径 *R*2~*R*3。
3. 铸件经回火，除内应力处理，硬度 187~255HB。
4. 所有螺纹孔倒角至螺纹大径。
5. 去锐边毛刺，非加工表面涂硝化油漆。

图 7-6　机油泵体简图

题目 7

零件名称:拨叉。材料:HT200。生产类型:小批。

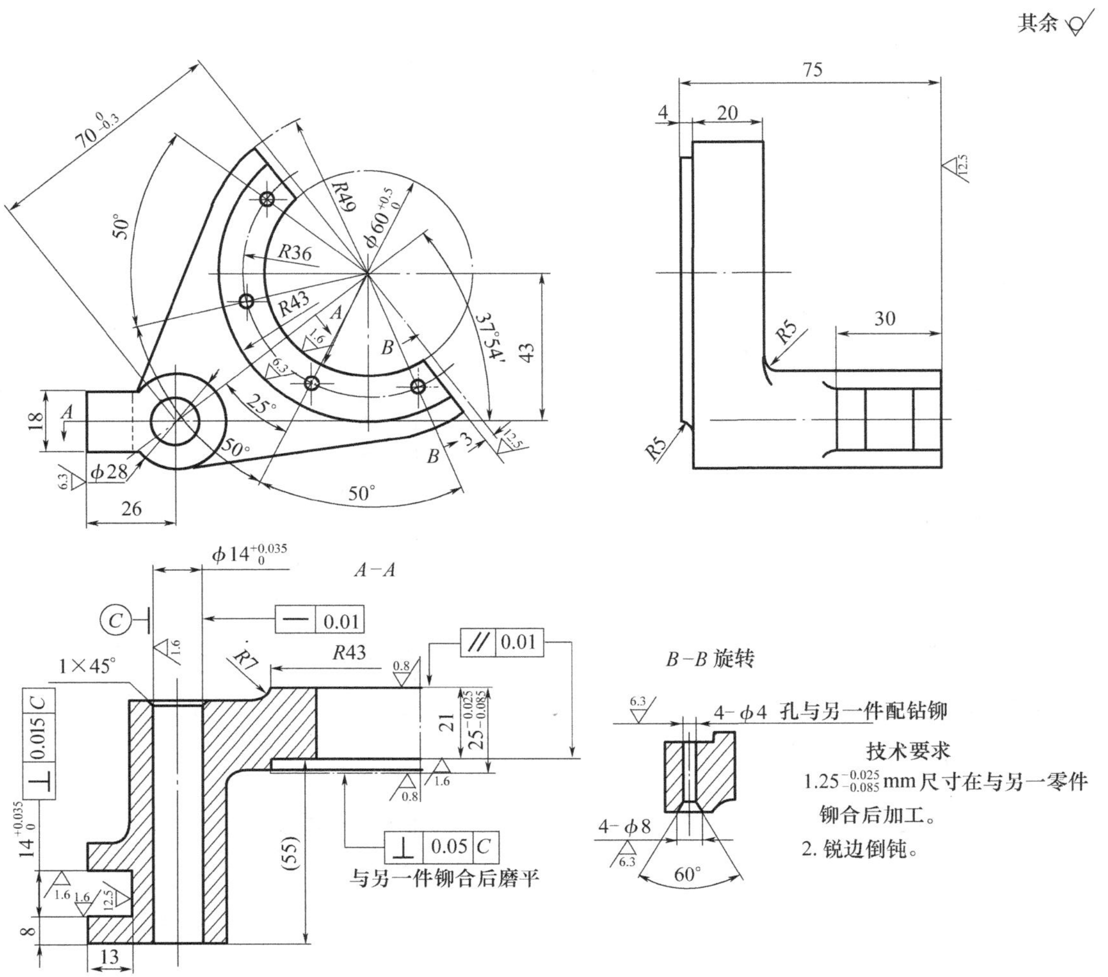

图 7-7 拨叉简图

题目 8

零件名称:叉杆。材料:QT45-5。生产类型:小批。

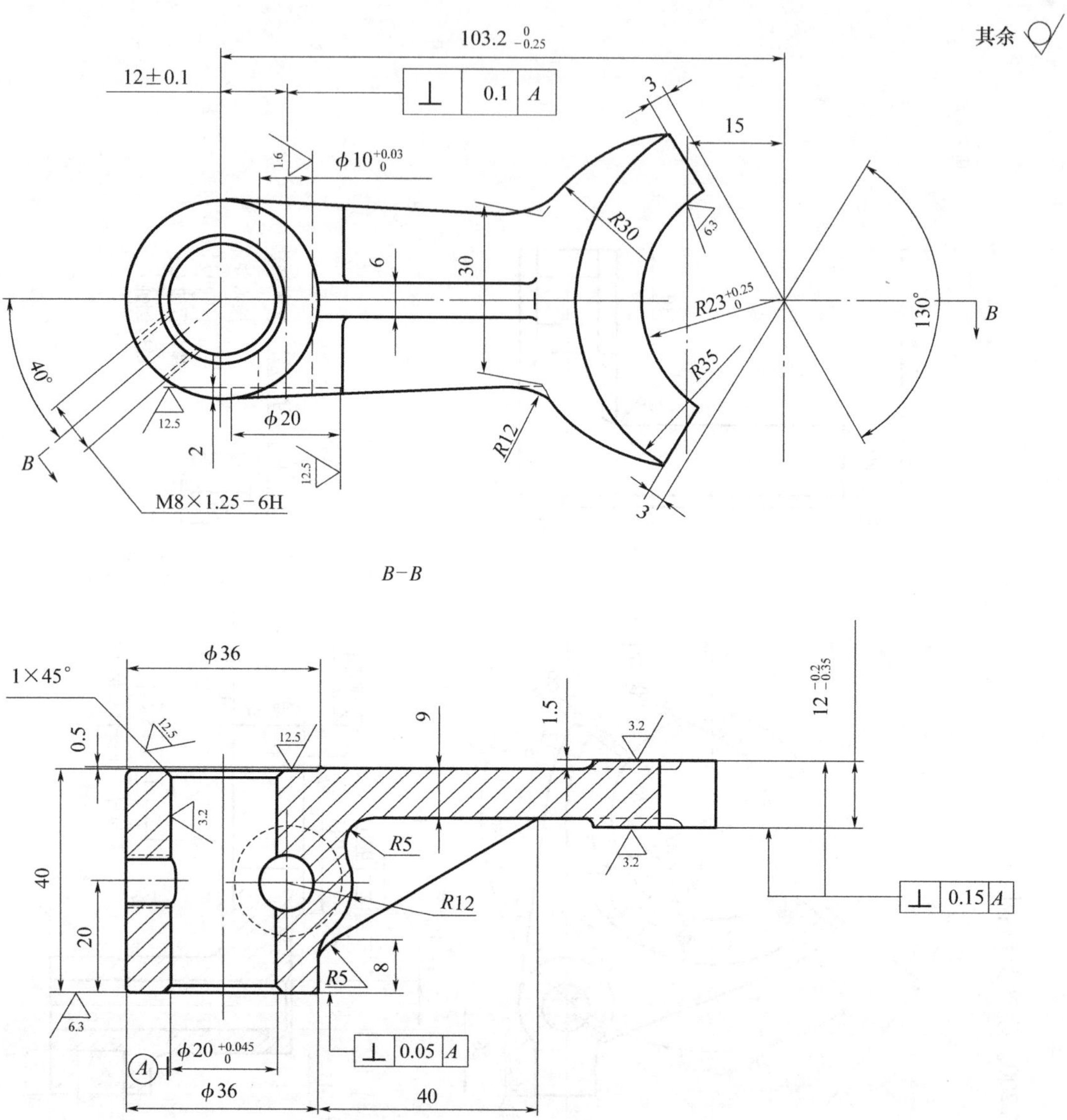

图 7-8 叉杆简图

题目 9

零件名称:变速器齿轮轴。材料:20CrMnTi。生产类型:大批。

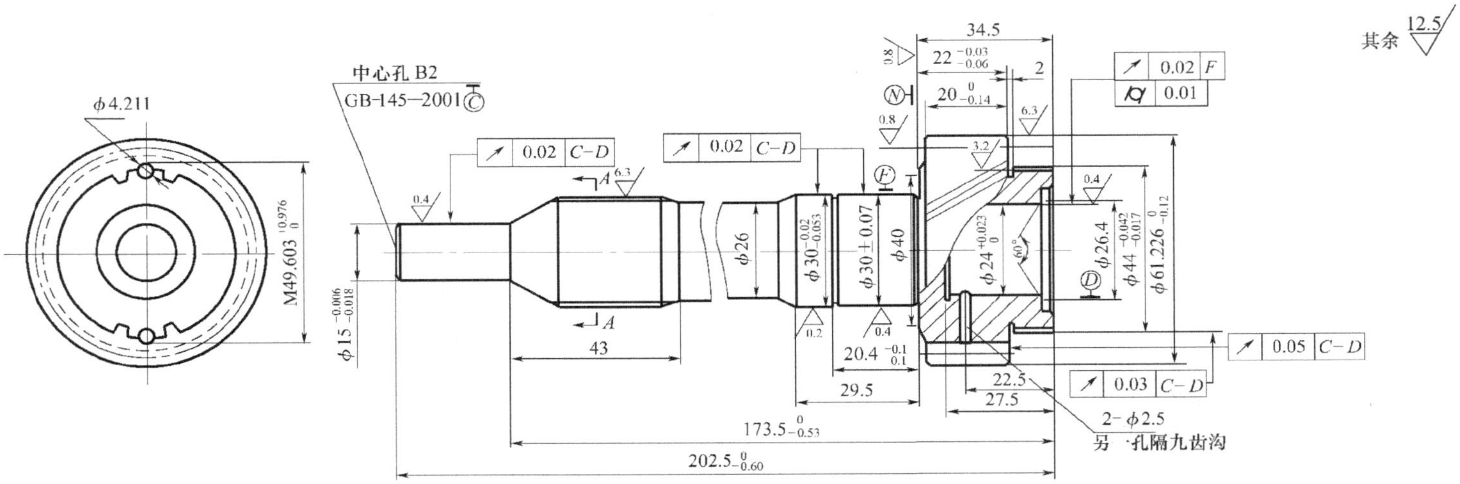

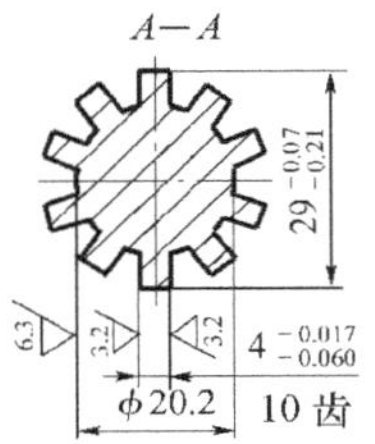

技术要求

1. 表面渗碳层深度 0.6~1.0(渐开线花键表面不渗碳),表面淬火硬度58~64HRC,齿心部硬度 33~48HRC。
2. 未注倒角为 1×45°。

齿轮参数					
分度圆上法向弦齿厚	$3.377^{-0.130}_{-0.250}$	$4.356^{-0.055}_{-0.115}$	参数项目	螺旋齿轮	接合齿轮
齿圈径向跳动公差	0.05	0.05(对C−D)	齿数	19	20
公法线长度变动公差	0.028	0.042	模数	法向 2.5	2.15
基节极限偏差	±0.011		齿形角	法向 15°	30°
齿形公差	0.011	0.025	分度圆上螺旋角	左旋 30°	0°
周节累积公差		0.06	分度圆直径	54.848	43
齿向公差	0.016	0.015	变位系数	+0.32	0
渐开线转变处直径		41.9(最大)	齿顶高	3.189	0.70
精度等级	7KN JB−179—83	9DC GB−1104—83	全齿高	5.889	1.30

图 7-9 变速齿轮轴简图

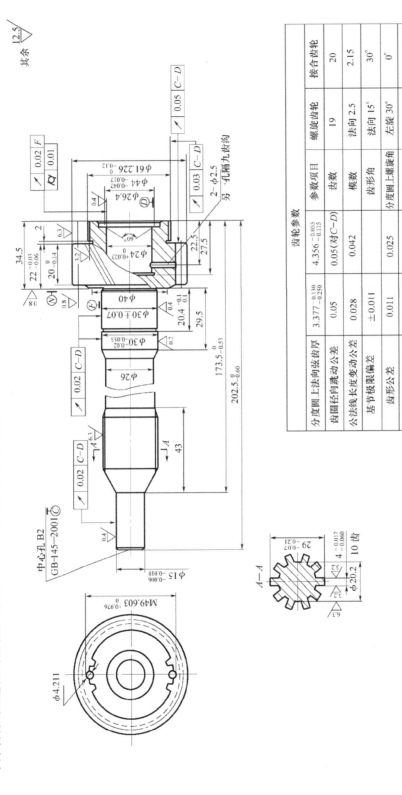

题目 10

零件名称:方刀架。材料:45 钢。生产类型:小批。

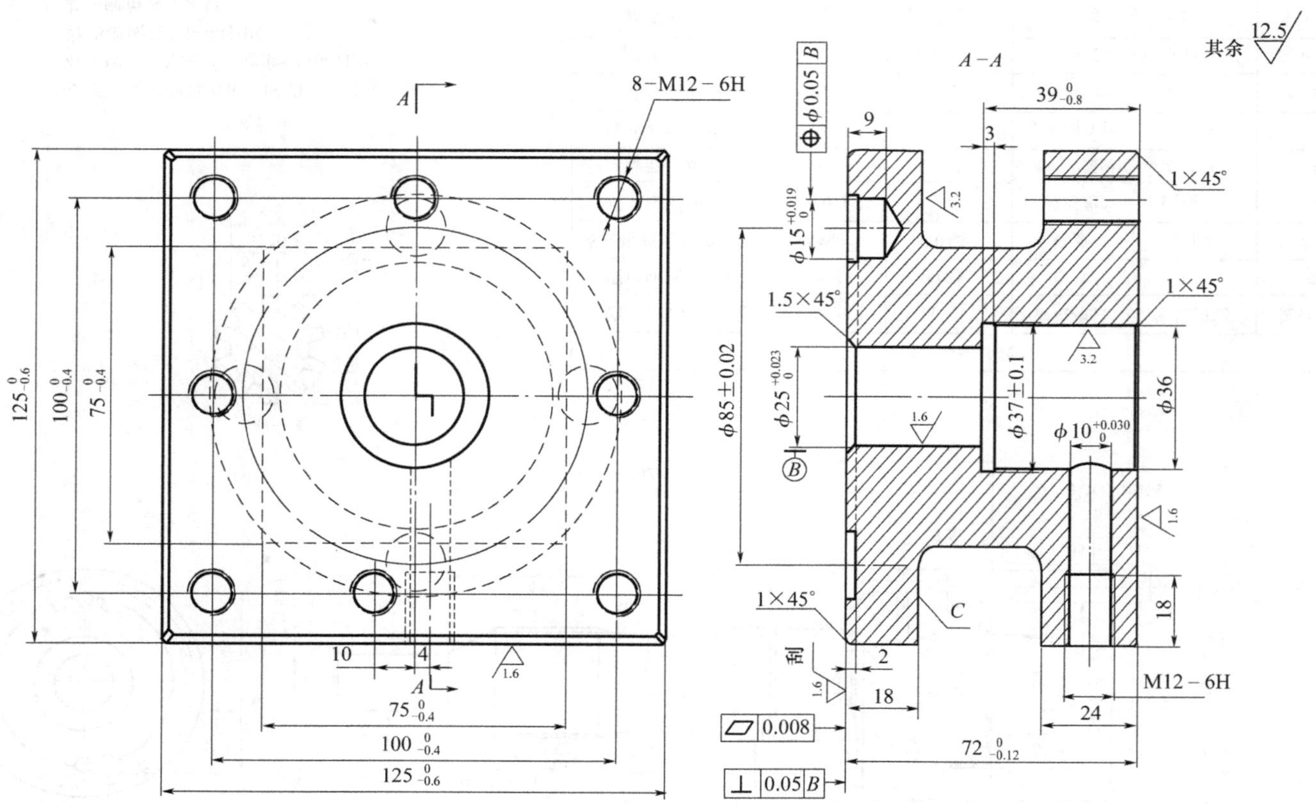

技术要求

C表面淬火硬度40~45HRC。

图 7–10　方刀架简图

题目 11

零件名称:连接座。材料:HT200。生产类型:中批。

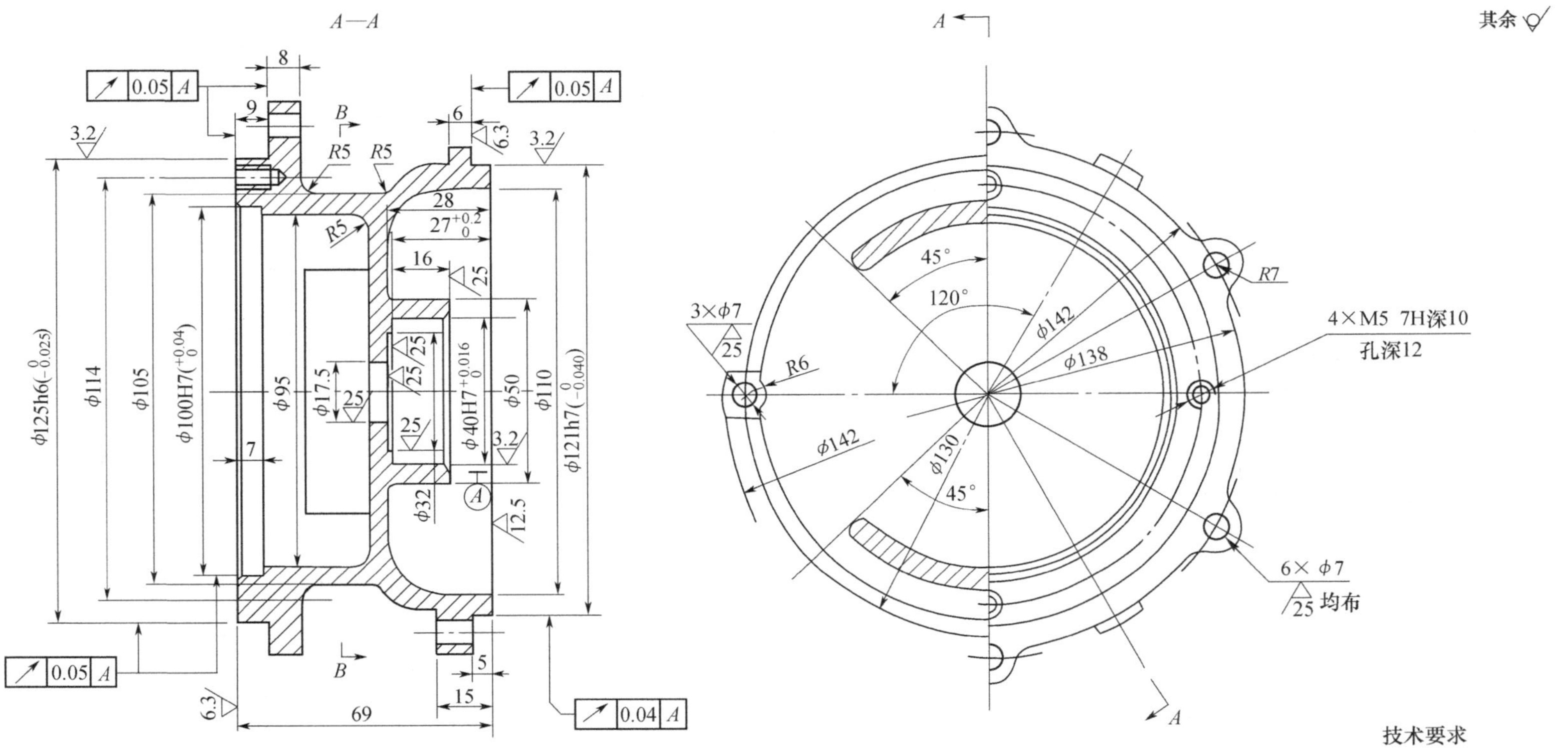

技术要求

1. 未注铸造圆角为 $R2\sim R3$，铸件不得有气孔、疏松、夹渣、裂纹等铸造缺陷。
2. 未注倒角为1× 45°。
3. 铸件需经过时效处理。

图 7-11 连接座简图

题目 12

零件名称:阀腔。材料:QT450-10。生产类型:中批。

其余 $\circlearrowleft\!\!\checkmark$

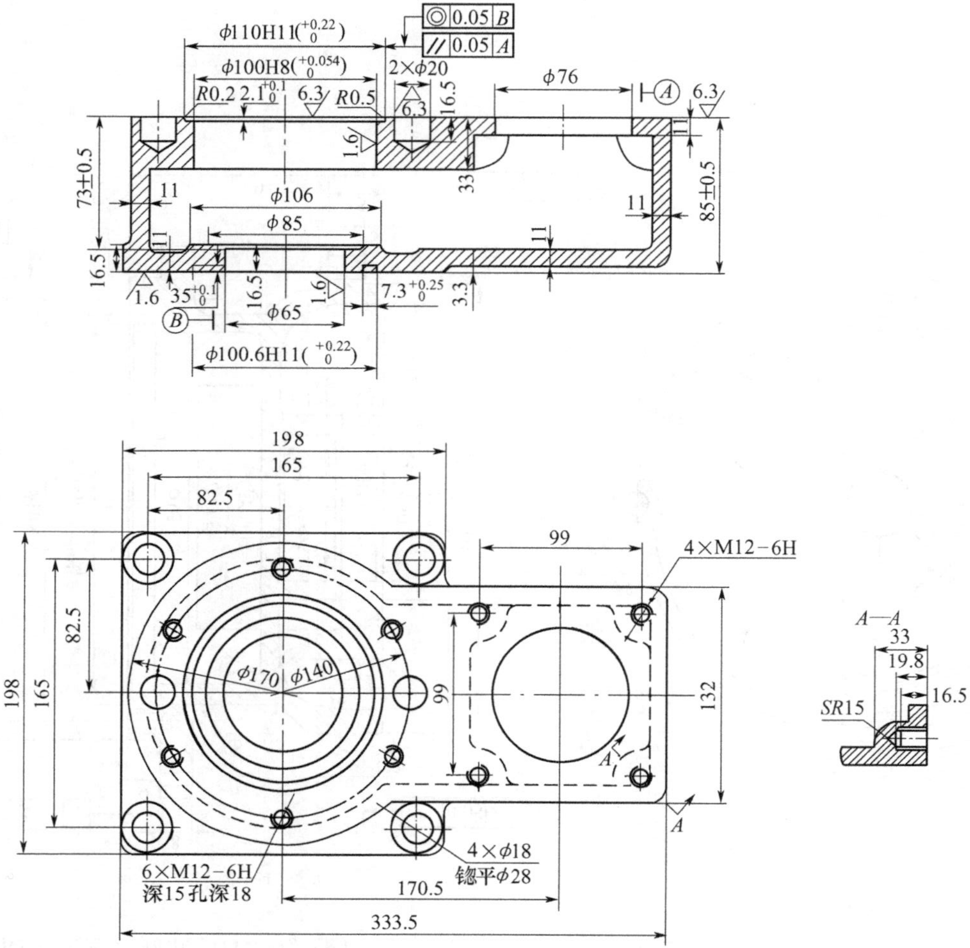

图 7-12 阀腔简图

技术要求

1. 铸件应符合JB 9140—1999《容积式压缩机用球墨铸铁技术条件》的规定。
2. 铸件表面应光洁，不得有型砂、芯砂、浇冒口、结疤及缩孔等缺陷。
3. 未注圆角$R3 \sim R8$。
4. 铸件需经回火处理。

题目 13

零件名称:阀体。材料:HT300。生产类型:中批。

其余

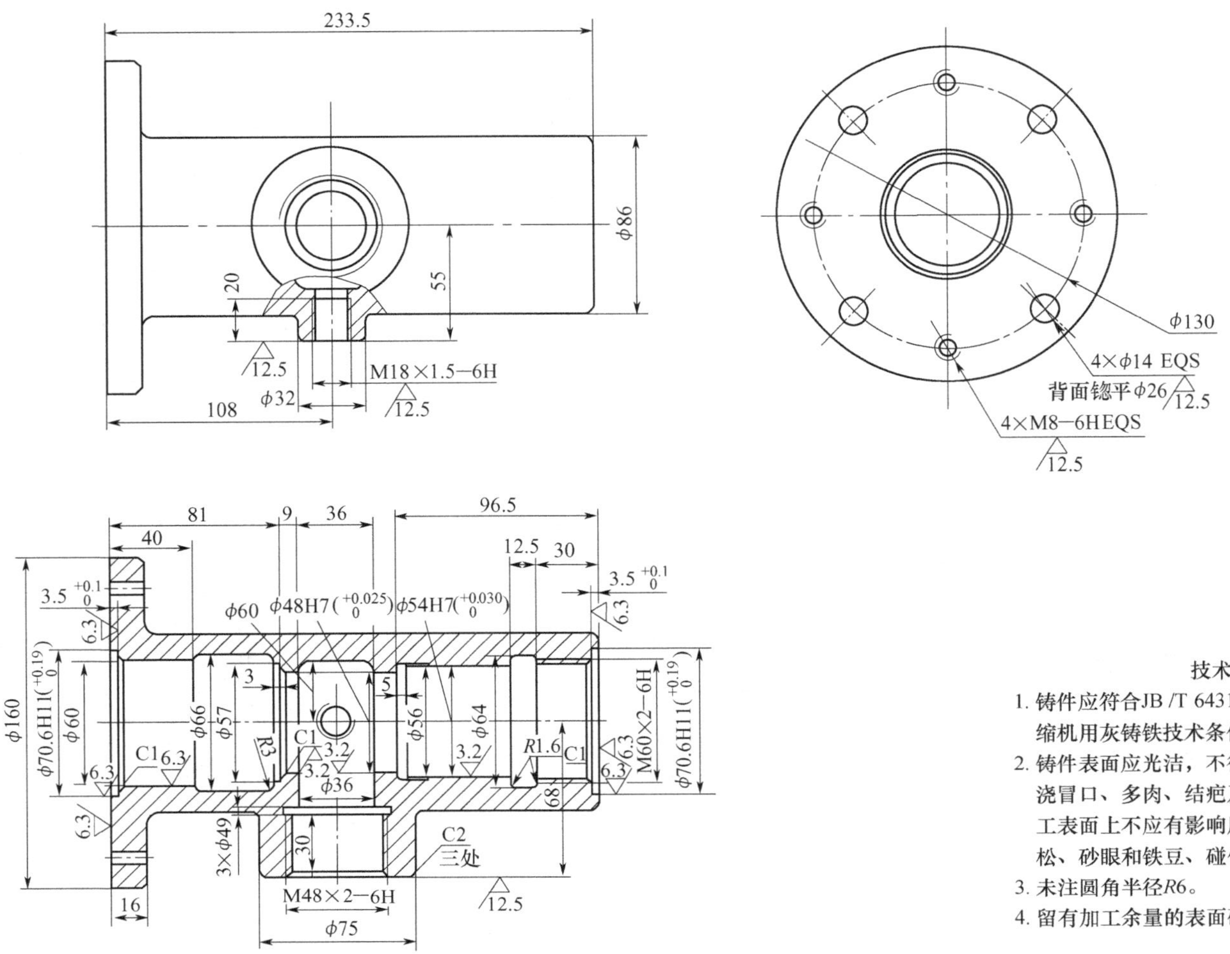

技术要求

1. 铸件应符合JB /T 6431—1992《容积式压缩机用灰铸铁技术条件》的规定。
2. 铸件表面应光洁，不得有型砂、芯砂、浇冒口、多肉、结疤及粘砂等存在，加工表面上不应有影响质量的的裂纹、缩松、砂眼和铁豆、碰伤及刻痕等缺陷。
3. 未注圆角半径$R6$。
4. 留有加工余量的表面硬度（190±30）HB。

图 7-13　阀体简图

题目 14

零件名称:左臂壳体。材料:HT200。生产类型:中批。

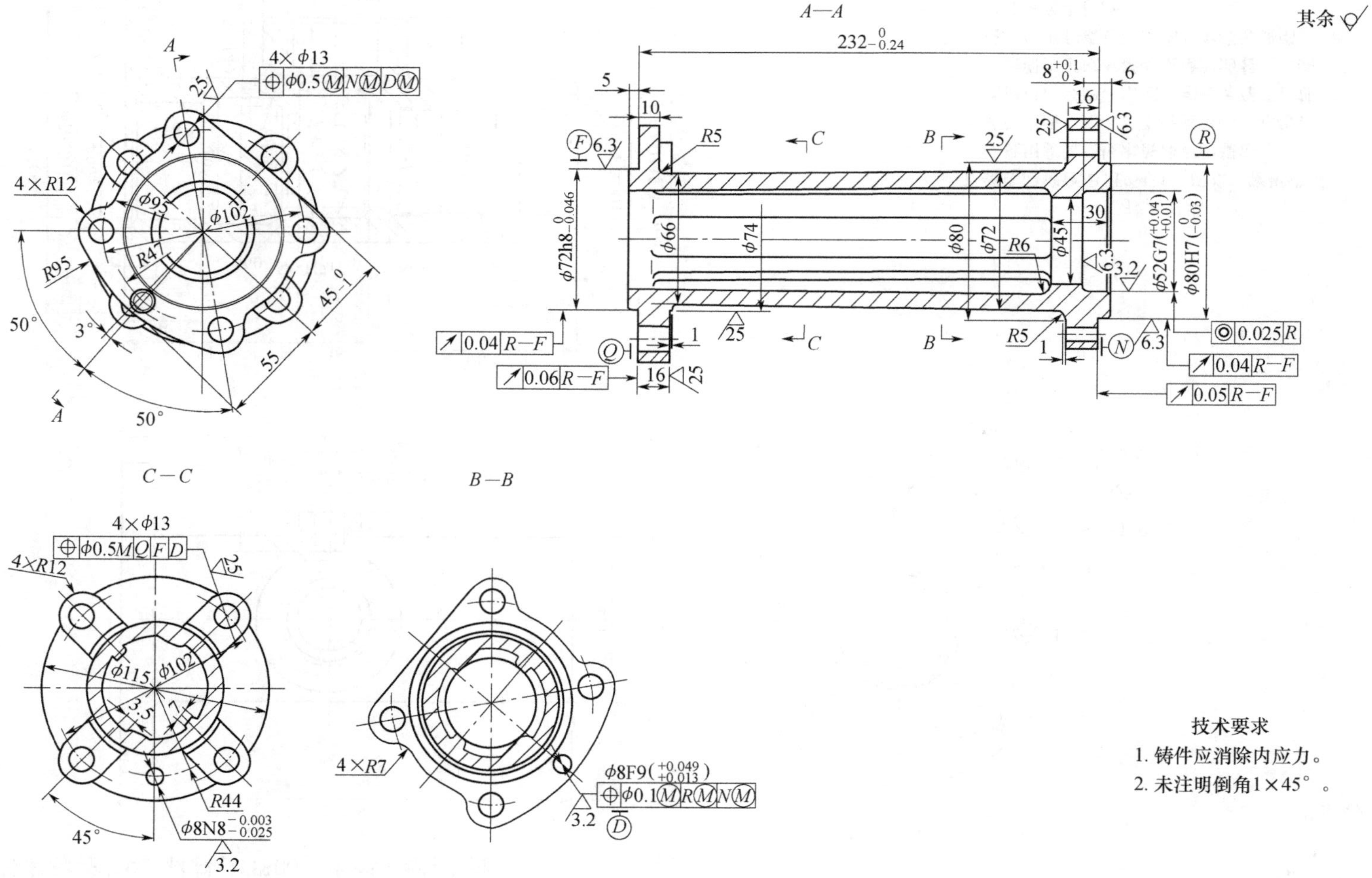

技术要求

1. 铸件应消除内应力。
2. 未注明倒角1×45°。

图 7-14　左臂壳体简图

题目 15

零件名称:尾座体。材料:HT200。生产类型:中批。

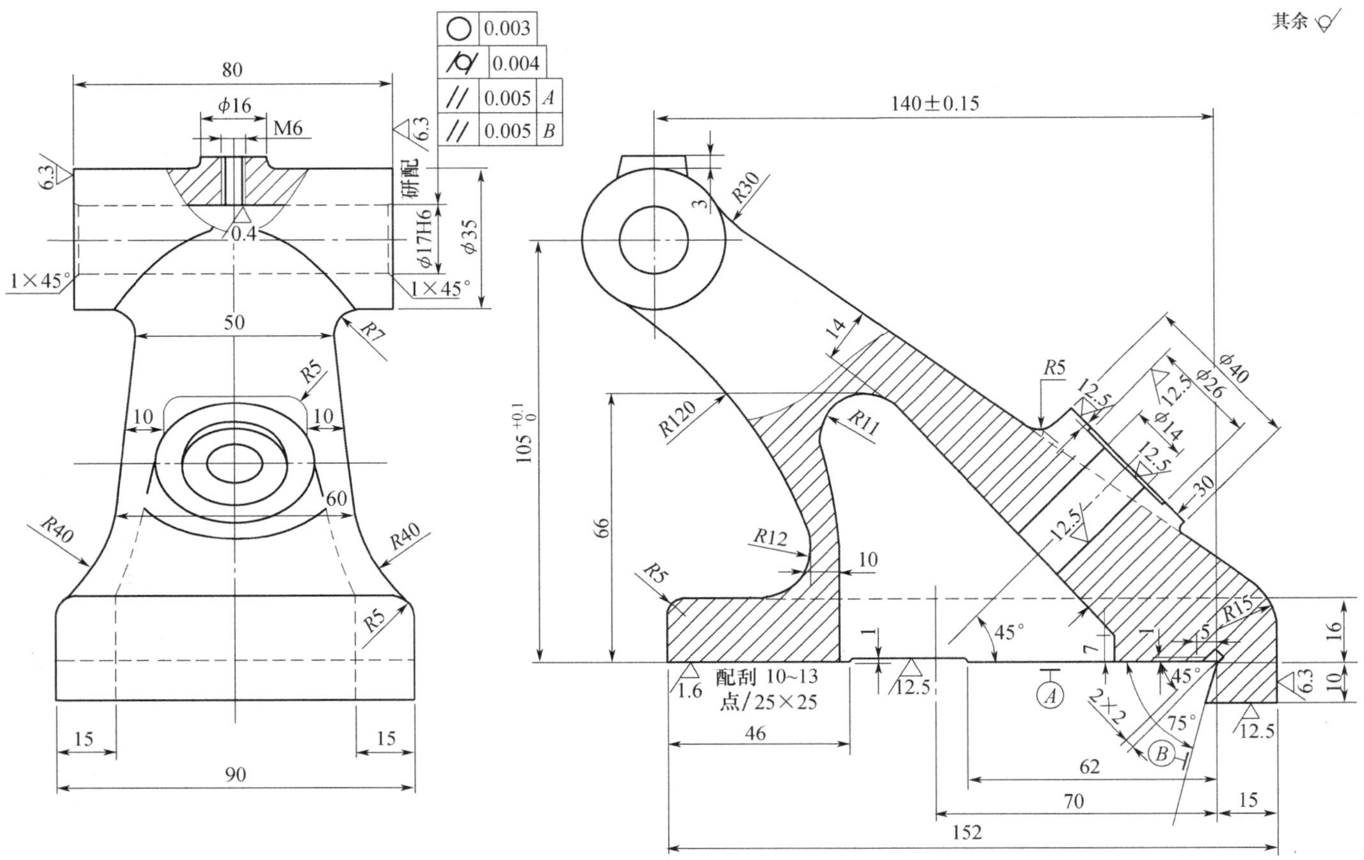

图 7-15　尾座体简图

题目 16

零件名称:变速箱体。材料:HT200。生产类型:中批。

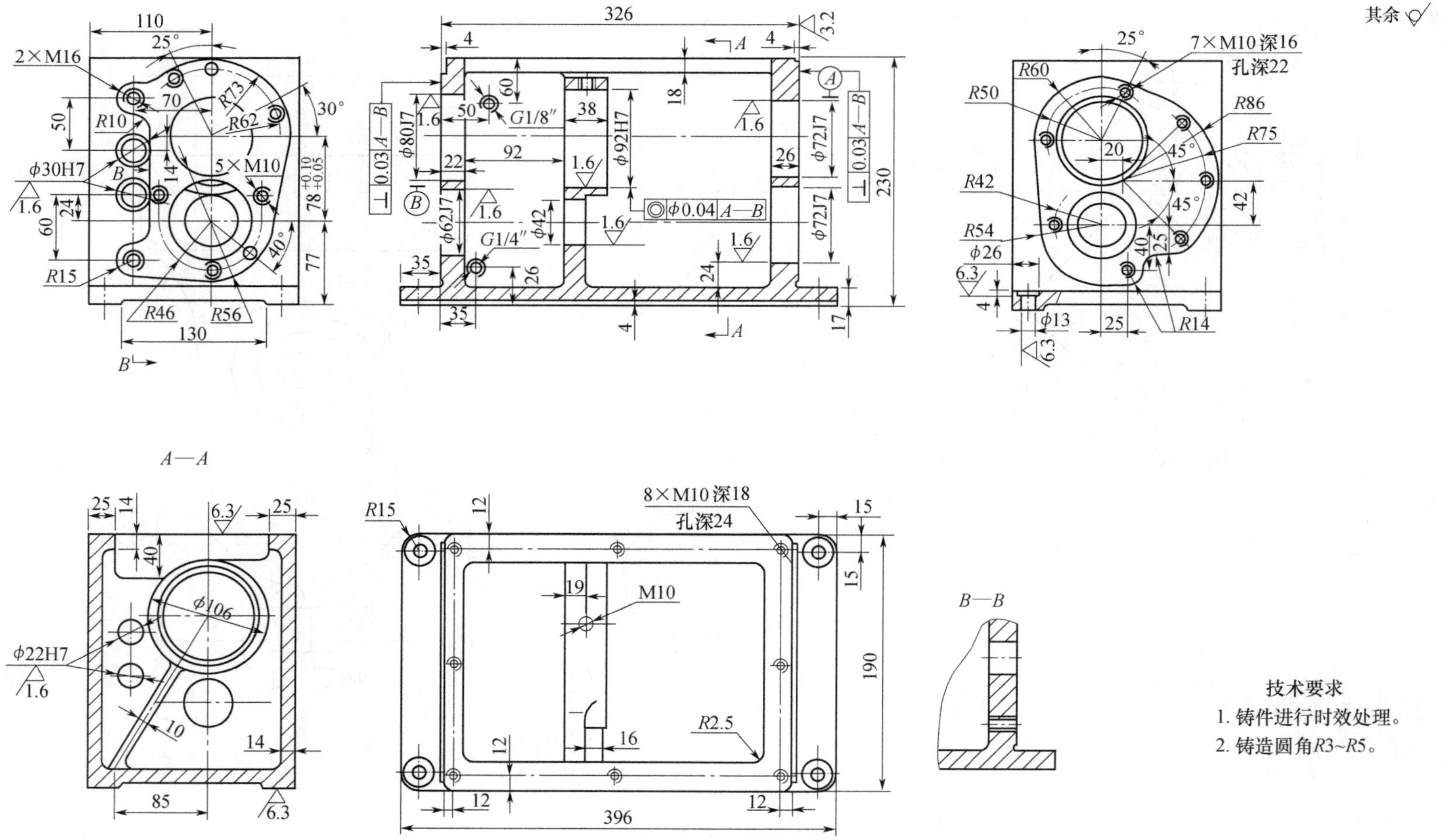

图 7-16　变速箱体简图

题目 17

零件名称:杠杆。材料:HT200。生产类型:中批。

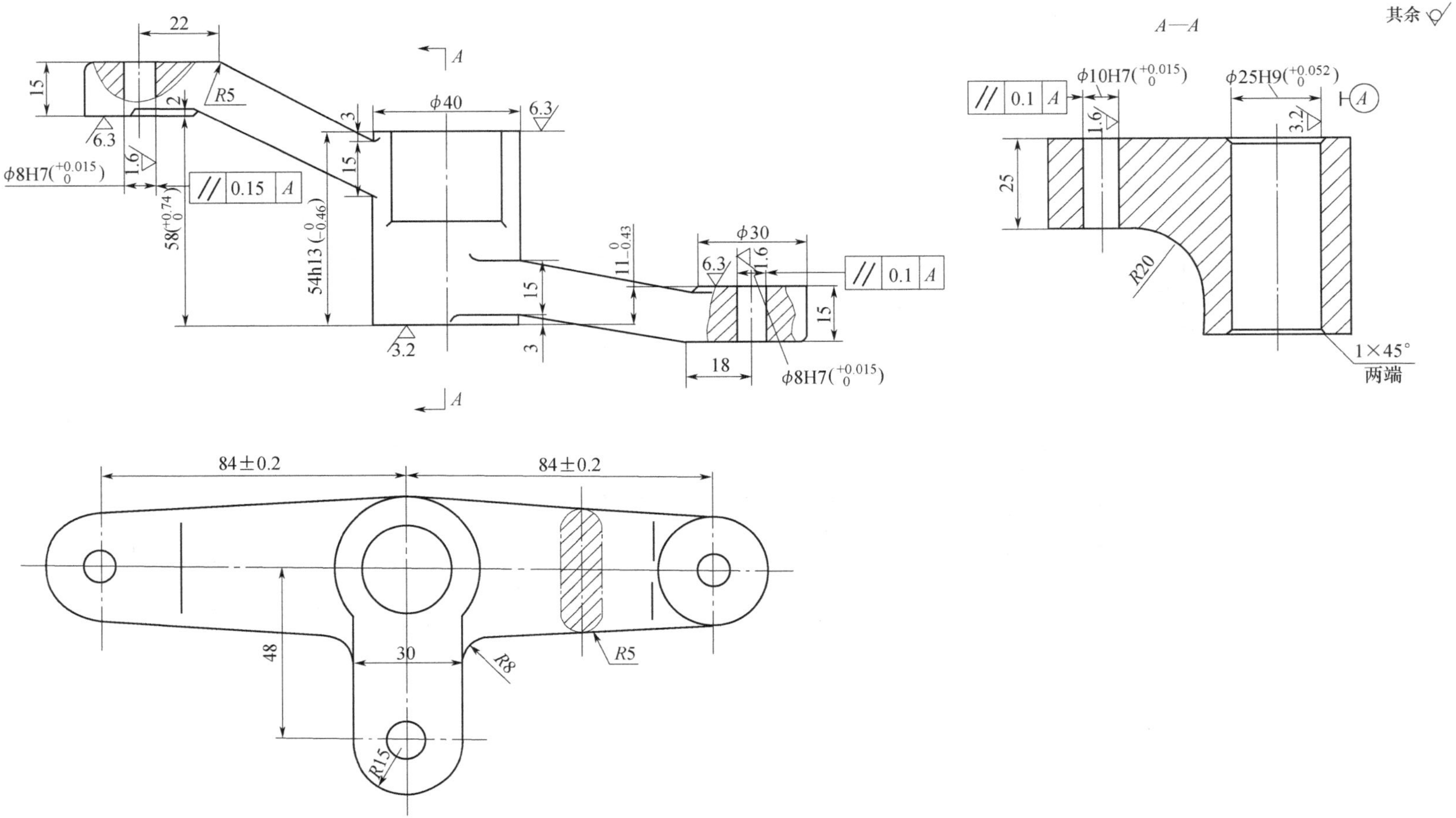

图 7-17　杠杆简图

题目 18

零件名称:拨叉(CA6140 车床)。材料:HT200。生产类型:中批。

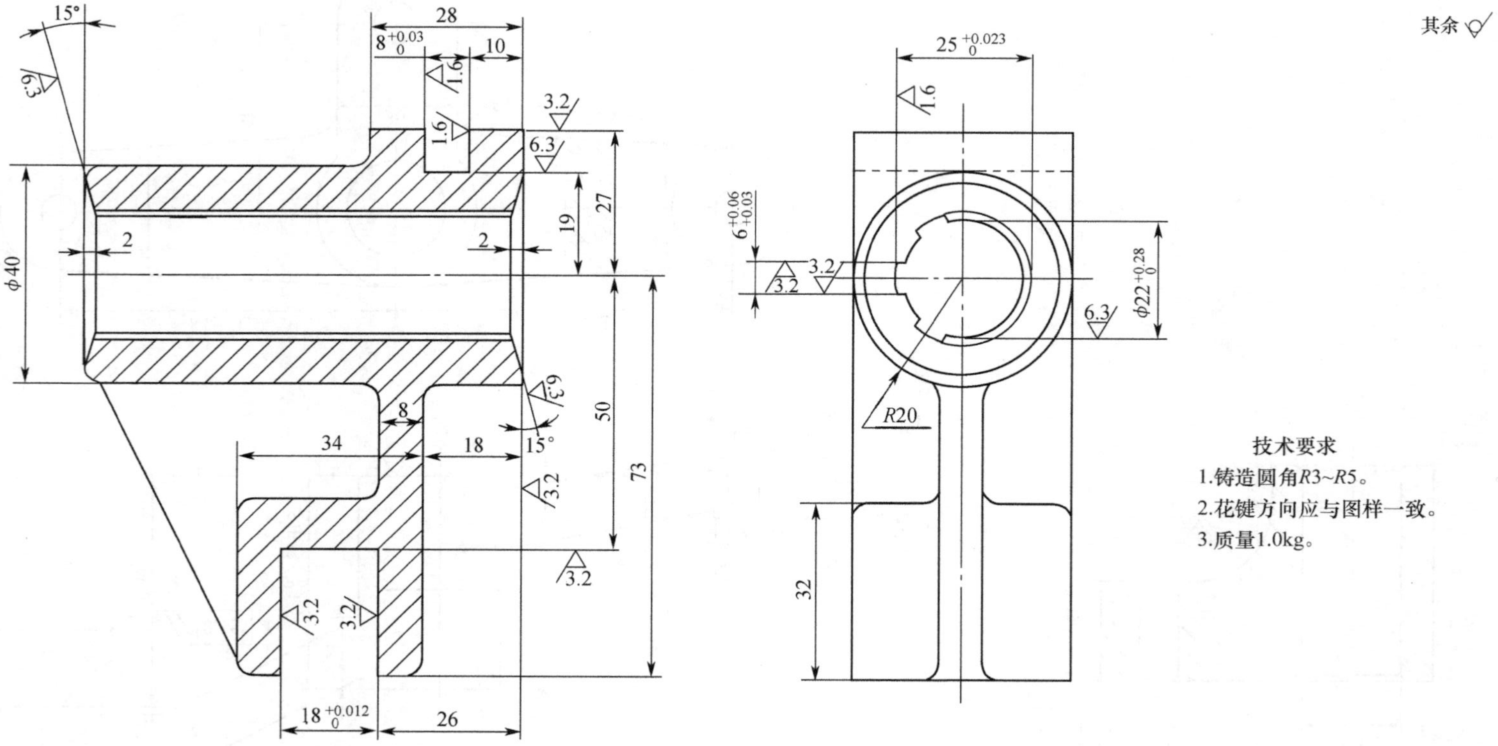

图 7-18 拨叉(CA6140 车床)简图

题目 19

零件名称:拨叉。材料:QT200。生产类型:中批。

其余 $\sqrt{}$

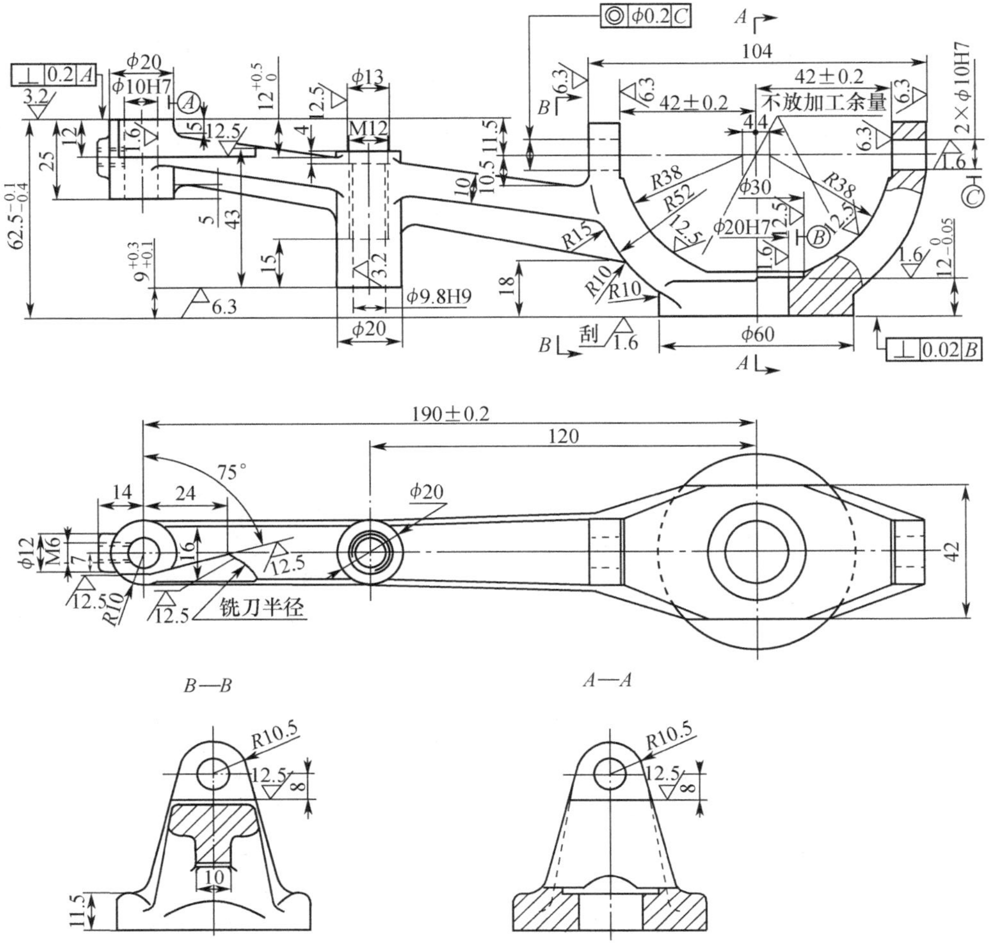

技术要求

1. 2× ϕ10H7孔与ϕ20H7孔中心线应在同一平面上，允差0.1。
2. 质量0.98kg。

图 7-19　拨叉简图

题目 20

零件名称:后托架（CA6140 车床）。材料:HT200。生产类型:中批。

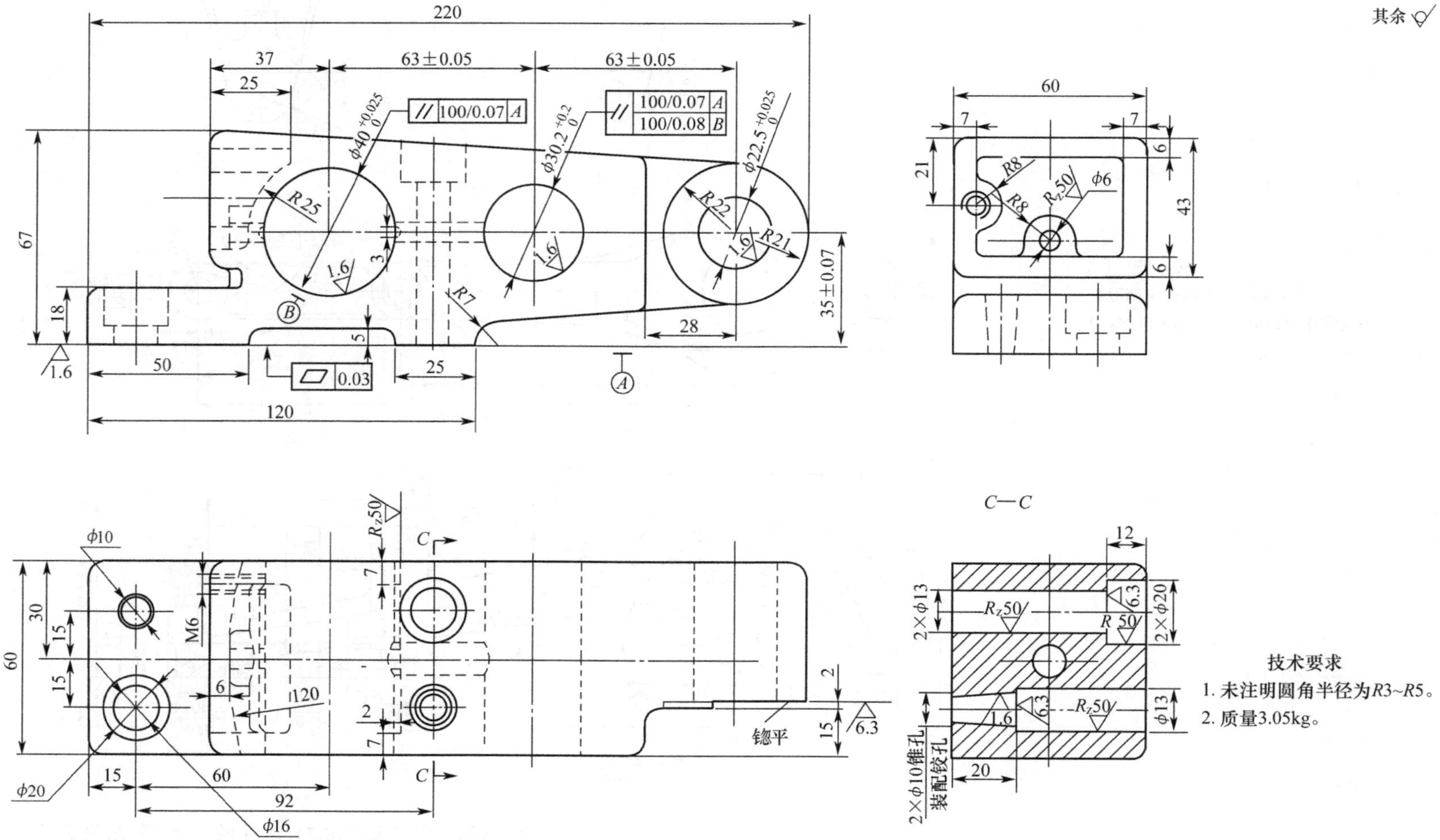

技术要求

1. 未注明圆角半径为R3~R5。
2. 质量3.05kg。

图 7-20 后托架（CA6140 车床）简图

题目 21

零件名称:底板座架。材料:HT200。生产类型:中批。

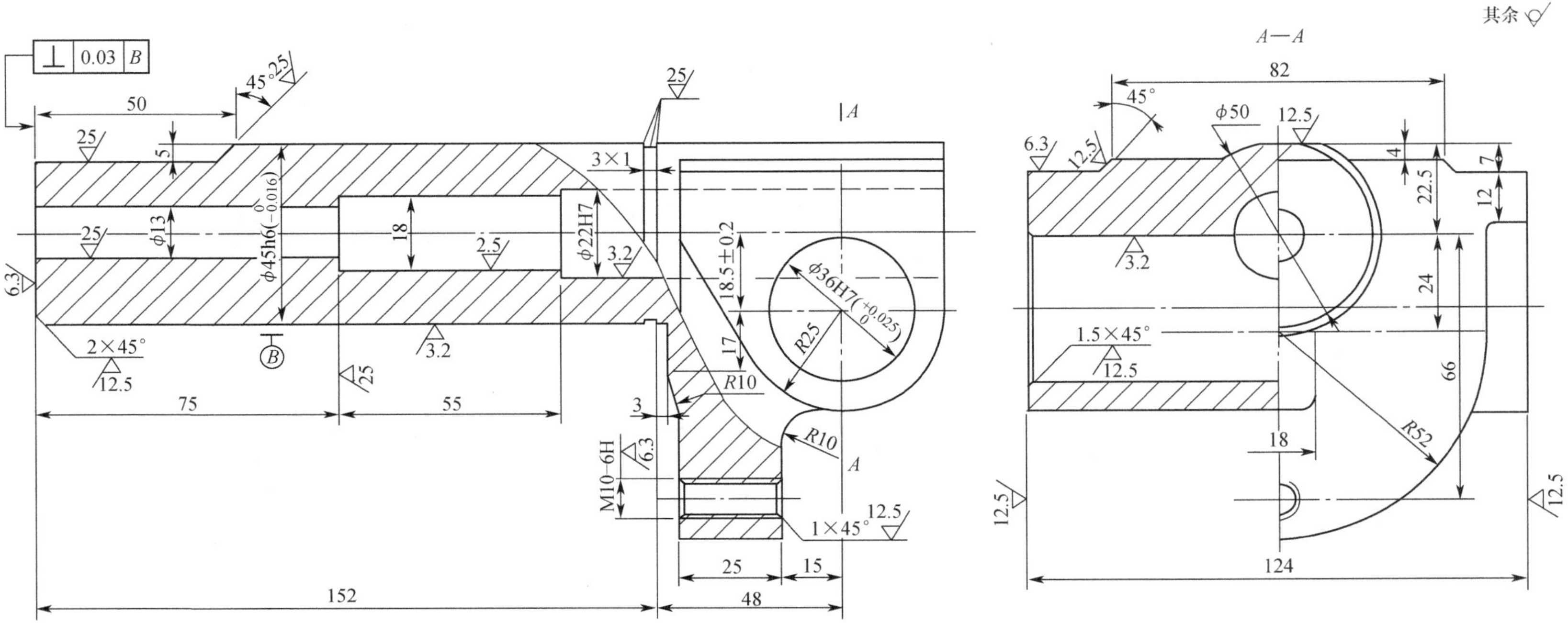

技术要求

1. 铸件表面清砂，不得有疵病。
2. 未注铸造圆角$R2\sim R3$。

图 7-21　底板座架简图

题目 22

零件名称:摇臂轴座(195 柴油机)。材料:HT200。生产类型:中批。

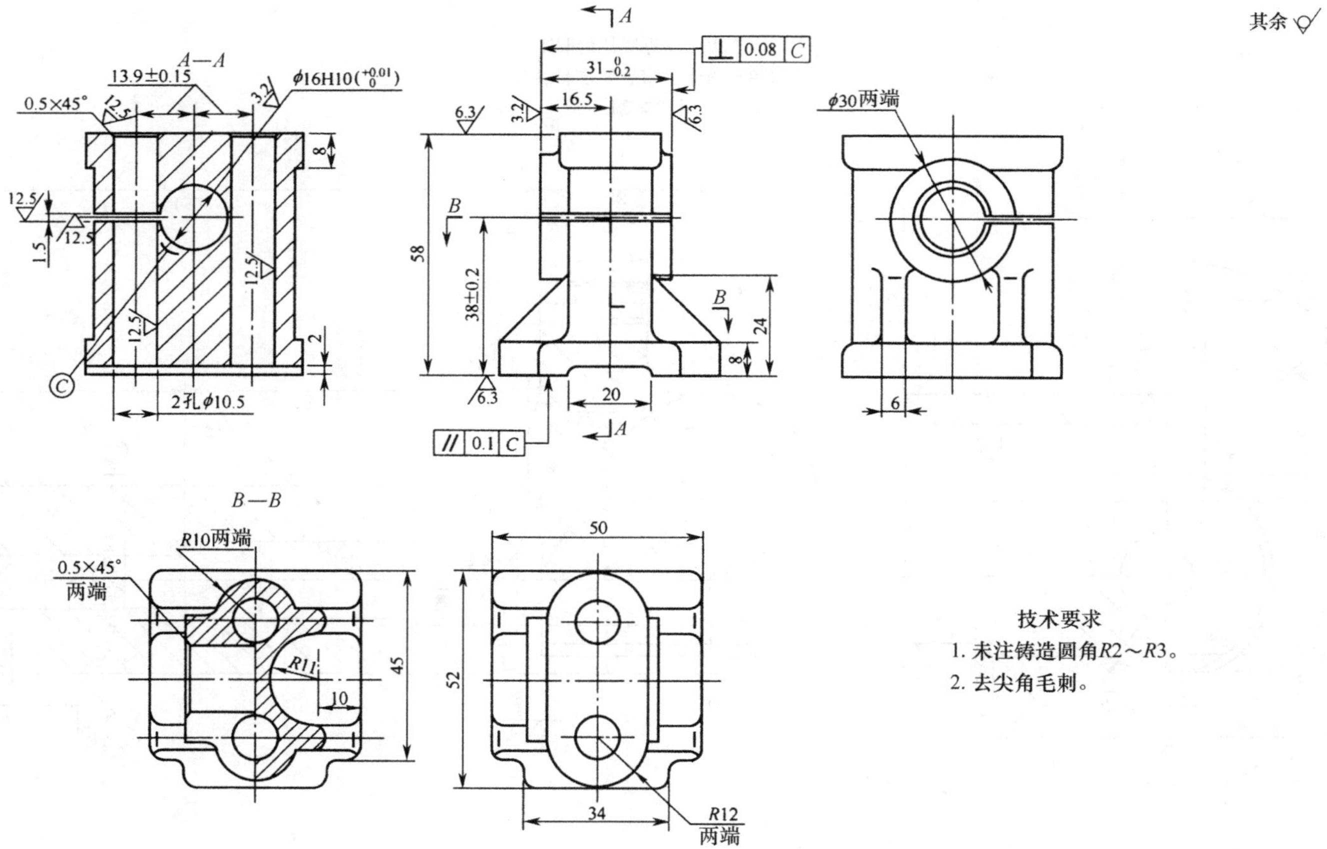

技术要求

1. 未注铸造圆角$R2\sim R3$。
2. 去尖角毛刺。

图 7-22 摇臂轴座(195 柴油机)简图

题目 23

零件名称：气门摇臂轴支座。材料：HT200。生产类型：中批。

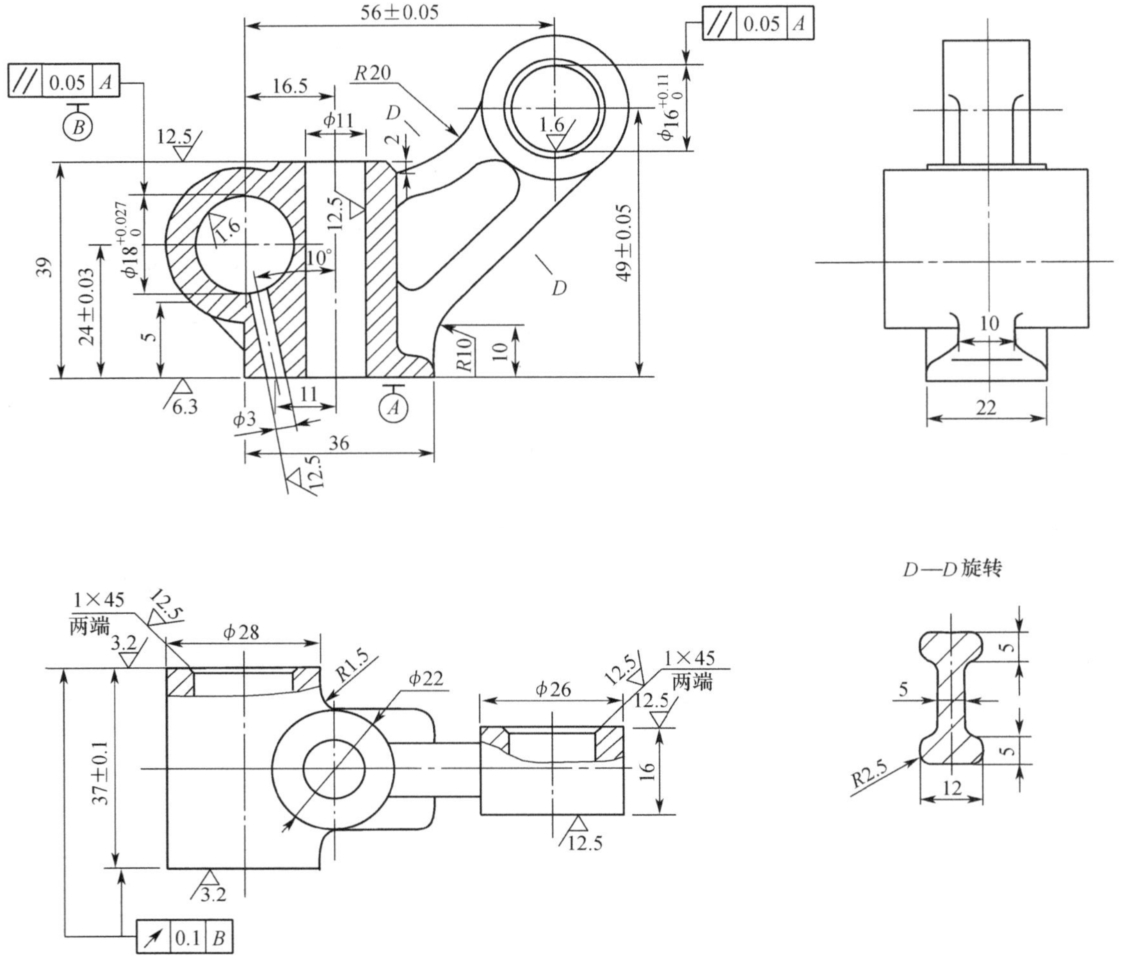

技术要求

1. 未注明铸造圆角均为$R3$。
2. 去锐边毛刺。

图 7-23　气门摇臂轴支座简图

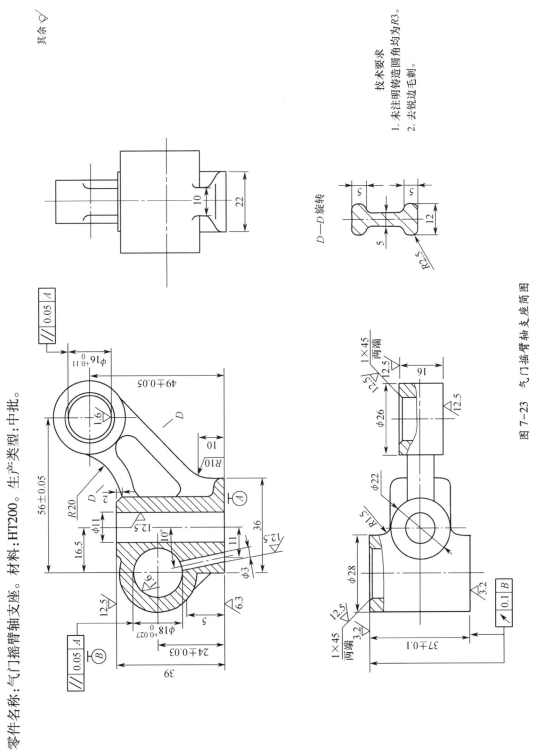

题目 24

零件名称:法兰盘。材料:HT200。生产类型:中批。

其余

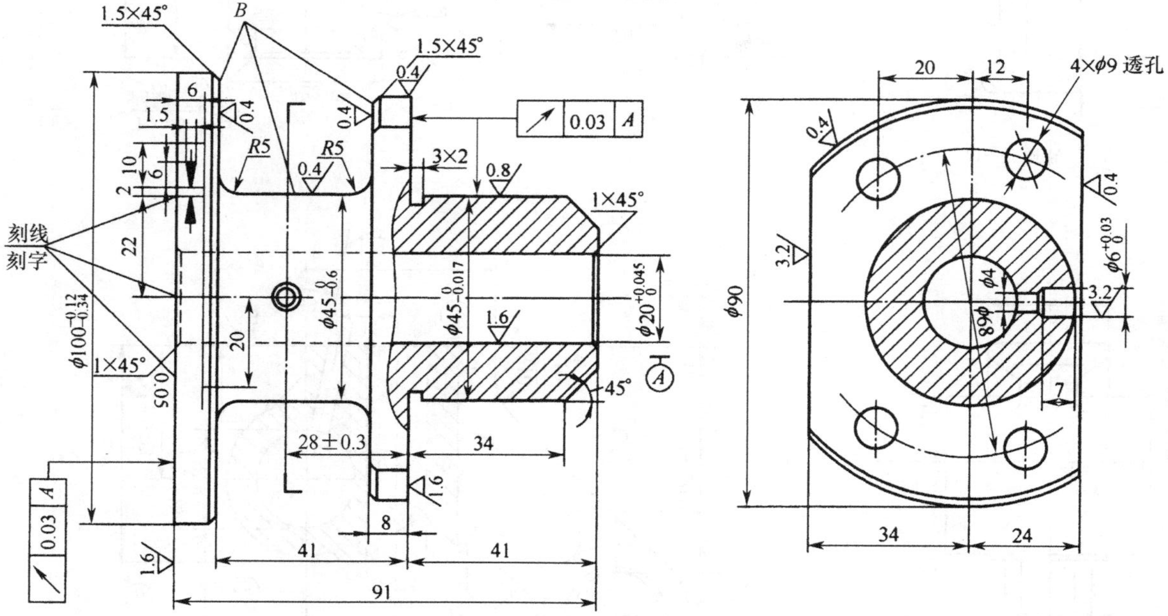

技术要求

1. 刻字字形高5mm，刻线宽0.3mm，深0.5mm。
2. B面抛光。
3. ϕ100外圆镀铬。
4. 质量1.4kg。

图 7-24 法兰盘简图

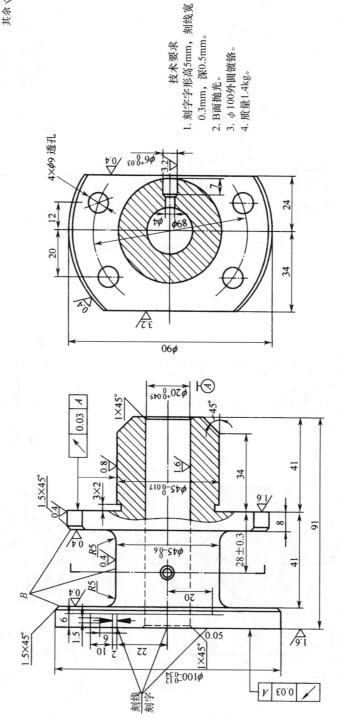

题目 25

零件名称:操纵手柄(135 调速器)。材料:45 钢。生产类型:中批。

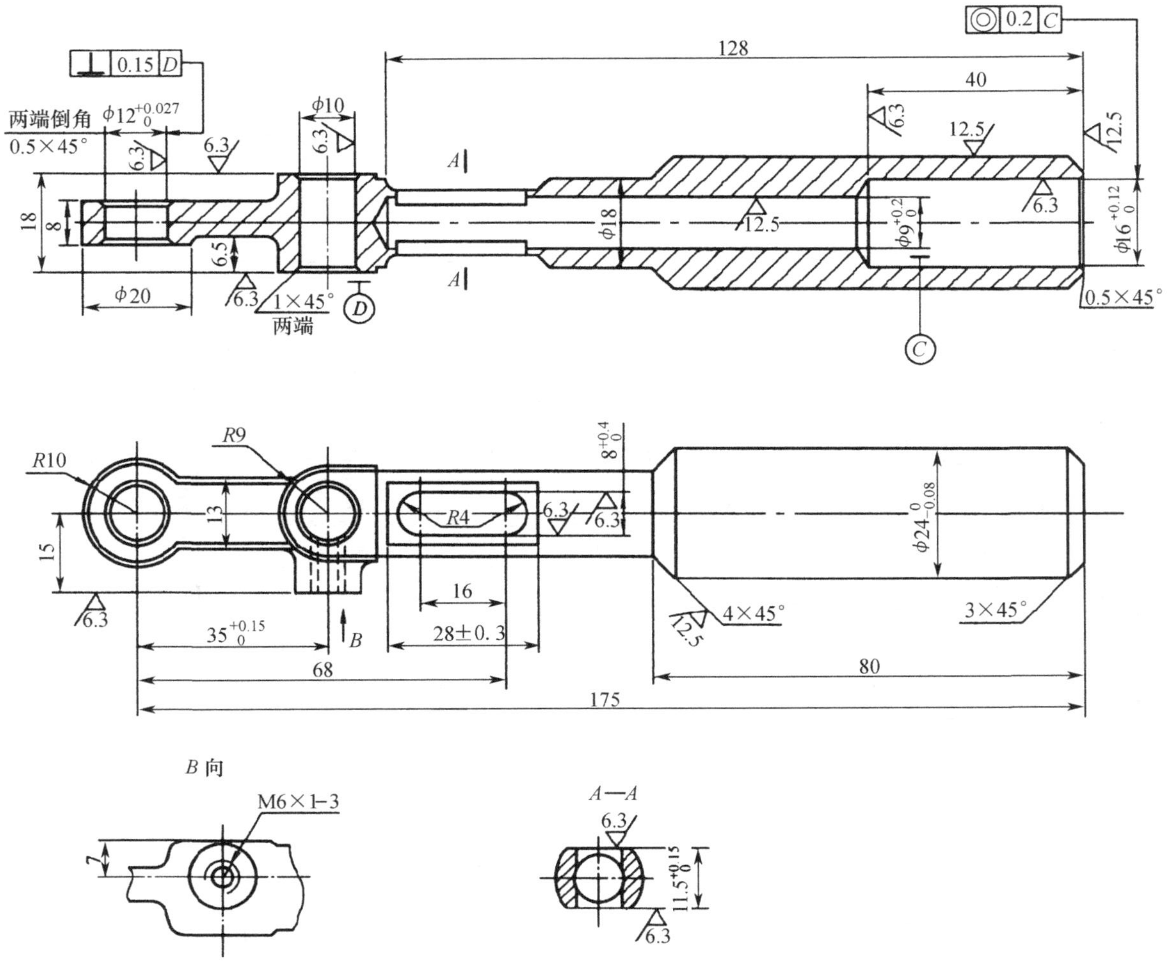

其余 $\sqrt{}$

技术要求

1. 未注明圆角R2~R3。
2. 去锐边毛刺。

图 7-25 操纵手柄(135 调速器)简图

题目 26

零件名称:填料箱盖。材料:HT200。生产类型:中批。

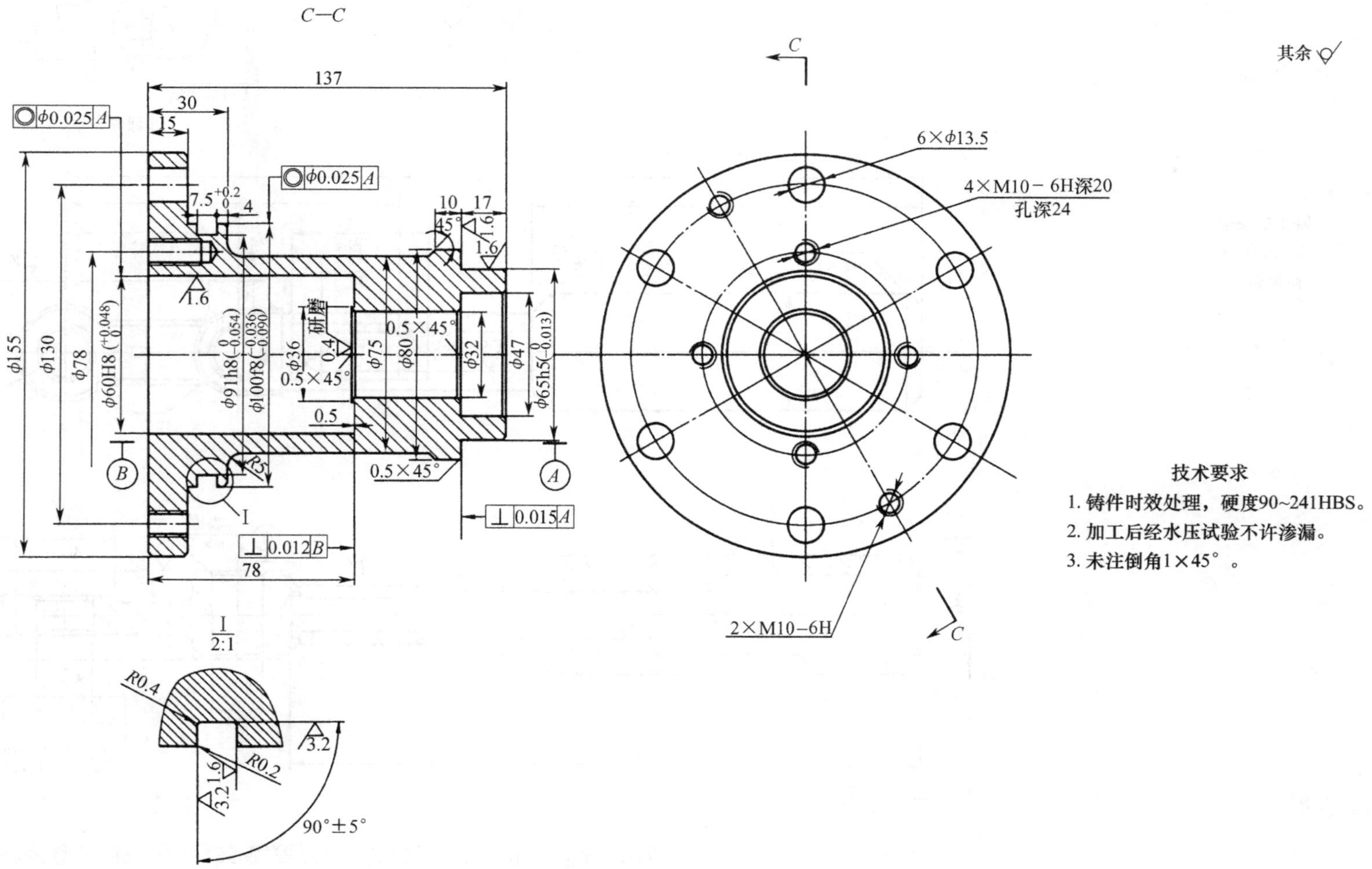

图 7-26　填料箱盖简图

题目 27

零件名称：换挡叉。材料：ZG45 Ⅱ。生产类型：中批。

其余

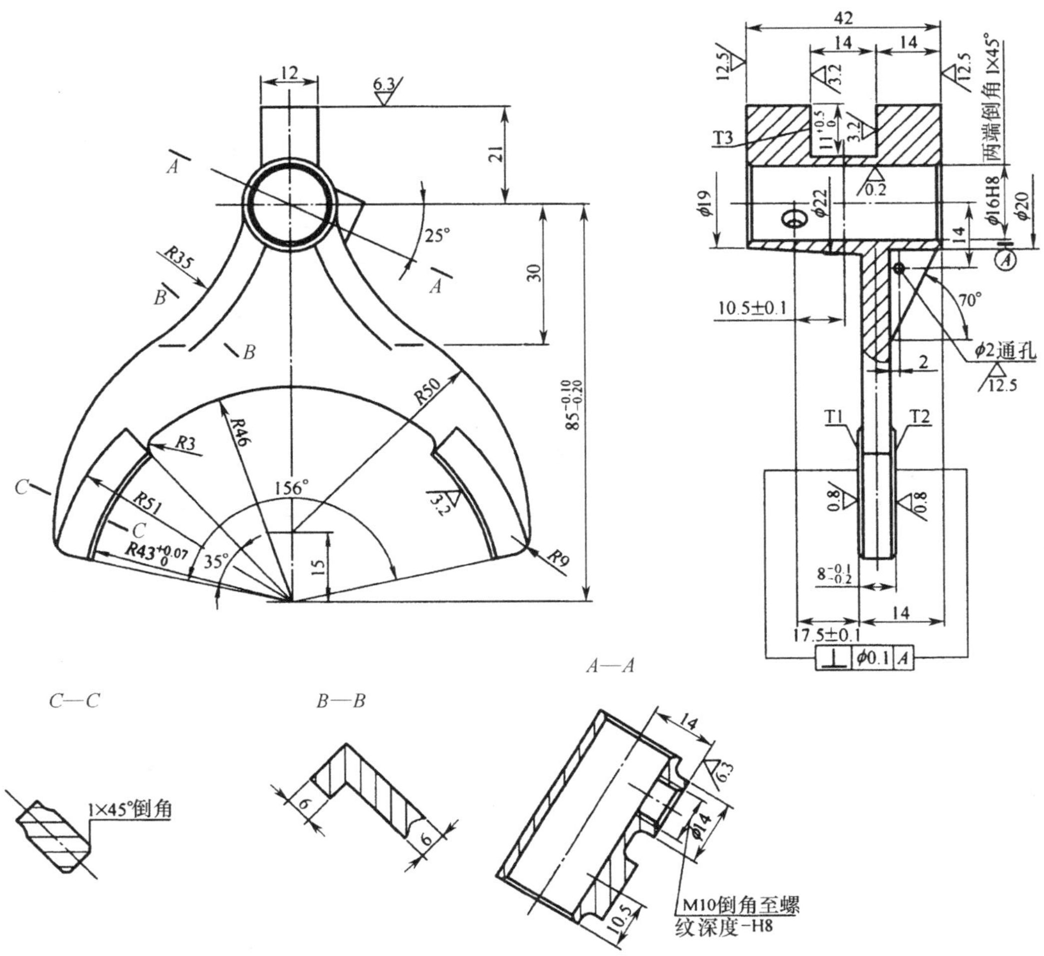

图 7-27　换挡叉简图

技术要求

1. 未注明圆角$R2\sim R3$。
2. 铸件不得有砂眼、疏松等缺陷。
3. 热处理、调质，硬度18~25HRC。
4. T1、T2、T3表面高频淬火，55~63HRC，淬火深度1~1.5mm。

题目 28

零件名称:杠杆(CA1340 自动车床)。材料:QT45-5。生产类型:中批。

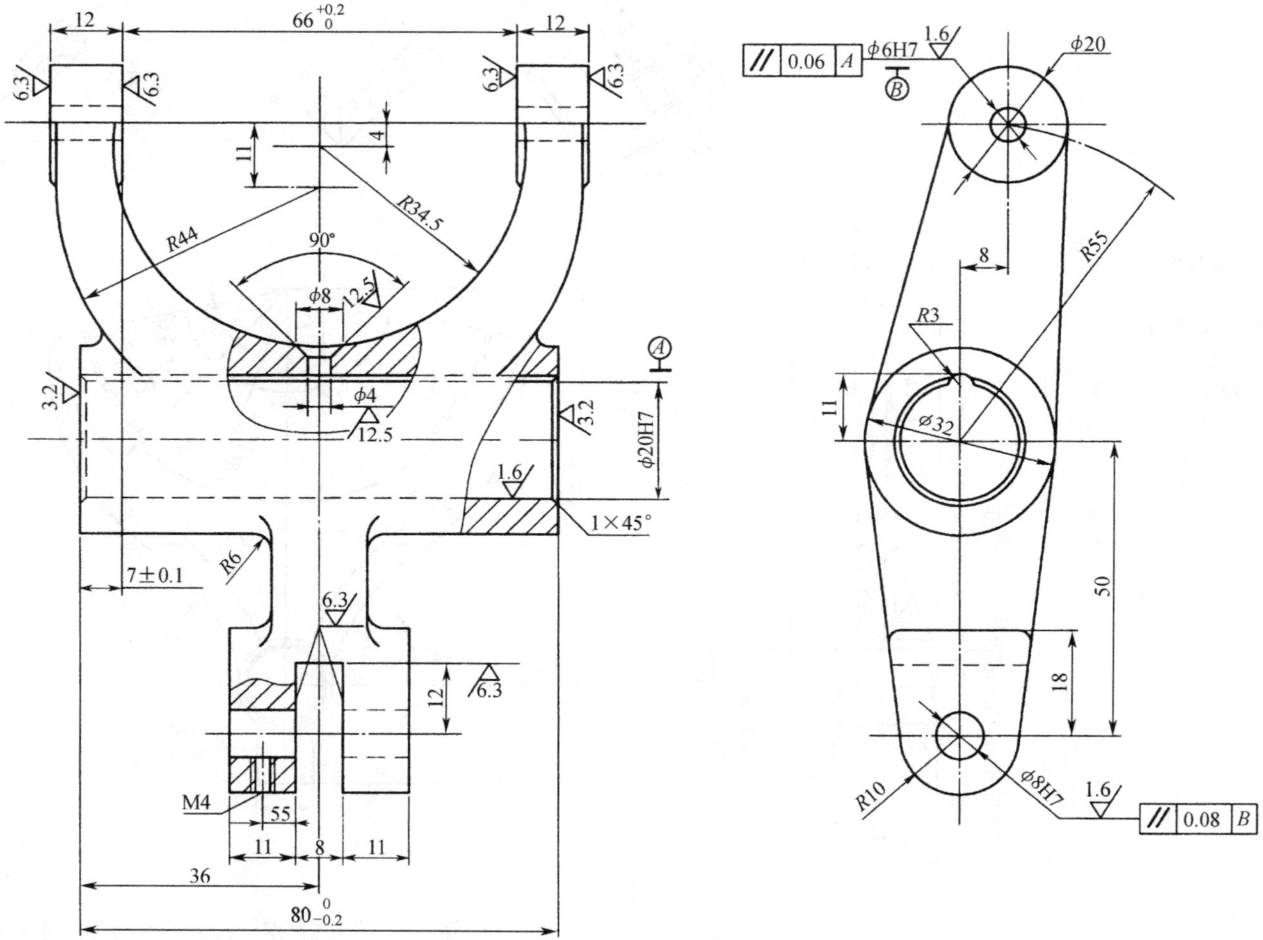

其余

技术要求

未注铸造圆角$R5$。

图 7-28　杠杆(CA1340 自动车床)简图

题目 29

零件名称:副变速拨叉。材料:KTH350-10。生产类型:中批。

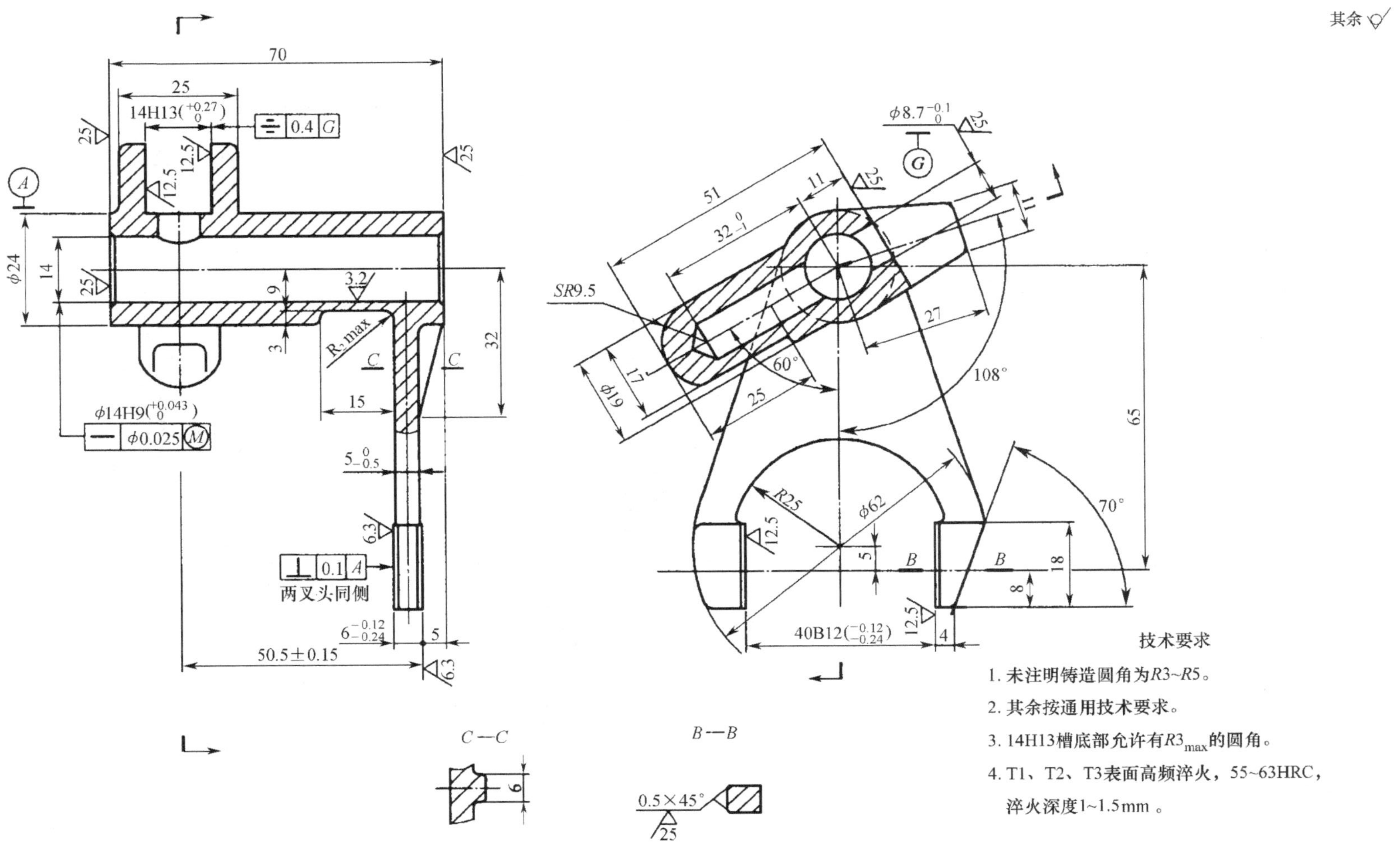

技术要求

1. 未注明铸造圆角为R3~R5。
2. 其余按通用技术要求。
3. 14H13槽底部允许有$R3_{max}$的圆角。
4. T1、T2、T3表面高频淬火，55~63HRC，淬火深度1~1.5mm 。

图 7-29 副变速拨叉简图

题目 30

零件名称:倒挡拨叉。材料:ZG310-570。生产类型:中批。

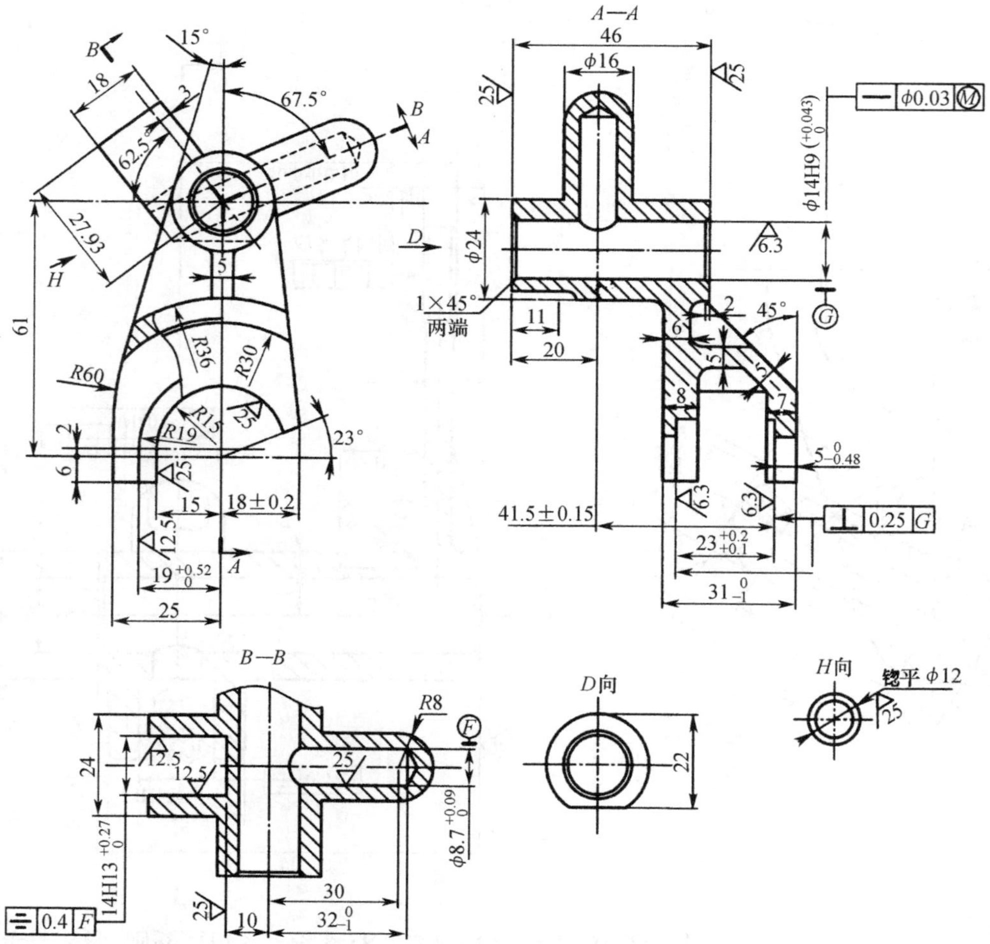

其余 $\checkmark$

技术要求

1. 14H13槽底部分允许成$R3_{max}$圆角或长最大为3的倒角。
2. 开档23、$R19$范围内表面淬火，硬度为48~53HRC。

图 7-30　倒挡拨叉简图

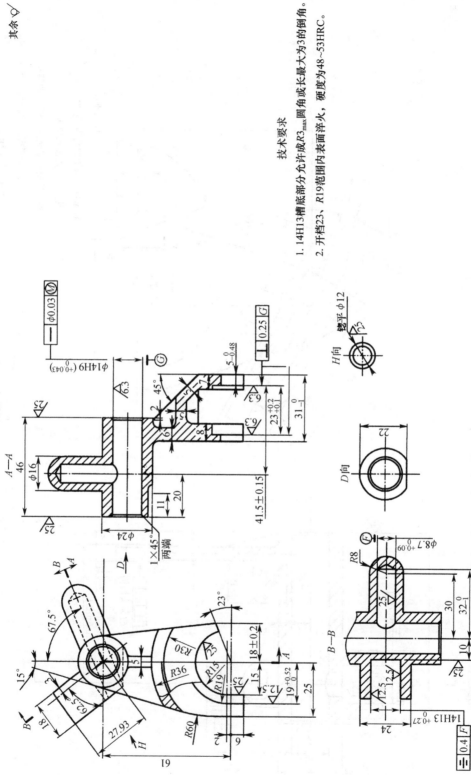

参考文献

[1] 于大国. 机械制造技术基础与机械制造工艺学课程设计教程[M]. 北京:国防工业出版社,2011.

[2] 宁传华. 机械制造技术课程设计指导[M]. 北京:北京理工大学出版社,2009.

[3] 于大国. 高精度球冠的磨削研究[J]. 机电工程技术,2006,(5):91-93.

[4] 于大国. 用简易磨床精加工小孔[J]. 制造技术与机床,2000,(06):39.

[5] 于大国. 避免轴承钢零件裂纹一例[J]. 机械制造,2005,(1):71-72.

[6] 于大国. 球冠半径的两种测量方法[J]. 机械工人(冷加工),2004,(11):50-51.

[7] 于大国. 失效键联接的修理[J]. 设备管理与维修,1999,(12):32.

[8] 于大国,马清艳,秦慧斌,等. 一种V型块及其制造方法[P]. 200910075575. 9.

[9] 于大国,马履中. 多维隔振装置自由振动方程及其解[J]. 农业机械学报,2009,(06):183-188.

[10] 于大国,马履中. 车辆多维隔振装置设计与仿真[J]. 农业机械学报, 2009,(05):29-33.

[11] 于大国,马履中. 黏性阻尼与可调阻尼的探讨[J]. 机械设计与制造,2009,(10):207-209.

[12]于大国,马履中. 车辆运行过程共振驾驶速度探讨[J]. 拖拉机与农用运输车,2009,(06) :76-77.

[13] 于大国,马履中. 机构运动相关性判定与独立输出标定及仿真验证[J]. 机械设计,2010,(03) :54-58.

[14] 于大国,马履中. 蛋品运输多维隔振装置阻尼设计[J]. 农业机械学报,2010,(02) :148-150.

[15] 于大国, 马清艳,赵丽琴,等. 一种可调节悬浮式自动撒粉器[P]. 200910075574. 4.

[16] 马履中,于大国. 一种多维隔振装置[P]. CN200910024448. 6.

[17] 辛志杰,于大国,沈兴全,等. 高水基液压凿岩机[P]. 200910075752. 3.

[18] 于大国. 养蚕自动撒粉器[P]. 93236571. X.

[19] 李健,高万振,于大国. 摩擦学试验用球面销球面加工专用设备[P]. 200320116160. X.

[20] 于大国. 球面销磨削设备研制及球面摩擦接触机理研究[D]. 2005.

[21] 于大国. 基于并联机构的多维隔振平台设计理论与应用研究. 2009.

[22] 李益明. 机械制造工艺设计简明手册[M]. 北京:机械工业出版社,1994.

[23] 崇凯. 机械制造技术基础课程设计指南[M]. 北京:化学工业出版社,2007.

[24] 赵家齐. 机械制造工艺学课程设计指导书[M]. 北京:机械工业出版社,2006.

[25] 倪森寿. 机械制造工艺与装备习题集和课程设计指导书[M]. 北京:化学工业出版社,2003.

[26] 吴拓. 机床夹具设计[M]. 北京:化学工业出版社,2009.

[27] 王先逵. 机械制造工艺学[M]. 北京:机械工业出版社,2006.

[28] 王绍俊. 机械制造工艺设计手册[M]. 哈尔滨:哈尔滨工业大学出版社,1984.

[29] 张龙勋. 机械制造工艺学课程设计指导书及习题[M]. 北京:机械工业出版社,2006.

[30] 朱绍华,黄燕滨,李清旭,等. 机械加工工艺[M]. 北京:机械工业出版社,1996.

[31] 李喜桥. 加工工艺学[M]. 北京:北京航空航天大学出版社,2002.

[32]《轴、箱体、丝杆加工》编写组. 轴、箱体、丝杆加工[M]. 上海:上海科学技术出版社,1979.

[33] 冯冠大. 典型零件机械加工工艺[M]. 北京:机械工业出版社,1986.

[34] 顾崇衔. 机械制造工艺学[M]. 西安:陕西科学技术出版社,1999.

[35] 薛立锵. 电子机械制造工艺学课程设计指导书[M]. 南京:东南大学出版社,1989.

[36] 肖陵,陈明明,张卓,等. 热能动力机械工艺学[M]. 北京:北京航空航天大学出版社,1991.

[37] 李洪. 机械制造工艺金属切削机床设计指导[M]. 沈阳:东北工学院出版社,1989.

[38] 王先逵. 机械加工工艺规程制定[M]. 北京:机械工业出版社,2008.